嵌入式技术与应用丛书

STM32 单片机应用与全案例实践

沈红卫　任沙浦　朱敏杰　杨亦红　卢雪萍　著

電子工業出版社
Publishing House of Electronics Industry
北京·BEIJING

内 容 简 介

本书为市级重点教材。以基于 ARM 的 STM32 单片机的基本概念、基本原理为主线，详细阐述 STM32 的学习方法与应用系统开发的一般技术。本书在内容组织和框架设计上具有两个鲜明特点：全案例、基于学习者学习。从学习者的角度，精心组织每个章节的内容体系，对 STM32 常用的典型外设模块原理及其应用设计均以完整案例方式呈现。配套课件逻辑严密，思路清晰，制作精良，与教材相得益彰。

本书可作为计算机、电子、通信、机电、自动化及其他相关专业的本、专科学生及研究生的教材，也可作为从事检测、自动控制等领域的嵌入式系统开发工程技术人员的参考用书。

未经许可，不得以任何方式复制或抄袭本书之部分或全部内容。
版权所有，侵权必究。

图书在版编目（CIP）数据

STM32 单片机应用与全案例实践 / 沈红卫等著. —北京：电子工业出版社，2017.6
（嵌入式技术与应用丛书）
ISBN 978-7-121-31620-3

Ⅰ. ①S… Ⅱ. ①沈… Ⅲ. ①单片微型计算机 Ⅳ. ①TP368.1

中国版本图书馆 CIP 数据核字（2017）第 107707 号

策划编辑：牛平月
责任编辑：桑 昀
印　　刷：三河市良远印务有限公司
装　　订：三河市良远印务有限公司
出版发行：电子工业出版社
　　　　　北京市海淀区万寿路 173 信箱　邮编 100036
开　　本：787×1 092　1/16　印张：21　字数：537.6 千字
版　　次：2017 年 6 月第 1 版
印　　次：2023 年 11 月第 26 次印刷
定　　价：59.00 元

凡所购买电子工业出版社图书有缺损问题，请向购买书店调换。若书店售缺，请与本社发行部联系，联系及邮购电话：（010）88254888，88258888。
质量投诉请发邮件至 zlts@phei.com.cn，盗版侵权举报请发邮件至 dbqq@phei.com.cn。
本书咨询联系方式：（010）88254454，niupy@phei.com.cn。

前　　言

嵌入式系统的发展确实超乎我们的想象。从早期的 8 位单片机，到目前主流的 32 位单片机，其应用已深深渗透于生产、生活的各个方面。作为 ARM 的一个典型系列，STM32 以其较高的性能和优越的性价比，毫无疑问地成为 32 位单片机市场的主流。把 STM32 引入大学的培养体系，已经成为高校广大师生的普遍共识和共同实践。

目前普遍地认为，基于 ARM 的嵌入式系统不仅难教而且难学。究其原因，无外乎三个方面：

（1）功能多导致的问题。功能多导致系统复杂，这样给理解带来诸多困难，使得从传统的 8 位单片机系统转过来的学习者感觉难以适应，因为传统的 8 位单片机，例如 51 单片机，功能相对单一，结构原理也相对简单。

（2）芯片系列多导致的问题。由于基于 ARM 的单片机系列较多，功能、性能差异较大，开发环境又往往不一样，尤其是与 8 位单片机学习者已熟悉的 KEIL C 差异较大，再加上 ARM 单片机出现晚，发展历史没有 8 位单片机长，资料积累远不如 8 位单片机丰富，这些都对学习者提出了挑战、形成了恐慌。

（3）开发模式不一样导致的问题。每个 ARM 系列单片机，往往其开发环境、开发模式是不一样的。以 STM32 为例，开发环境就有好几种，开发模式又有寄存器模式、固件库函数模式两种，再加上各自又可对应基于操作系统和无操作系统的形式，在工程模板的配置方面很多初学者往往不得其要领，所有这些使得传统的单片机学习者在从 8 位单片机向 ARM 迁移的过程中，感觉信心不足，不敢轻易涉足。

作者本身是传统 8 位单片机的一个资深学习者和应用开发者，对上述这些感同身受、体会深厚。正因为如此，由于一个偶然的契机，让作者在 2014 年暑假下定决心一定要破破这个邪，从而开始了长达近三年的学习和教材撰写过程，走上了一个人的朝圣之旅。

正是这不折不扣的三年学习和思考，引领作者在本教材的框架构思和具体撰写中，毫无觉察地将自己设置在学习者的立场和视野上。本教材的撰写自始至终都坚定地遵循了"二二"思想。第一个"二"，即教材撰写的两个原则；第二个"二"，即教材撰写的两个特色。

教材撰写的两个原则：一是基于学习者学习的原则，而不是方便教授者教的原则；二是删繁就简、容易上手的原则，对传统学习者感觉恐慌的部分，围绕应用和实践，采取够用、适用的方式，将其简化，减少学习恐惧，对诸如工程模板配置等问题从根本上、本质上阐述到位，使学习者真正理解为什么要这样做，从而避免云里雾里、一知半解，达到得心应手、运用自如。

教材撰写的两个特色：一是围绕学习者学习；二是全案例驱动。具体地说，就是完全站在学习者学习的角度，设计整个教材的逻辑关系，组织每个章节的内容体系，在简明扼要地阐述 STM32 常用的每一个典型外设模块的原理的基础上，围绕其应用，均以一个以上完整案例的形式讨论其设计精髓，并在教材的最后给出了一个完整的工程案例，所有这些案例的硬件和软件完全公开、毫无保留，因此十分有利于学习者学习和模仿。大量的教学实践表明，模仿是学习单片机最为成功的方式之一，它不仅可以让学习者产生成就感，而且可以较快地激发学习者的兴趣和动力。

本教材的第一部分讨论了怎么学 STM32 的问题，分别从学习 STM32 的基础要求、STM32 的基本架构和大致原理、学习 STM32 的基本方法、学习 STM32 需要哪些工具或平台等几个方面加以阐述。

教材的第二部分围绕一个 GPIO 输出的简单案例，讨论了 STM32 应用开发所必需的开发环境配置（包括模板的建立）、程序的下载与调试、STM32 程序开发的三种模式等问题。

教材的其余部分，分别通过一个及以上的完整案例，讨论了 STM32 中最为典型的外设与功能模块，即 GPIO 输入/输出、延时的 3 种实现（延时函数、SysTick、定时器中断）、TIMER 与 PWM、USART、基于液晶和按键的人机界面、I^2C 与 SPI、A/D、D/A、DMA、中断等的工作原理、应用设计、程序实现。

教材的最后部分，讨论了一个基于线性 CCD 路径识别的综合性工程案例。这个案例可帮助学习者进一步建立模块化思想，提高设计与开发 STM32 的综合应用系统的能力与信心。

本教材的所有案例均经过作者精心设计并一一经过实验验证。所有案例的功能要求完整、注释完整、代码完整，真正做到了全公开、全透明、无保留。

一点建议：从学习入门和一般应用的角度，作者倾向于不要先花很多精力去学嵌入式实时操作系统（如 μC/OS），原因有二：一方面，因其体系和概念过于复杂、抽象，初学者难以驾驭，学习起来会非常困难，学习效率会异常低下，这样反而影响最重要的、最根本的内容的学习，可能会使原本不足的学习兴趣和动力出现"断崖式"下降；另一方面，对于一般的应用，多数是不需要基于操作系统的，况且，多数观点认为 STM32 并不十分适合嵌入操作系统。

教材的编写是一个艰难和孤独的过程，一本好的教材的出版更是需要作者做到心无旁骛、摒弃杂念。在整整三年的撰写和实验验证过程中，作者对此深信不疑。本教材绝大多数的内容均为作者原创，编写风格也不同于大多数教材的模式（因为将显得复杂的原理分解至各个功能模块去阐述和讨论，因此较好地迎合了学习者的学习规律）。可以不自谦地说，这是一本真正意义上以学习产出（OBE）为导向的教材。

本教材得到了绍兴文理学院浙江省新兴特色专业自动化专业建设项目经费的资助，是 2015 年绍兴市重点建设教材。

本教材由绍兴文理学院沈红卫教授、任沙浦副教授、朱敏杰讲师、卢雪萍讲师，浙江工业职业技术学院杨亦红讲师等共同完成，沈翊、涂强、章英、章清、金梦琪、傅飞娜、葛琼、赵伟强也为本书贡献了心智，绍兴文理学院自动化专业 13 级项烨雯、12 级陈剑泓等同学参与了部分图表的绘制。在本教材的编写过程中，参阅了许多资料，在此对本教材参考资料的作者表示诚挚感谢，对不能一一标明来源的资料的作者表示真诚的歉意和敬意。对直接、间接为本教材的出版倾注智慧、付出心力、提供帮助的所有人，作者都心怀满满的感谢！

由于水平所限，书中难免存在错误和不周之处，恳请同行专家和学习者不吝指正。

本教材配套课件逻辑严密、思路清晰、制作精良，可登录华信教育资源网（http://www.hxedu.com.cn）免费注册后下载。

沈红卫
于绍兴风则江边
2017 年 1 月 20 日

目 录

第1章 如何学习STM32 (1)
- 1.1 学习STM32必须具备的知识基础 (1)
- 1.2 STM32的基本架构和基本原理 (2)
  - 1.2.1 什么是ARM (2)
  - 1.2.2 什么是STM32 (3)
  - 1.2.3 STM32的内部结构 (3)
  - 1.2.4 典型型号——STM32F103ZET6 (5)
  - 1.2.5 STM32的时钟树 (6)
- 1.3 学习STM32的最好方法是什么 (9)
- 1.4 学习STM32需要哪些工具或平台 (10)
  - 1.4.1 硬件平台 (10)
  - 1.4.2 软件平台 (12)
- 1.5 STM32程序开发的模式 (13)
  - 1.5.1 基于寄存器的开发模式 (13)
  - 1.5.2 基于ST固件库的开发模式 (20)
  - 1.5.3 基于操作系统的开发模式 (26)
  - 1.5.4 3种开发模式的选用建议 (27)
- 思考与扩展 (28)

第2章 如何调试STM32 (29)
- 2.1 STM32单片机的最小系统 (29)
- 2.2 STM32工程模板的建立 (31)
  - 2.2.1 STM32的固件库（Standard Peripherals Library） (31)
  - 2.2.2 新建工程模板第一步——复制固件库文件 (35)
  - 2.2.3 新建工程模板第二步——新建一个KEIL工程 (36)
  - 2.2.4 关于创建工程模板的简单小结 (43)
- 2.3 程序的烧写 (43)
  - 2.3.1 基于串口的程序下载（烧写）方式 (44)
  - 2.3.2 基于JTAG（SWD）的程序下载（烧写）方式 (45)
- 2.4 程序的调试 (47)
- 2.5 模板的使用 (49)
- 2.6 3个GPIO输出的范例——STM32中实现延时的3种常用方法 (50)
  - 2.6.1 第一个LED工程——基于延时函数的延时 (50)
  - 2.6.2 第二个LED工程——SysTick中断延时 (52)
  - 2.6.3 第三个LED工程——定时器中断延时 (54)

2.7　GPIO 口的各种输出方式及其应用 ································ (57)
　　2.7.1　功能要求 ··· (57)
　　2.7.2　程序实现 ··· (58)
2.8　本章小结 ··· (60)
思考与扩展 ··· (61)

第 3 章　GPIO 及其应用——输入 ································ (62)
3.1　单功能按键输入 ··· (62)
　　3.1.1　实现思想 ··· (62)
　　3.1.2　具体程序 ··· (63)
3.2　复用功能按键输入 ··· (66)
　　3.2.1　按键复用的基本概念 ······································· (66)
　　3.2.2　程序实现举例 ··· (66)
3.3　非按键类开关信号输入及其实现 ··································· (69)
　　3.3.1　GPIO 的输入方式及其特点 ·································· (69)
　　3.3.2　程序实现 ··· (70)
3.4　GPIO 输入/输出小结 ··· (72)
思考与扩展 ··· (73)

第 4 章　TIMER 与 PWM ·· (74)
4.1　关于 STM32 的定时器（TIMER）的概述 ···························· (74)
4.2　STM32 定时器的简单应用 ··· (75)
　　4.2.1　按周期输出方波的例子 ····································· (75)
　　4.2.2　实现原理 ··· (75)
　　4.2.3　具体程序 ··· (75)
4.3　STM32 定时器的复杂应用——检测输入方波的频率 ···················· (80)
　　4.3.1　STM32 定时器的其他特性 ··································· (80)
　　4.3.2　本例设计要求 ··· (82)
　　4.3.3　硬件接口设计与测量原理 ··································· (82)
　　4.3.4　具体程序 ··· (83)
4.4　PWM 原理及其应用一——一个 LED 呼吸灯的实现 ····················· (87)
　　4.4.1　PWM 的基本概念及其基本应用 ······························· (87)
　　4.4.2　STM32 的 PWM 的实现原理 ·································· (88)
　　4.4.3　基于 PWM 的 LED 呼吸灯的实现思路 ·························· (92)
　　4.4.4　呼吸灯的实现程序 ··· (93)
4.5　PWM 原理及其应用二——通过 L298N 控制电机转速 ·················· (100)
　　4.5.1　硬件设计 ··· (100)
　　4.5.2　直流电机调速与调向的原理 ································· (101)
　　4.5.3　程序实现 ··· (101)
思考与扩展 ··· (108)

第 5 章　USART 及其应用 ·· (109)
5.1　串行通信模块 USART 的基本应用要点 ······························· (109)

  5.1.1　STM32 的 USART 及其基本特性 ……………………………………………………（109）
  5.1.2　STM32 的 USART 应用的基本要领 …………………………………………………（110）
 5.2　一个 USART 的通信实现（STM32 与 PC）——查询法 ………………………………………（111）
  5.2.1　功能要求 …………………………………………………………………………………（111）
  5.2.2　实现难点 …………………………………………………………………………………（112）
  5.2.3　程序实现 …………………………………………………………………………………（112）
  5.2.4　USART 应用的有关事项 ………………………………………………………………（118）
 5.3　一个 USART 的通信实现（STM32 与 PC）——中断法 ………………………………………（119）
  5.3.1　功能要求及通信协议设计 ………………………………………………………………（119）
  5.3.2　程序算法 …………………………………………………………………………………（120）
  5.3.3　本例的源程序 ……………………………………………………………………………（120）
 5.4　两个 USART 的通信实现 …………………………………………………………………………（128）
  5.4.1　功能要求与通信协议 ……………………………………………………………………（128）
  5.4.2　接口设计 …………………………………………………………………………………（129）
  5.4.3　程序实现 …………………………………………………………………………………（130）
 5.5　USART 应用小结 …………………………………………………………………………………（144）
 思考与扩展 …………………………………………………………………………………………………（146）

第 6 章　人机界面——按键输入与液晶显示 ……………………………………………………（147）

 6.1　STM32 与液晶模块 12864 的接口实现 …………………………………………………………（147）
  6.1.1　STM32 与液晶模块 12864 的接口实现——延时法 …………………………………（147）
  6.1.2　STM32 与液晶模块 12864 的接口实现——查询"忙"状态 …………………………（159）
 6.2　基于液晶模块 12864 的菜单实现 …………………………………………………………………（178）
  6.2.1　程序中菜单的种类与菜单化程序的优势 ………………………………………………（178）
  6.2.2　基于液晶模块 12864 的菜单实现实例 …………………………………………………（178）
 6.3　矩阵键盘的接口实现 ………………………………………………………………………………（191）
  6.3.1　矩阵键盘的应用与程序设计思想 ………………………………………………………（191）
  6.3.2　4×4 矩阵键盘的硬件设计 ………………………………………………………………（192）
  6.3.3　演示程序 …………………………………………………………………………………（192）
 6.4　本章小结 ……………………………………………………………………………………………（204）
 思考与扩展 …………………………………………………………………………………………………（204）

第 7 章　同步串行接口总线 SPI 与 I^2C ……………………………………………………………（205）

 7.1　STM32 的 SPI ……………………………………………………………………………………（205）
  7.1.1　SPI 概述 …………………………………………………………………………………（205）
  7.1.2　STM32 的 SPI 总线的应用要点 ………………………………………………………（206）
 7.2　SPI 的接口应用及其实现 …………………………………………………………………………（207）
  7.2.1　STM32 与 OLED12864 液晶模块的 SPI 接口 ………………………………………（207）
  7.2.2　STM32 的 SPI1 与 OLED12864 的接口程序 …………………………………………（208）
 7.3　STM32 的 I^2C 总线 ………………………………………………………………………………（228）
  7.3.1　I^2C 总线的基本概念 ……………………………………………………………………（228）
  7.3.2　STM32 的 I^2C 总线的应用要领 ………………………………………………………（231）

7.4　STM32 的 I²C 总线的应用举例 (233)
　　7.4.1　具有 I²C 接口的 DS3231 时钟模块 (233)
　　7.4.2　STM32 与 DS3231 时钟模块的硬件接口 (234)
　　7.4.3　STM32 与 DS3231 的软件接口及其演示实例 (234)
7.5　I²C 总线稳健性设计 (253)
思考与扩展 (253)

第 8 章　ADC、DAC 与 DMA 及其应用 (254)

8.1　STM32 的 DMA (254)
　　8.1.1　STM32 的 DMA 及其基本特性 (254)
　　8.1.2　STM32 的 DMA 原理及其配置要点 (255)
8.2　STM32 的 ADC (257)
　　8.2.1　STM32 的 ADC 的基本特性 (257)
　　8.2.2　STM32 的 ADC 的程序流程与编程要点 (259)
8.3　一个三通道 ADC 转换的范例 (260)
　　8.3.1　功能要求与方案设计 (260)
　　8.3.2　实现程序——基于查询的 DMA (262)
　　8.3.3　本例的 DMA 中断法实现 (270)
8.4　STM32 的 DAC (273)
　　8.4.1　DAC 概述 (273)
　　8.4.2　DAC 的配置要领 (274)
　　8.4.3　DAC 应用实例 (276)
思考与扩展 (284)

第 9 章　工程实例——基于线性 CCD 的小车循迹系统 (285)

9.1　系统要求 (285)
9.2　线性 CCD 的原理及其使用 (285)
　　9.2.1　线性 CCD 传感器原理 (286)
　　9.2.2　线性 CCD 传感器应用 (287)
　　9.2.3　硬件接口 (288)
9.3　自适应曝光的算法设计 (289)
　　9.3.1　自适应曝光算法 (289)
　　9.3.2　模块化程序架构 (290)
9.4　具体程序 (292)
　　9.4.1　工程文件视图——文件结构 (292)
　　9.4.2　程序源代码 (293)
9.5　系统性能实测 (324)
　　9.5.1　系统实物与测试环境 (324)
　　9.5.2　系统实测结果 (324)
思考与扩展 (326)

参考文献 (327)

第 1 章 如何学习 STM32

本章导览

从 8 位单片机转到基于 ARM 的 32 位单片机 STM32,这个过程需要通过合适的方法跨越。由于 STM32 的功能多,其原理又与传统的 8 位单片机(主要是 MCS-51 系列)完全不同,所以本章重点讨论学习 STM32 的方法和策略问题,主要内容如下:

- ➢ STM32 的基本架构和基本原理。
- ➢ 学习 STM32 的基本方法。
- ➢ 学习 STM32 需要的工具或平台。
- ➢ STM32 程序开发的几种模式。

1.1 学习 STM32 必须具备的知识基础

为了学习 STM32,必要的知识基础是需要掌握的。它们主要包括以下部分内容。

1. 电路原理

作为理解和学习硬件最基础的知识,必须了解电流、电源、电阻、电容等的概念和基本属性、基本关系,能正确选择和使用电阻、电容等基本元器件。

2. 数字电路、模拟电路

掌握二极管、三极管的基本工作原理,掌握二极管的导通和截止的条件,掌握三极管的饱和导通和截止(开与关)的条件,基本掌握 A/D、D/A 转换的基本原理与性能指标,初步掌握直流稳压电源的原理与工作要求等。

3. 单片机

如果有 8 位单片机原理的学习经历和应用开发的实践经验,例如 MCS-51 单片机,则肯定对学习和理解 STM32 是极为有利的。但这个不是必备条件,可以作为选项,只要方法得当,也是可以从零起点学习 STM32 单片机的。

4. 计算机语言

必须有比较扎实的 C 语言基础，能使用 C 语言开发一定复杂度的应用系统，因为 STM32 开发基本上都是基于 C 语言的。

5. 实践能力

能比较熟练地使用数字式万用表对电阻、电压等物理量进行检测、对电路的通断进行判断，能熟练使用电烙铁进行焊接，若能使用数字示波器则当然更好。

1.2 STM32 的基本架构和基本原理

如果你是学过 8 位单片机的，例如 51 单片机，那么对于理解 STM32 的系统架构和功能模块是十分有利的，毕竟它们都属于单片机范畴（英文为 Microcontroller）。只不过前者是 8 位单片机（即数据总线是 8 位的），而后者是 32 位单片机（数据总线是 32 位的）。但是，如果你没有学过任何单片机，那么从零基础学 STM32 也不是没有可能，只是在理解时会困难些。学了 C 语言，大家都知道，开发 PC 程序，压根不用了解 PC 的硬件结构和功能部件的特点。但是开发单片机程序，必须知道单片机的内部结构和功能部件的特点和属性，从学习入门的角度而言，初学者往往被 STM32 复杂而多样的内部结构和功能部件所吓到，从而望而生畏、放弃学习。其实，依作者之见，学习者可以不必完全弄清楚硬件结构和原理后才开始 STM32 单片机的学习、应用系统的设计与开发。

下面是对 STM32 单片机的内部结构和功能部件的一个大致描述，在了解这些特点的基础上，就可以开始尝试 STM32 的应用设计与实践。

1.2.1 什么是 ARM

ARM 这个缩写包含两个意思：一是指 ARM 公司；二是指 ARM 公司设计的低功耗 CPU 及其架构，包括 ARM1～ARM11 与 Cortex，其中，被广泛应用的是 ARM7、ARM9、ARM11 以及 Cortex 系列。

1. ARM 公司及其 ARM 架构

ARM 是全球领先的 32 位嵌入式 RISC 芯片内核设计公司。RISC 的英文全称是 Reduced Instruction Set Computer，对应的中文是精简指令集计算机。特点是所有指令的格式都是一致的，所有指令的指令周期也是相同的，并且采用流水线技术。

ARM 公司本身并不生产和销售芯片，它以出售 ARM 内核的知识产权为主要模式。全球顶尖的半导体公司，例如 Actel、TI、ST、Fujitsu、NXP 等均通过购买 ARM 的内核，结合各自的技术优势进行生产和销售，共同推动基于 ARM 内核包括 Cortex 内核的嵌入式单片机的发展。

ARM 的设计具有典型的精简指令系统（RISC）风格。ARM 的体系架构已经经历了 6 个版本，版本号分别是 V1～V6。每个版本各有特色，定位也各有不同，彼此之间不能简单地相互替代。其中，ARM9、ARM10 对应的是 V5 架构，ARM11 对应的是发表于 2001 年的 V6 架构，时钟频率为 350～500MHz，最高可达 1GHz。

2. Cortex 内核

Cortex 是 ARM 的全新一代处理器内核，它在本质上是 ARM V7 架构的实现，它完全有别于 ARM 的其他内核，是全新开发的。按照 3 类典型的嵌入式系统应用，即高性能、微控制器、实时类，它又分成 3 个系列，即 Cortex-A、Cortex-M、Cortex-R。而 STM32 就属于 Cortex-M 系列。

Cortex-M 旨在提供一种高性能、低成本的微处理器平台，以满足最小存储器、小引脚数和低功耗的需求，同时兼顾卓越的计算性能和出色的中断管理能力。目前典型的、使用最为广泛的是 Cortex-M0、Cortex-M3、Cortex-M4。

与 MCS-51 单片机采用的哈佛结构不同，Cortex-M 采用的是冯·诺依曼结构，即程序存储器和数据存储器不分开、统一编址。

1.2.2 什么是 STM32

STM32 是意法半导体（STMicroelectronics）较早推向市场的基于 Cortex-M 内核的微处理器系列产品，该系列产品具有成本低、功耗优、性能高、功能多等优势，并且以系列化方式推出，方便用户选型，在市场上获得了广泛好评。

STM32 目前常用的有 STM32F103～107 系列，简称"1 系列"，最近又推出了高端系列 STM32F4xx 系列，简称"4 系列"。前者基于 Cortex-M3 内核，后者基于 Cortex-M4 内核。STM32F4xx 系列在以下诸多方面做了优化：

（1）增加了浮点运算；
（2）DSP 处理；
（3）存储空间更大，高达 1M 字节以上；
（4）运算速度更高，以 168MHz 高速运行时可达到 210DMIPS 的处理能力；
（5）更高级的外设，新增外设，例如，照相机接口、加密处理器、USB 高速 OTG 接口等，提高性能，更快的通信接口，更高的采样率，带 FIFO 的 DMA 控制器。

本书侧重于"1 系列"中的 STM32F103 系列，所讨论的内容大部分可用于"4 系列"。

1.2.3 STM32 的内部结构

STM32 跟其他单片机一样，是一个单片计算机或单片微控制器，所谓单片就是在一个芯片上集成了计算机或微控制器该有的基本功能部件。这些功能部件通过总线连在一起。就 STM32 而言，这些功能部件主要包括：Cortex-M 内核、总线、系统时钟发生器、复位电路、程序存储器、数据存储器、中断控制、调试接口以及各种功能部件（外设）。不同的芯片系列和型号，外设的数量和种类也不一样，常有的基本功能部件（外设）是：输入/输出接口 GPIO、定时/计数器 TIMER/COUNTER、串行通信接口 USART、串行总线 I^2C 和 SPI 或 I^2S、SD 卡接口 SDIO、USB 接口等。

根据 ST 的官方手册，STM32F10X 的系统结构图如图 1.1 所示。

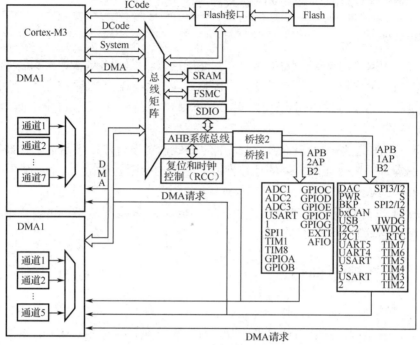

图 1.1　STM32F10X 系统结构图

为更加简明地理解 STM32 单片机的内部结构，对图 1.1 进行抽象简化后得到图 1.2，这样对初学者的学习理解会更加方便些。

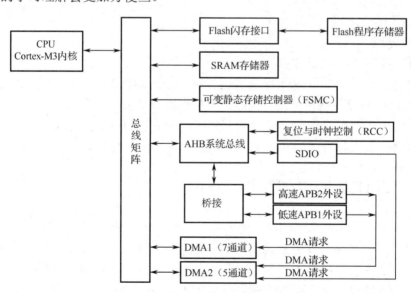

图 1.2　STM32F10X 系统结构简化图

现结合图 1.2 对 STM32 的基本原理做一简单分析，主要包括以下内容。

（1）程序存储器、静态数据存储器、所有的外设都统一编址，地址空间为 4GB。但各自都有固定的存储空间区域，使用不同的总线进行访问。这一点跟 51 单片机完全不一样。具体的地址空间请参阅 ST 官方手册。如果采用固件库开发程序，则可以不必关注具体的地址问题。

（2）可将 Cortex-M3 内核视为 STM32 的"CPU"，程序存储器、静态数据存储器、所有的外设均通过相应的总线再经总线矩阵与之相接。Cortex-M3 内核控制程序存储器、静态数据存储器、所有外设的读写访问。

（3）STM32 的功能外设较多，分为高速外设、低速外设两类，各自通过桥接再通过 AHB 系统总线连接至总线矩阵，从而实现与 Cortex-M3 内核的接口。两类外设的时钟可各自配置，速度不一样。具体某个外设属于高速还是低速，已经被 ST 明确规定，可参阅图 1.1 标示的信息。所有外设均有两种访问操作方式：一是传统的方式，通过相应总线由 CPU 发出读写指令进行访问，这种方式适用于读写数据较小、速度相对较低的场合；二是 DMA 方式，即直接存储器存取，在这种方式下，外设可发出 DMA 请求，不再通过 CPU 而直接与指定的存储区发生数据交换，因此可大大提高数据访问操作的速度。

（4）STM32 的系统时钟均由复位与时钟控制器 RCC 产生，它有一整套的时钟管理设备，由它为系统和各种外设提供所需的时钟以确定各自的工作速度。

1.2.4 典型型号——STM32F103ZET6

根据程序存储容量，ST 芯片分为三大类：LD（小于 64KB），MD（小于 256KB），HD（大于 256KB），而 STM32F103ZET6 类型属于第三类，它是 STM32 系列中的一个典型型号。以下是它的性能简介：

（1）基于 ARM Cortex-M3 核心的 32 位微控制器，LQFP-144 封装。

（2）512KB 片内 Flash（相当于硬盘，程序存储器），64KB 片内 RAM（相当于内存，数据存储器），片内 Flash 支持在线编程（IAP）。

（3）高达 72MHz 的系统频率，数据、指令分别走不同的流水线，以确保 CPU 运行速度达到最大化。

（4）通过片内 BOOT 区，可实现串口的在线程序烧写（ISP）。

（5）片内双 RC 晶振，提供 8MHz 和 40kHz 的频率。

（6）支持片外高速晶振（8MHz）和片外低速晶振（32kHz）。其中片外低速晶振可用于 CPU 的实时时钟，带后备电源引脚，用于掉电后的时钟行走。

（7）42 个 16 位的后备寄存器（可以理解为电池保存的 RAM），利用外置的纽扣电池，实现掉电数据保存功能。

（8）支持 JTAG、SWD 调试。可在廉价的 J-LINK 的配合下，实现高速、低成本的开发调试方案。

（9）多达 80 个 GPIO（大部分兼容 5V 逻辑）；4 个通用定时器，2 个高级定时器，2 个基本定时器；3 路 SPI 接口；2 路 I^2S 接口；2 路 I^2C 接口；5 路 USART；1 个 USB 从设备接口；1 个 CAN 接口；1 个 SDIO 接口；可兼容 SRAM、NOR 和 NAND Flash 接口的 16 位总线的可变静态存储控制器（FSMC）。

（10）3 个共 16 通道的 12 位 ADC，2 个共 2 通道的 12 位 DAC，支持片外独立电压基准。ADC 转换速率最高可达 1μs。

（11）CPU 的工作电压范围：2.0～3.6V。

1.2.5 STM32 的时钟树

STM32 的时钟系统比较复杂，但又十分重要。理解 STM32 的时钟树对理解 STM32 十分重要。下面分五个部分择要对其进行阐述。

1. 内部 RC 振荡器与外部晶振的选择

STM32 可以选择内部时钟（内部 RC 振荡器），也可以选择外部时钟（外部晶振）。但如果使用内部 RC 振荡器而不使用外部晶振，必须清楚以下几点：

（1）对于 100 脚或 144 脚的产品，OSC_IN 应接地，OSC_OUT 应悬空。

（2）对于少于 100 脚的产品，有两种接法：

方法 1：OSC_IN 和 OSC_OUT 分别通过 10kΩ 电阻接地。此方法可提高 EMC 性能。

方法 2：分别重映射 OSC_IN 和 OSC_OUT 至 PD0 和 PD1，再配置 PD0 和 PD1 为推挽输出并输出 0。此方法相对于方法 1，可以减小功耗并节省两个外部电阻。

（3）内部 8MHz 的 RC 振荡器的误差在 1%左右，内部 RC 振荡器的精度通常比用 HSE（外部晶振）要低十倍以上。STM32 的 ISP 就是利用了 HSI（内部 RC 振荡器）。

2. STM32 时钟源

在 STM32 中，有 5 个时钟源，分别为 HSI、HSE、LSI、LSE、PLL。

（1）HSI 是高速内部时钟，RC 振荡器，频率为 8MHz。

（2）HSE 是高速外部时钟，可接石英谐振器、陶瓷谐振器，或者接外部时钟源，它的频率范围为 4MHz～16MHz。

（3）LSI 是低速内部时钟，RC 振荡器，频率为 40kHz。

（4）LSE 是低速外部时钟，接频率为 32.768kHz 的石英晶体。

（5）PLL 为锁相环倍频输出，其时钟输入源可选择为 HSI/2、HSE 或者 HSE/2。倍频可选择 2～16 倍，但是其输出频率最大不得超过 72MHz。

3. STM32 时钟树的输入与输出

对于初次接触 STM32 的学习者来说，在熟悉了开发环境的使用之后，往往"栽倒"在同一个问题上，这个问题就是如何理解和掌握时钟树。

众所周知，微控制器（处理器）的运行必要要依赖周期性的时钟脉冲，它往往由一个外部晶体振荡器提供时钟输入为始，最终转换为多个外部设备的周期性运作为末，这种时钟"能量"扩散流动的路径，犹如大树的养分通过主干流向各个分支，因此常称之为"时钟树"。在一些传统的低端 8 位单片机，诸如 51、AVR 等单片机，它们也具备自身的一个时钟树系统，但它们中的绝大部分是不受用户控制的，亦即在单片机上电后，时钟树就固定在某种不可更改的状态。例如，51 单片机使用典型的 12MHz 晶振作为时钟源，则其诸如 I/O 口、定时器、串口等外设的驱动时钟速率便被系统固定，用户将无法更改此时钟的速率，除非更换晶振。

而 STM32 微控制器的时钟树则是可配置的,其时钟输入源与最终达到外设处的时钟速率不再有固定的关系。图 1.3 是 STM32 微控制器的时钟树。要学会 STM32,必须理解时钟树的输入和输出关系。现以图 1.3 中的圆框数字序号标示的部分所示,说明时钟输入与时钟输出之间的关系,输入至输出之间的路径一可表示为①-②-③-④-⑤-⑥-⑦,当然也可以选择路径二:①-⑤-⑥-⑦。此处以路径一为例,做以下具体分析。

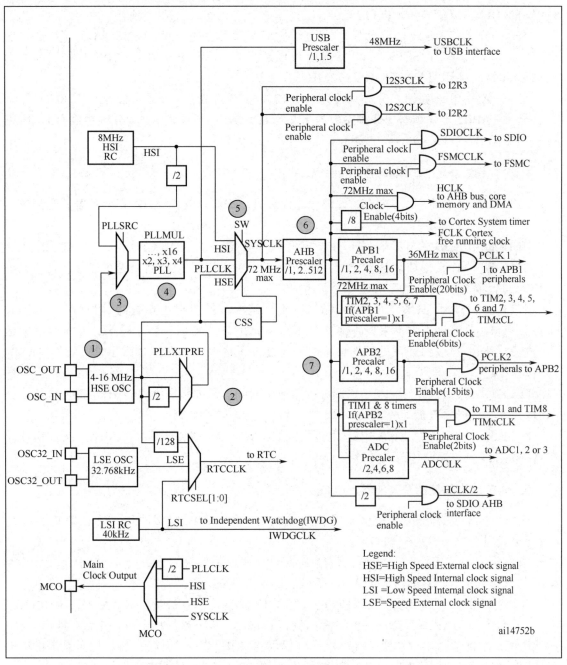

图 1.3 STM32 微控制器的时钟树

①——输入,外部晶振(HSE),可选为 2~16MHz。

②——第一个分频器 PLLXTPRE，可以选择 1 分频或 2 分频。

③——时钟源选择，开关 PLLSRC（PLL entry clock source），我们可以选择其输出，输出为外部高速时钟（HSE）或是内部高速时钟（HSI）。这里选择输出为 HSE。

④——PLL（锁相环），具有倍频功能（输入倍频因子 PLLMUL，2～16 倍），经过 PLL 的时钟称为 PLLCLK。倍频因子设定为 9 倍频，也就是说，经过 PLL 之后，时钟从原来 8MHz 的 HSE 变为 72MHz 的 PLLCLK。

⑤——开关 SW，经过这个开关之后就是 STM32 的系统时钟（SYSCLK）了。通过这个开关，可以切换 SYSCLK 的时钟源，可以选择为 HSI、PLLCLK、HSE。我们选择为 PLLCLK 时钟，所以 SYSCLK 就为 72MHz 了。

⑥——AHB 预分频器（分频系数为 1～512）。如果选为 1，分频系数为 1。

⑦——APB2 预分频器（分频系数为 1, 2, 4, 8, 16）。如果选为 1，则分频系数为 1，所以高速外设 APB2（PCLK2）为 72MHz。

4. STM32 中几个与时钟相关的概念

SYSCLK：系统时钟，STM32 大部分器件的时钟来源。它由 AHB 预分频器分配到各个部件。

HCLK：由 AHB 预分频器直接输出得到，它是高速总线 AHB 的时钟信号，提供给存储器、DMA 及 Cortex 内核，是 Cortex 内核运行的时钟，CPU 主频就是这个信号，它的大小与 STM32 运算速度、数据存取速度密切相关。

FCLK：同样由 AHB 预分频器输出得到，是内核的"自由运行时钟"（free running clock）。"自由"表现在它不来自时钟 HCLK，因此在 HCLK 时钟停止时 FCLK 也会继续运行。它的存在，可以保证在处理器休眠时，也能够采样中断和跟踪休眠事件，它与 HCLK 互相同步。

PCLK1：外设时钟，由 APB1 预分频器输出得到，最大频率为 36MHz，提供给挂载在 APB1 总线上的外设（低速外设）。

PCLK2：外设时钟，由 APB2 预分频器输出得到，最大频率可为 72MHz，提供给挂载在 APB2 总线上的外设（高速外设）。

5. 时钟输出的使能及其流程

在以上的时钟输出中有很多是带使能控制的，如 AHB 总线时钟、内核时钟、各种 APB1 外设时钟、APB2 外设时钟等。

当需要使用某模块时，必须先使能对应的时钟。需要注意的是定时器的倍频器，当 APB 的分频为 1 时，它的倍频值为 1，否则它的倍频值就为 2。

连接在 APB1 上的设备（低速外设）有：电源接口、备份接口、CAN、USB、I^2C1、I^2C2、UART2、UART3、SPI2、窗口看门狗、Timer2、Timer3、Timer4。注意：USB 模块虽然需要一个单独的 48MHz 时钟信号，但它不是供 USB 模块工作的时钟，而只是提供给串行接口引擎（SIE）使用的时钟。USB 模块工作的时钟应该是由 APB1 提供的。

连接在 APB2 上的设备（高速外设）有：GPIO_A-E、USART1、ADC1、ADC2、ADC3、TIM1、TIM8、SPI1、AFIO。

以下是时钟设置的基本流程。

假设，使用 HSE 时钟，并且使用 ST 的固件库函数，那么在程序中设置时钟参数的流程如下。

第 1 步：

将 RCC 寄存器重新设置为默认值，即调用函数 RCC_DeInit；

第 2 步：

打开外部高速时钟晶振 HSE，调用函数 RCC_HSEConfig(RCC_HSE_ON)；

第 3 步：

等待外部高速时钟晶振工作，调用 HSEStartUpStatus = RCC_WaitForHSEStartUp()；

第 4 步：

设置 AHB 时钟，即调用函数 RCC_HCLKConfig；

第 5 步：

设置高速 AHB 时钟，即调用函数 RCC_PCLK2Config；

第 6 步：

设置低速 AHB 时钟，即调用函数 RCC_PCLK1Config；

第 7 步：

设置 PLL，即调用函数 RCC_PLLConfig；

第 8 步：

打开 PLL，即调用函数 RCC_PLLCmd(ENABLE)；

第 9 步：

等待 PLL 工作， while(RCC_GetFlagStatus(RCC_FLAG_PLLRDY) == RESET)；

第 10 步：

设置系统时钟，即调用函数 RCC_SYSCLKConfig；

第 11 步：

判断 PLL 是否是系统时钟， while(RCC_GetSYSCLKSource() != 0x08)；

第 12 步：

打开要使用的外设时钟，即调用函数 RCC_APB2PeriphClockCmd()；或者 RCC_APB1PeriphClockCmd()；

1.3 学习 STM32 的最好方法是什么

学习 STM32 和其他单片机的最好方法是"学中做、做中学"。

首先，大致学习一下 STM32 单片机的英文或者中文手册，对该单片机的特点和工作原理有个大概的了解。通过这一步，达到基本了解或理解 STM32 最小系统原理、程序烧写和运行机制的目的，这就够了。

其次，从一个最简单的项目开始，例如发光二极管的控制，从而熟悉 STM32 应用系统开发的全过程，找到 STM32 开发的感觉。

再次，继续对上述的最简单项目进行深化和变通，以进一步熟悉和巩固开发过程，熟悉开发的基本特点。例如，两个发光二极管的控制、发光时间的调整，还可以进一步推广到通过定时器、中断等控制发光二极管。

一个好的建议是，在学的过程中，需要使用什么功能部件，就去重点学习这一部分的相关知识，慢慢积累，这样，你就慢慢入门了。也就是说，蚂蚁搬家式的学习，把难度分解，从而困难就变小了。

记住，学习 STM32 的最好方法是：动手做，Do it yourself! 什么时候你开始动手做了，什么时候你就在进入和掌握 STM32 开发的路上了。

1.4 学习 STM32 需要哪些工具或平台

对于零基础学习单片机的学习者，要添置必要的学习和开发工具，搭建一个最基本的学习平台，以达到事半功倍的效果。

1.4.1 硬件平台

从硬件方面而言，通常必需的平台或工具有：数字式万用表、J-LINK 仿真器、STM32 最小系统。

1. 数字式万用表

建议使用国产正品即可，例如胜利牌 VC890C（D）就可以，价格也不贵，通常在 60～70 元。它主要用于对硬件系统做简单的检查，例如，连接关系（通、断）、电源电压大小或正常与否、开关信号的状态等。

2. J-LINK 仿真器

J-LINK 是 SEGGER 公司为支持仿真 ARM 内核芯片推出的 JTAG 仿真器。它与众多诸如 IAR EWAR、ADS、KEIL、WINARM、RealView 等集成开发环境配合，可支持所有 ARM7/ARM9/ARM11、Cortex M0/M1/M3/M4、Cortex A5/A8/A9 等内核芯片的仿真。它与 IAR，KEIL 等编译环境可无缝连接，因此操作方便、连接方便、简单易学，是学习开发 ARM 最好、最实用的开发工具。

J-LINK 具有 J-Link Plus、J-Link Ultra、 J-Link Ultra+、J-Link Pro、J-Link EDU、J-Trace 等多个版本，可以根据不同的需求选择不同的产品。

J-LINK 为德国 SEGGER 公司原厂产品，目前在中国仅设有代理商，没有国产版本。购买 J-LINK 后，可以通过 SEGGER 官方网站或者 SEGGER 公司中国区代理商广州市风标电子联系认证是否为正版产品。

J-LINK 主要用于在线调试，它集程序下载器和控制器为一体，使得 PC 上的集成开发软件能够对 ARM 的运行进行控制，比如，单步运行，设置断点，查看寄存器等。一般调试信息用串口"打印"出来，就如 VC 用 printf 在屏幕上显示信息一样，通过串口 ARM 就可以将需要的信息输出到计算机的串口界面。由于笔记本一般都没有串口，所以常用 USB 转串口电缆或转接头实现。

作为初学者，J-LINK 和 USB 转串口电缆或转接头这两个设备很常用，价格也不贵。

USB 转串口（串口线）通常的价格是十几元，而 J-LINK 国内仿制的很多，它的价格从 50 到 100 元不等，原版的通常在 1000 元以上，价格很贵。作为初学者，购买仿制的即可，因为其功能和性能基本接近原版。

图 1.4 是淘宝网上看到的一款仿制型 J-LINK 仿真器（它的价格是约 40 元），再配上图 1.5 所示的转接板（其价格为 8 元左右），即可构成一个经济实用的 J-LINK（SWD，四线制）仿真环境。转接板的目的就是为了放弃使用 20 脚的 JTAG 仿真形式，而使用四线制的 SWD 仿真形式，以减少与 STM32 系统的连接关系。

图 1.4　J-LINK 仿真器的实物图　　　　　图 1.5　转接板的实物图

3. 一个自己焊接或购买的 STM32 最小系统板（实验板）

图 1.6 是淘宝网上看到的一款 STM32 最小系统板，零售价才 19 元，但是随带的资料很丰富，基本功能齐全，结构很完整、开放。而且它具有 JTAG 和 SWD 两种仿真形式并存的特点，因此，可根据实际情况灵活选用其中的一种仿真接口。

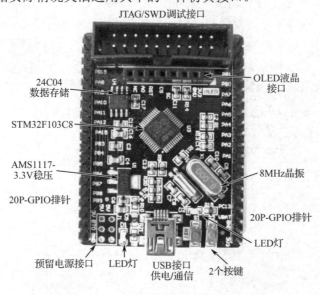

图 1.6　一款 STM32 最小系统板实物图

作者同时也采用自己的一个实验板,这个板子的核心还是最小系统。其原理图和实物照片参见第 2 章。

你可以根据自己的喜好选择一款具有 STM32 最小系统功能的实验板,完全可以满足本教材对实验板的要求。

1.4.2 软件平台

从软件方面而言,必须要有一个开发平台:KEIL MDK 和 IAR 均可。

KEIL MDK 是 ARM 公司提供的编译环境,目前最新的版本支持自动补全关键字的功能,非常方便。KEIL 的使用操作也非常简单,很容易上手,因为大多数 51 单片机学习者和开发者都非常熟悉这个集成开发环境。网上关于如何用 KEIL 进行开发的视频和资料很多。因此,作者倾向于建议使用 KEIL,因为它在国内的用户最多,使用简单,资料丰富。

本教材所有的范例均基于 KEIL MDK 开发平台。图 1.7 是作者采用的 KEIL MDK 平台的版本信息,可见它的版本是 4.73。本教材的后半部分的范例则是基于 5.12 的,不过采用 4.73 也完全可以,只是程序模板有一定的差异。这一点请注意。

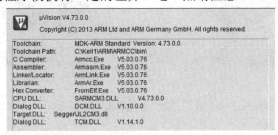

图 1.7 KEIL μVision V4.73 的版权页

需要注意的是,V4.70 版本后,KEIL MDK 就开始支持代码补全功能了,这个功能在程序设计时十分实用。要使用这个功能,必须做一个简单的设置。在 EDIT 菜单下,有一个选项是 Configuration,图 1.8 是设置界面,勾选其中的 Symbols after 3 Characters 即可。

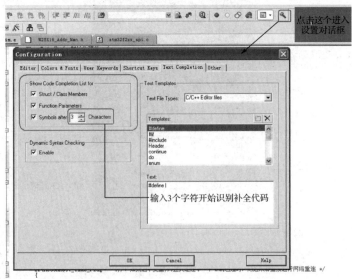

图 1.8 KEIL MDK 代码补全功能设置图

1.5　STM32 程序开发的模式

STM32 单片机系统的开发模式通常有两种：一是基于寄存器开发；二是基于 ST 公司官方提供的固件库开发。当然，还有一种是基于嵌入式操作系统的开发模式。

1.5.1　基于寄存器的开发模式

1. 该模式的实现原理

1）理论基础

（1）了解各功能部件的功能，主要有总线、总线桥、GPIO、定时器和计数器、串行通信 USART、串行接口总线（SPI、I^2C）、中断及其机理等。

（2）熟悉主要寄存器［控制寄存器（模式寄存器）、状态寄存器、数据寄存器、中断寄存器等］，掌握主要寄存器的功能、每个寄存器位的定义与作用，通过赋值语句来设置或获取相关寄存器的值。

（3）明确程序开发要使用的功能部件及其程序设计要点，能按照要求初始化相关寄存器、查询和设置相关寄存器。

2）工程模板

基于寄存器的程序开发模式可以使用更加精简的工程模板。但是，也可以与基于库函数的开发模式一起，使用统一的工程模板。关于如何建立 STM32 单片机系统的工程模板的内容详见第 2 章的相关部分，这里不予展开。

3）实践基础

（1）根据欲开发的程序的功能与性能要求，合理规划程序模块，合理选择 STM32 的功能部件，根据各功能部件程序设计的要点，设计好各模块程序的流程图。

（2）采用分而治之的思想，先设计、调试各个模块的程序。

（3）最后将各模块程序有机组合，再对程序进行统调和测试。

2. 基于寄存器开发模式的编程举例

举例：控制 LED 的周期闪烁

1）实现思想

功能与性能要求：控制两个发光二极管（LED）以 500ms/500ms 的周期进行秒闪。
控制两个 LED 所使用的 GPIO 分别为 PE5、PE6。
程序设计的重点和难点是 500ms 延时实现、GPIO 口的模式选择与时钟设定、GPIO 口的高低电平设置。

对相应的 GPIO 口的设置，是直接对相关寄存器进行编程设定。

500ms 延时实现：在 CM3 内核处理器中，内部包含了一个 SysTick 定时器，SysTick 是一个 24 位的倒计数定时器。当该计数器计数到 0 时，将从 RELOAD 寄存器中自动重装载定时初值。只要不把它在 SysTick 控制及状态寄存器中的使能位清除，就会永不停息。SysTick 在 STM32 的参考手册里面介绍得很简单，其详细介绍请参阅《Cortex-M3 权威指南》第 133 页。利用 STM32 的内部 SysTick 定时器实现延时的好处在于，既不占用中断也不占用系统定时器。

GPIO 口的模式与时钟设定：STM32 的所有功能部件，在使用前必须使能其时钟，设定其速度，GPIO 也不例外。

GPIO 口的高低电平设置可以通过以下 3 种方式。

（1）通过端口输出数据寄存器 GPIOx_ODR（x=A~E），以字的形式设置每个 GPIO 的 16 个引脚对应的高、低电平，这种方式只能以字（16 位）的方式对某个引脚进行设置。

（2）通过端口位设置/清除寄存器 GPIOx_BSRR（x=A~E），这个 32 位的寄存器分为高、低两个字（各 16 位），高字用于对 16 引脚进行清 0 操作，低字用于对 16 引脚进行置 1 操作。

（3）端口位复位寄存器 GPIOx_BRR（x=A~E），对应的低字（16 位）分别可用于对 16 个引脚进行清 0 操作。当然，还可以用位段的形式，对引脚对应的位变量直接置 1 或清 0。

源程序主要有：main.c、delay.c、delay.h、sys.h、stm32f10x_conf.h 5 个文件。使用工程模板。

图 1.9 模板的文件视图

模板的文件视图如图 1.9 所示。

2）具体程序

5 个源程序文件的具体内容如下。

（1）源文件 1——main.c 的具体内容如下：

```
#include "stm32f10x.h"            //stm32F10x 的头文件
#include <delay.h>                //延时函数说明的头文件（在 delay.c 定义的外部函数）
//在 KEIL 中，在另一个源文件中的外部函数，可以省略 extern（经实际验证）
//标准 C 中，一个外部函数的正确说明：extern 类型 函数名（函数参数及其类型）
//但在 KEIL C 中，可以省略为：类型 函数名（函数参数及其类型）；即自动视为外部函数
//如果使用位段法，则必须包含该头文件，否则，可不用
#include <sys.h>
//I/O 口地址映射头文件，非系统自带的文件。有了它，可以对位段进行直接读写

//定义 LED 的引脚
//使用以下两行程序时，必须包含 sys.h 头文件
#define   LED0    PEout(6)
#define   LED1    PEout(5)
```

```c
//系统时钟初始化函数
//采用寄存器方式编程
//pll：选择的倍频数，从 2 开始，最大值为 16
void Rcc_Init(u8 PLL)
{
    unsigned char temp=0;
    RCC_DeInit();                    //复位并配置向量表
    RCC->CR|=0x00010000;             //外部高速时钟使能 HSEON
    while(!(RCC->CR>>17));           //等待外部时钟就绪
    RCC->CFGR=0X00000400;            //APB1=DIV2；APB2=DIV1；AHB=DIV1
    PLL-=2;                          //抵消 2 个单位
    RCC->CFGR|=PLL<<18;              //设置 PLL 值为 2~16
    RCC->CFGR|=1<<16;                //PLLSRC ON
    FLASH->ACR|=0x32;                //Flash 2 个延时周期
    RCC->CR|=0x01000000;             //PLLON
    while(!(RCC->CR>>25));           //等待 PLL 锁定
    RCC->CFGR|=0x00000002;           //PLL 作为系统时钟
    while(temp!=0x02)                //等待 PLL 作为系统时钟设置成功
    {
        temp=RCC->CFGR>>2;
        temp&=0x03;
    }
}

//两个 LED 对应的 GPIO 的配置
void    Led_Init(void)
{
    RCC->APB2ENR|= 1<<6;             //IOPEEN 在第 6 位，使能 PE 时钟

    GPIOE->CRL&=0XF00FFFFF;          //PE5、6 均为推挽输出，50MHz 速度
    GPIOE->CRL|=0X03300000;
    GPIOE->ODR|=1<<5;                //PE5、6 初始化为高电平
    GPIOE->ODR|=1<<6;
}

int    main(void)
{
    Rcc_Init(9);                     //系统时钟设置，8*9=72M，使用工程模板后，该语句可省
    delay_init(72);                  //延时初始化
    Led_Init();                      //LED 的 GPIO 初始化配置
    while(1)
    {
        /*
        //设置 I/O 口电平的第 4 种方法：位段法
        LED0 = 0;                    //位地址直接操作，点亮 LED0
        LED1 = 0;
        */
```

```c
        /*
        //设置 I/O 口电平的第 1 种方法：GPIOE_ODR 法
        //GPIOE->ODR|=1<<5;              //PE5 设置为高电平
        //GPIOE->ODR|=1<<6;              //PE6 设置为高电平
        GPIOE->ODR&=0xFFFFFF9F;          //PE5、6 设置为低电平
        */
        /*
        //设置 I/O 口电平的第 2 种方法：GPIOE_BSRR 法
        GPIOE->BSRR|=0x00600000;         //清零 PE5、PE6
        */
        //设置 I/O 口电平的第 3 种方法：GPIOE_BRR 法
        GPIOE->BRR|=0x00000060;          //清零 PE5、PE6

        delay_ms(1000);                  //延时 1s
        LED0 = 1;                        //关闭 LED0
        LED1 = 1;
        delay_ms(1000);
    }
}
```

（2）源文件 2——stm32f10x_conf.h 的主要作用是根据程序使用的功能部件设置相关头文件，该例的主要内容如下：

```c
/* Includes ------------------------------------------------------------------*/
/* Uncomment/Comment the line below to enable/disable peripheral header file inclusion */
//#include "stm32f10x_adc.h"
//#include "stm32f10x_bkp.h"
//#include "stm32f10x_can.h"
//#include "stm32f10x_cec.h"
//#include "stm32f10x_crc.h"
//#include "stm32f10x_dac.h"
//#include "stm32f10x_dbgmcu.h"
//#include "stm32f10x_dma.h"
//#include "stm32f10x_exti.h"
//#include "stm32f10x_flash.h"
//#include "stm32f10x_fsmc.h"
#include "stm32f10x_gpio.h"
//#include "stm32f10x_i2c.h"
//#include "stm32f10x_iwdg.h"
//#include "stm32f10x_pwr.h"
#include "stm32f10x_rcc.h"
//#include "stm32f10x_rtc.h"
//#include "stm32f10x_sdio.h"
//#include "stm32f10x_spi.h"
//#include "stm32f10x_tim.h"
//#include "stm32f10x_usart.h"
//#include "stm32f10x_wwdg.h"
#include "misc.h" /* High level functions for NVIC and SysTick (add-on to CMSIS functions) */
```

（3）源文件 3——delay.c 的具体内容如下：

```c
//网上下载的 delay.c
//#include <stm32f10x_lib.h>                  //旧版的头文件
#include <stm32f10x.h>
#include "delay.h"
static u8   fac_us=0;                         //us 延时倍乘数
static u16 fac_ms=0;                          //ms 延时倍乘数

/*
解释：fac_us，为 us 延时的基数，也就是延时 1μs，SysTick->LOAD 所应设置的值。fac_ms 为 ms 延
时的基数，也就是延时 1ms，SysTick->LOAD 所应设置的值。fac_us 为 8 位整型数据，fac_ms 为 16 位整型
数据。正因为如此，系统时钟如果不是 8 的倍数，则会导致延时函数不准确，这也是我们推荐外部时钟选
择 8M 的原因。这点大家要特别留意。
*/

//初始化延迟函数
//SysTick 的时钟固定为 HCLK 时钟的 1/8
//SYSCLK：系统时钟
void delay_init(u8 SYSCLK)
{
    SysTick->CTRL&=0xfffffffb;                //bit2 清空，选择外部时钟 HCLK/8
    fac_us=SYSCLK/8;
    fac_ms=(u16)fac_us*1000;
}

/*
解释：SysTick 是 MDK 定义了的一个结构体（在 stm32f10x_map.里面），里面包含 CTRL、LOAD、
VAL、CALIB 4 个寄存器
*/

//延时 nms
//注意 nms 的范围
//SysTick->LOAD 为 24 位寄存器，所以，最大延时为
//nms<=0xffffff*8*1000/SYSCLK
//SYSCLK 单位为 Hz，nms 单位为 ms
//对 72M 条件下，nms<=1864
void delay_ms(u16 nms)
{
    u32 temp;
    SysTick->LOAD=(u32)nms*fac_ms;            //时间加载（SysTick->LOAD 为 24bit）
    SysTick->VAL =0x00;                       //清空计数器
    SysTick->CTRL=0x01;
    //开始倒计数
    do
    { temp=SysTick->CTRL; }
    while(temp&0x01&&!(temp&(1<<16)));         //等待时间到达
```

```
        SysTick->CTRL=0x00;                    //关闭计数器
        SysTick->VAL =0X00;                    //清空计数器
}

/*
解释：μs 和 ms 差 1000 倍。
系统时钟为 72M，SysTick 时钟为 9M。那么 SysTick 的计数器增加 1，就是 1/9μs，也就是 SysTick 数
到 9，就是 1μs，所以 fac_us 为 9，而 fac_ms 自然就是 1000 倍 fac_us 了
//SysTick->LOAD 为 24 位寄存器，所以，最大延时为
//nms<=0xffffff*8*1000/SYSCLK              //SYSCLK 单位为 Hz，nms 单位为 ms
//对 72M 条件下，nms<=1864       nms<=0xffffff*8*1000/SYSCLK 表达式其实为：nus/1000，即
nms=nus/1000 而：nus<=0xffffff/(SYSCLK/8); SysTick 单位为 MHz
所以 nms=nus/1000=0xffffff/((SYSCLK/8)*1000); SYSCLK 单位为 MHz
        while(temp&0x01&&!(temp&(1<<16)));    //等待时间到达 SysTick->CTRL=0x00;
//关闭计数器 SysTick->VAL =0X00;
//清空计数器
这句话的意思是当 SysTick->CTRL 的第 0 位为 1 并且第 16 位也为 1 的时候，那就执行关闭计数器和
清零。
代码里面增加了对 VAL 的清空操作，以此来保证数据更新，在等待的时候，也加入了防错控制。
CTRL 的 bit0 必须为 1，也就是说，在计时器必须开启的情况下，延时函数才有效，否则，马上退出，这就
避免了死循环，代价就是 1 次延时的不准确，不过一般来说还是可以接受的。
*/

//延时 nus
//nus 为要延时的 us 数
void delay_us(u32 nus)
{
    u32 temp;
    SysTick->LOAD=nus*fac_us;               //时间加载
    SysTick->VAL=0x00;                      //清空计数器
    SysTick->CTRL=0x01;                     //开始倒计数
    do
    {    temp=SysTick->CTRL;
    }while(temp&0x01&&!(temp&(1<<16)));     //等待时间到达
    SysTick->CTRL=0x00;                     //关闭计数器
    SysTick->VAL=0X00;                      //清空计数器
}
/*
同上述 delay_ms 的解释类似
*/
```

（4）源文件 4——delay.h 的具体内容如下。

/*
解释：事先声明以下 3 个函数。
我们先了解一下编程思想：CM3 内核的处理器内部包含了一个 SysTick 定时器，SysTick 是一个 24 位
的倒计数定时器，当计到 0 时，将从 RELOAD 寄存器中自动重装载定时初值。只要不把它在 SysTick 控制
及状态寄存器中的使能位清除，就会永不停息。

SysTick 在 STM32 的参考手册里面介绍得很简单,其详细介绍请参阅《Cortex-M3 权威指南》第 133 页。
我们就是利用 STM32 的内部 SysTick 来实现延时的,这样既不占用中断也不占用系统定时器。
*/
#ifndef __DELAY_H
#define __DELAY_H

#include <stm32f10x.h>   //此行是自动纠错后按照建议加入的,如果没有此行,则
//在下面三条语句前会自动出现×的出错提示,因为u8、u16、u32在该文件中声明
void delay_init(u8 SYSCLK);
void delay_ms(u16 nms);
void delay_us(u32 nus);

#endif

(5) 源文件 5——sys.h 的文件内容如下:

```
#ifndef __SYS_H
#define __SYS_H
#include "stm32f10x.h"
#define BITBAND(addr, bitnum) ((addr & 0xF0000000)+0x2000000+((addr &0xFFFFF)<<5)+(bitnum<<2))
#define MEM_ADDR(addr)  *((volatile unsigned long  *)(addr))
#define BIT_ADDR(addr, bitnum)   MEM_ADDR(BITBAND(addr, bitnum))
//I/O 口地址映射
#define GPIOA_ODR_Addr    (GPIOA_BASE+12)   //0x4001080C
#define GPIOB_ODR_Addr    (GPIOB_BASE+12)   //0x40010C0C
#define GPIOC_ODR_Addr    (GPIOC_BASE+12)   //0x4001100C
#define GPIOD_ODR_Addr    (GPIOD_BASE+12)   //0x4001140C
#define GPIOE_ODR_Addr    (GPIOE_BASE+12)   //0x4001180C
#define GPIOF_ODR_Addr    (GPIOF_BASE+12)   //0x40011A0C
#define GPIOG_ODR_Addr    (GPIOG_BASE+12)   //0x40011E0C

#define GPIOA_IDR_Addr    (GPIOA_BASE+8)    //0x40010808
#define GPIOB_IDR_Addr    (GPIOB_BASE+8)    //0x40010C08
#define GPIOC_IDR_Addr    (GPIOC_BASE+8)    //0x40011008
#define GPIOD_IDR_Addr    (GPIOD_BASE+8)    //0x40011408
#define GPIOE_IDR_Addr    (GPIOE_BASE+8)    //0x40011808
#define GPIOF_IDR_Addr    (GPIOF_BASE+8)    //0x40011A08
#define GPIOG_IDR_Addr    (GPIOG_BASE+8)    //0x40011E08

//I/O 口操作,只对单一的 I/O 口。
//确保 n 的值小于 16。
#define PAout(n)   BIT_ADDR(GPIOA_ODR_Addr,n)     //输出
#define PAin(n)    BIT_ADDR(GPIOA_IDR_Addr,n)     //输入

#define PBout(n)   BIT_ADDR(GPIOB_ODR_Addr,n)     //输出
#define PBin(n)    BIT_ADDR(GPIOB_IDR_Addr,n)     //输入
```

```
#define  PCout(n)   BIT_ADDR(GPIOC_ODR_Addr,n)   //输出
#define  PCin(n)    BIT_ADDR(GPIOC_IDR_Addr,n)   //输入

#define  PDout(n)   BIT_ADDR(GPIOD_ODR_Addr,n)   //输出
#define  PDin(n)    BIT_ADDR(GPIOD_IDR_Addr,n)   //输入

#define  PEout(n)   BIT_ADDR(GPIOE_ODR_Addr,n)   //输出
#define  PEin(n)    BIT_ADDR(GPIOE_IDR_Addr,n)   //输入

#define  PFout(n)   BIT_ADDR(GPIOF_ODR_Addr,n)   //输出
#define  PFin(n)    BIT_ADDR(GPIOF_IDR_Addr,n)   //输入

#define  PGout(n)   BIT_ADDR(GPIOG_ODR_Addr,n)   //输出
#define  PGin(n)    BIT_ADDR(GPIOG_IDR_Addr,n)   //输入

#endif
```

3. 基于寄存器的开发模式的特点

（1）特点一：与硬件关系密切。程序编写直接面对底层的部件、寄存器和引脚。

（2）特点二：要求对 STM32 的结构与原理把握得很清楚。要求编程者比较熟练地掌握 STM32 单片机的体系架构、工作原理，尤其是对寄存器及其功能要很熟悉。

（3）特点三：程序代码比较紧凑、短小，代码冗余相对较少，因此源程序生成的机器码比较短小。

（4）特点四：开发难度较大、开发周期较长，后期维护、调试比较烦琐。在编程过程中，必须十分熟悉所涉及的寄存器及其工作流程，必须按照要求完成相关设置、初始化工作，开发难度相对较大。如果要扩充硬件、增加功能，这些后期的维护升级，相较于基于固件库的开发模式，要困难很多。

1.5.2 基于 ST 固件库的开发模式

1. 该模式的实现方式

1）理论基础

（1）了解各功能部件的功能，主要有总线、总线桥、GPIO、定时器和计数器、串行通信 USART、串行接口总线（SPI、I²C）、中断及其机理等。

（2）熟悉固件库中相关部件所涉及的主要库函数各自的功能、调用要领、注意事项，包括系统初始化等函数。

2）工程模板

基于固件库函数的工程模板可参阅"如何建立 STM32 单片机系统的工程模板"，其内容详见第 2 章的相关部分，这里不予展开。

为方便对照，基于寄存器编程模式和基于固件库函数的编程模式使用同一个工程模板。

3）实践基础

（1）根据欲开发的程序的功能与性能要求，合理规划程序模块，合理选择 STM32 的功能部件，根据各功能部件程序设计的要点，设计好各模块程序的流程图。

（2）采用分而治之的思想，先设计、调试各个模块的程序。

（3）最后将各模块有机组合，对程序进行统调和测试。

2. 基于固件库的开发模式的编程举例

举例：控制 LED 的周期闪烁

之所以选择该例，主要是方便对照，以便掌握两种模式下编程开发的异同点。

功能与性能要求：控制两个发光二极管以 500ms/500ms 的周期进行秒闪。

控制两个 LED 所使用的 GPIO 分别为 PE5、PE6。

为更加清晰地了解基于寄存器的开发模式和基于固件库的开发模式的异同点、各自特点，请将两种模式下的实现程序相互对照，主要是比较 main.c 文件。因为其他文件是相同的，本例中只有这个文件是基于固件库函数编写的。

本例的源程序主要有 5 个，分别是 main.c、delay.c、delay.h、sys.h、stm32f10x_conf.h，使用工程模板。

模板的文件视图如图 1.10 所示。

在上一节的例子程序的基础上，本例的 5 个源程序文件中，只有两个做了修改，分别是：stm32f10x_conf.h 和 main.c。

stm32f10x_conf.h：由于采用固件库函数配置系统时钟，必须使用到 Flash 相关设置，因此，在寄存器模式的基础上，增加了 Flash 的头文件。

图 1.10 模板的文件视图

从本质上讲，本例程序并不是完全意义上的固件库函数实现，5 个文件中的其他 3 个没有改动，里面涉及的许多内容，还是基于寄存器模式。这里只对 main.c 的相关函数做了改造，采用了固件库函数的实现方法。因此，是一种混合式编程，有点类似于 C 语言和汇编混合编程。

以下是固件库函数模式下，本范例所修改的两个文件的具体内容，其他文件与上节所举的例子的同名文件相同。

（1）源文件 1——main.c 的具体内容：

```
#include "stm32f10x.h"            //stm32F10x 的头文件
#include "delay.h"                //延时函数说明的头文件
//如果使用位段法，则必须包含该头文件，否则，可不用
#include <sys.h>
//I/O 口地址映射头文件，非系统自带的文件。有了它，可以对位段进行直接读写


//定义 LED 的引脚
//使用该两行语句时，必须包含 sys.h 头文件
```

```c
#define    LED0 PEout(6)
#define    LED1 PEout(5)

/* 为了对照寄存器模式和固件库函数模式，保留这个寄存器模式下的时钟配置函数
//系统时钟初始化函数
//采用寄存器方式编程
//pll：选择的倍频数，从 2 开始，最大值为 16
void Rcc_Init(u8 PLL)
{
    unsigned char temp=0;
    RCC_DeInit();                    //复位并配置向量表
    RCC->CR|=0x00010000;             //外部高速时钟使能 HSEON
    while(!(RCC->CR>>17));           //等待外部时钟就绪
    RCC->CFGR=0X00000400;            //APB1=DIV2；APB2=DIV1；AHB=DIV1
    PLL-=2;                          //抵消 2 个单位
    RCC->CFGR|=PLL<<18;              //设置 PLL 值为 2～16
    RCC->CFGR|=1<<16;                //PLLSRC ON
    FLASH->ACR|=0x32;                //Flash 2 个延时周期
    RCC->CR|=0x01000000;             //PLLON
    while(!(RCC->CR>>25));           //等待 PLL 锁定
    RCC->CFGR|=0x00000002;           //PLL 作为系统时钟
    while(temp!=0x02)                //等待 PLL 作为系统时钟设置成功
    {
        temp=RCC->CFGR>>2;
        temp&=0x03;
    }
}
*/

//系统时钟初始化函数
//采用固件库函数方式编程
//pll：选择的倍频数，从 2 开始，最大值为 16（这里最大为 9）
/******************************************************************
* Function Name : Rcc_Init
* Description   : RCC 配置(使用外部 8MHz 晶振)
* Input         : uint32_t，PLL 的倍频系数，例如 9 就是 9*8=72M
* Output        : 无
* Return        : 无
******************************************************************/
void Rcc_Init(uint32_t pll)
{
    ErrorStatus HSEStartUpStatus;
    /*将外设 RCC 寄存器重设为默认值*/
    RCC_DeInit();
```

```c
/*设置外部高速晶振（HSE）*/
RCC_HSEConfig(RCC_HSE_ON);        //RCC_HSE_ON——HSE 晶振打开(ON)

/*等待 HSE 起振*/
HSEStartUpStatus = RCC_WaitForHSEStartUp();

if(HSEStartUpStatus == SUCCESS)   //SUCCESS：HSE 晶振稳定且就绪
{
    /*设置 AHB 时钟（HCLK）*/
    RCC_HCLKConfig(RCC_SYSCLK_Div1);
    //RCC_SYSCLK_Div1——AHB 时钟= 系统时钟

    /* 设置高速 AHB 时钟（PCLK2）*/
    RCC_PCLK2Config(RCC_HCLK_Div1);
    //RCC_HCLK_Div1——APB2 时钟= HCLK

    /*设置低速 AHB 时钟（PCLK1）*/
    RCC_PCLK1Config(RCC_HCLK_Div2);
    //RCC_HCLK_Div2——APB1 时钟= HCLK / 2

    /*设置 Flash 存储器延时时钟周期数*/
    FLASH_SetLatency(FLASH_ACR_LATENCY_2);            // 2 延时周期
    /*选择 Flash 预取指缓存的模式*/
    FLASH_PrefetchBufferCmd(FLASH_PrefetchBuffer_Enable);   // 预取指缓存使能

    /*设置 PLL 时钟源及倍频系数*/
    //RCC_PLLConfig(RCC_PLLSource_HSE_Div1, RCC_PLLMul_9);
    // PLL 的输入时钟= HSE 时钟频率；RCC_PLLMul_9——PLL 输入时钟 x 9
    switch(pll)
    {
        case 2: RCC_PLLConfig(RCC_PLLSource_HSE_Div1, RCC_PLLMul_2);
            break;
        case 3: RCC_PLLConfig(RCC_PLLSource_HSE_Div1, RCC_PLLMul_3);
            break;
        case 4: RCC_PLLConfig(RCC_PLLSource_HSE_Div1, RCC_PLLMul_4);
            break;
        case 5: RCC_PLLConfig(RCC_PLLSource_HSE_Div1, RCC_PLLMul_5);
            break;
        case 6: RCC_PLLConfig(RCC_PLLSource_HSE_Div1, RCC_PLLMul_6);
            break;
        case 7: RCC_PLLConfig(RCC_PLLSource_HSE_Div1, RCC_PLLMul_7);
            break;
        case 8: RCC_PLLConfig(RCC_PLLSource_HSE_Div1, RCC_PLLMul_8);
            break;
        case 9: RCC_PLLConfig(RCC_PLLSource_HSE_Div1, RCC_PLLMul_9);
```

```c
                    break;
            default:
                    RCC_PLLConfig(RCC_PLLSource_HSE_Div1, RCC_PLLMul_2);
                    break;
        }
        /*使能 PLL */
        RCC_PLLCmd(ENABLE);

        /*检查指定的 RCC 标志位（PLL 准备好标志）设置与否*/
        while(RCC_GetFlagStatus(RCC_FLAG_PLLRDY) == RESET) { }

        /*设置系统时钟（SYSCLK）*/
        RCC_SYSCLKConfig(RCC_SYSCLKSource_PLLCLK);
        //RCC_SYSCLKSource_PLLCLK——选择 PLL 作为系统时钟

        /* PLL 返回用作系统时钟的时钟源*/
        while(RCC_GetSYSCLKSource() != 0x08)            //0x08：PLL 作为系统时钟
        {
        }
    }
}

//两个 LED 对应的 GPIO 的配置
void    Led_Init(void)
{
    GPIO_InitTypeDef GPIO_InitStructure;                        //GPIO 配置结构体变量定义

    RCC_APB2PeriphClockCmd(RCC_APB2Periph_GPIOE,ENABLE); //使能 GPIOE 时钟

    GPIO_InitStructure.GPIO_Pin = GPIO_Pin_6 | GPIO_Pin_5;      //5、6 脚
    GPIO_InitStructure.GPIO_Speed = GPIO_Speed_50MHz;           //50MHz 的速度
    GPIO_InitStructure.GPIO_Mode = GPIO_Mode_Out_PP;            //推挽输出
    GPIO_Init(GPIOE, &GPIO_InitStructure);                      //初始化 GPIOE
}

int    main(void)
{
    Rcc_Init(9);                    //系统时钟设置，8*9=72M，使用工程模板后，该语句可省
    /*
    //如果使用固件库函数，要调整系统时钟，只需以下两步，即可简单实现
    第一步：system_stm32f10x.c 中 #define SYSCLK_FREQ_72MHz 72000000
    第二步：调用 SystemInit()
    */
    delay_init(72);                 //延时初始化
```

```c
        Led_Init();                         //LED 的 GPIO 初始化配置

        while(1)
        {
            /*
            //设置 I/O 口电平的第 4 种方法：位段法
            LED0 = 0;                       //位地址直接操作，点亮 LED0
            LED1 = 0;
            */
            /*
            //设置 I/O 口电平的第 1 种方法：GPIOE_ODR 法
            //GPIOE->ODR|=1<<5;             //PE5、6 初始化为高电平
            //GPIOE->ODR|=1<<6;             //PE5、6 初始化为高电平
            GPIOE->ODR&=0xFFFFFF9F;         //PE5、6 初始化为低电平
            */
            /*
            //设置 I/O 口电平的第 2 种方法：GPIOE_BSRR 法
            GPIOE->BSRR|=0x00600000;        //清零 PE5、PE6
            */
            //设置 I/O 口电平的第 3 种方法：GPIOE_BRR 法
            GPIOE->BRR|=0x00000060;         //清零 PE5、PE6
            //上述语句用以下库函数代替，则为
            GPIO_ResetBits(GPIOE,GPIO_Pin_5|GPIO_Pin_6);
            delay_ms(1000);                 //延时 1s
            LED0 = 1;                       //关闭 LED0
            LED1 = 1;
            delay_ms(1000);
        }
    }
```

(2) 源文件 2——stm32f10x_conf.h 的主要内容（就是需要调整的相关部分）：

```c
/* Includes ------------------------------------------------------------*/
/* Uncomment/Comment the line below to enable/disable peripheral header file inclusion */
//#include "stm32f10x_adc.h"
//#include "stm32f10x_bkp.h"
//#include "stm32f10x_can.h"
//#include "stm32f10x_cec.h"
//#include "stm32f10x_crc.h"
//#include "stm32f10x_dac.h"
//#include "stm32f10x_dbgmcu.h"
//#include "stm32f10x_dma.h"
//#include "stm32f10x_exti.h"
#include "stm32f10x_flash.h"                //在寄存器编程模式实现的基础上增加的头文件
//#include "stm32f10x_fsmc.h"
#include "stm32f10x_gpio.h"
```

```
//#include "stm32f10x_i2c.h"
//#include "stm32f10x_iwdg.h"
//#include "stm32f10x_pwr.h"
#include "stm32f10x_rcc.h"
//#include "stm32f10x_rtc.h"
//#include "stm32f10x_sdio.h"
//#include "stm32f10x_spi.h"
//#include "stm32f10x_tim.h"
//#include "stm32f10x_usart.h"
//#include "stm32f10x_wwdg.h"
#include "misc.h" /* High level functions for NVIC and SysTick (add-on to CMSIS functions) */
```

3. 基于固件库函数的开发模式的特点

（1）特点一：与硬件关系比较疏远。由于函数的封装，使得与底层硬件接口的部分被封装，编程时不需要太关注硬件。

（2）特点二：对 STM32 的结构与原理把握的要求相对较低。只要对硬件原理有一定的理解，能按照库函数的要求给定函数参数、利用返回值，即可调用相关函数，实现对某个部件、寄存器的操作。

（3）特点三：程序代码比较烦琐、偏多。由于考虑到函数的稳健性、扩充性等因素，使得程序的冗余部分会较大。

（4）特点四：开发难度较小、开发周期较短，后期维护、调试比较容易。外围设备的参考函数比较容易获取，也比较容易修改。

1.5.3 基于操作系统的开发模式

1. 该模式的实现方式

1）操作系统的基本概念

操作系统（Operating System），简称 OS，而嵌入式操作系统（Embedded Operating System），简称 EOS，它专门用于嵌入式系统。

操作系统有实时和非实时之分，实时系统主要用于对时间响应要求比较高的场合。

常用的嵌入式操作系统有：small_RTOS、μC/OS-II、clinux、Linux、WinCE、eCOS、μCLinux、FreeRTOS 等。eCOS 是真正的 GPL 实时嵌入式 OS，大概比 μC/OS-II 大一倍，它是为解决 Linux 的实时性不好而开发的，很有前途。μC/OS-II 是赫赫有名的开源嵌入式 OS，但如果用于商业目的则需要授权。它的内核简单清晰，是学习嵌入式实时操作系统极好的入门材料。近来增加了 μC/GUI 图形界面，μC/FS 文件系统，μC/TCP 网络功能。它对一般的项目开发是一个不错的选择。它已被广泛地使用在 8 位的 51 系列单片机应用系统中，同时它也支持 16 位、32 位的系统。

2）为什么要用操作系统

在 8 位或 16 位嵌入式系统应用中，由于 CPU 的资源量比较少，任务比较简单，程序员可以在应用程序中管理 CPU 资源，而不一定要专用的系统软件。如果嵌入式系统比较复杂并且采用 32 位 CPU 时，情况就完全不同了。32 位 CPU 的资源量非常大，处理能力也非常强大，如果还是采用手工编制 CPU 的管理程序，面对复杂的应用，很难发挥出 32 位 CPU 的处理能力，并且程序也不一定可靠。

举个例子：我们平时用的计算机，有比较丰富的外设资源，如果不使用操作系统，你自己用开发工具从底层开始写程序，搞个一年半载的，或许也可以让计算机跑起来，在显示器上搞个类似的 Windows 界面。然而，如此的"裸系统"根本无法让 PC 发挥出强大的处理能力，并且要想在已有的程序上增加应用功能，必须要熟悉全部程序的流程，或许还要去熟悉硬件知识，看硬件的 datasheet。如果想移植到另外一台配置不同的计算机上，估计大部分程序都得推倒重来！

在嵌入式上使用操作系统有两个方面的好处：

（1）操作系统的一个强项就是它可以使应用程序编码在很大程度上与目标板的硬件和结构无关，使程序员可以将尽可能多的精力放在应用程序本身，而不必去花更多的精力去关注系统资源的管理。

（2）使系统开发变得简单，缩短了开发周期；而且使应用系统更加健壮、高效、可靠。

2. 基于操作系统的程序开发模式

就是程序的开发建立在系统嵌入操作系统的基础上，通过操作系统的 API 接口函数完成系统的程序开发。

这种模式至少有两个基本步骤。

第一步：首先选择和使用合适的操作系统并将操作系统裁减后嵌入系统。

第二步：基于操作系统的 API 接口函数，完成系统所需功能的程序开发。

3. 该模式的特点

从理论上讲，基于操作系统的开发模式，具有快捷、高效的特点，开发的软件移植性、后期维护性、程序稳健性等都比较好。但是，不是所有系统都要基于操作系统，因为这种模式要求开发者对操作系统的原理有比较深透的掌握，一般功能比较简单的系统，不建议使用操作系统，毕竟操作系统也占用系统资源；也不是所有系统都能使用操作系统，因为操作系统对系统的硬件有一定的要求。因此，在通常情况下，虽然 STM32 单片机是 32 位系统，但不主张嵌入操作系统。

1.5.4 3 种开发模式的选用建议

基于操作系统的开发模式，对于初学者不是很合适，因为它对操作系统、多任务等理论把握的要求较高。建议学习者在对嵌入式系统的开发达到一定的阶段后，再开始尝试这种开发模式。

从学习的角度，可以从基于寄存器的开发模式入手，这样可以更加清晰地了解和掌握 STM32 的架构、原理。

从高效开发的角度，从学习容易上手的角度，建议使用基于固件库函数的开发模式，毕竟这种模式把底层比较复杂的一些原理和概念封装起来了，更容易理解。这种模式开发的程序更容易维护、移植，开发周期更短，程序出错的概率更小。

当然，也可以采用基于寄存器和基于固件库混合的方式，本章所举的第 2 个例子——基于固件库的编程实现就是一个很好的例子。

思考与扩展

1.1 请举例说明，在你身边有哪些是单片机应用系统？
1.2 请从产业发展规律说说为什么嵌入式系统在过去十年间得到迅猛发展而成为关注的重点？
1.3 常见的基于 ARM 的单片机有哪些系列？
1.4 STM32 单片机有哪些系列？各自有什么特点？
1.5 请用最简洁的方式阐述 STM32 单片机的基本组成和基本工作原理。
1.6 STM32 内部集成的外设模块通常有哪些？
1.7 简要画出并分析 STM32 的时钟树。
1.8 Cortex-M3 内核的存储器类型有哪些？
1.9 Cortex-M3 内核的中断机制中，异常和中断有什么不同？NVIC 系统总共有多少种异常和中断？

第 2 章
如何调试 STM32

本章导览

本章围绕 3 个由浅入深的 GPIO 输出应用的例子，详细阐述 STM32 单片机系统开发的全过程：实验系统硬件环境的选择，工程模板的创建，程序的组建，程序的烧写，程序的基本调试方法。掌握基本开发要领，是快速入门的关键。掌握系统调试的基本方法，则是学习程序设计最重要、最根本的能力。本章重点讨论 STM32 的调试，主要内容如下：

➢ STM32 最小系统。
➢ STM32 程序工程模板的创建。
➢ STM32 程序的烧写、调试。
➢ 3 个 GPIO 输出的范例——STM32 中延时程序实现的 3 种常用方法。

2.1 STM32 单片机的最小系统

本章所用的最小系统实验板的原理图如图 2.1 所示。

一个 STM32 最小系统，通常包含以下功能部件：STM32 芯片、时钟系统、复位系统、调试接口、程序下载（烧写）接口、至少一个串口、电源。图 2.1 所示的系统基本包含了上述功能部件，是一个比较典型的 STM32 最小系统。

现结合图 2.1，对该系统简单分析如下。

（1）电源：3.3V。因为该系统本用于其他项目，所以供电电源为 12V，然后通过可调稳压电路 LM2596S 降为 4V（供 GPRS 模块），再经过低压差稳压芯片 ASM1117-3.3 将 4V 转为 3.3V 供 STM32F103 芯片使用。

（2）复位：采用上电复位，没有手动复位按键。

（3）时钟：外接晶振的频率为 8MHz。

（4）串口 UART1：可用于程序下载（ISP），或其他串口通信。

（5）串口 UART3：在原设计中为 GPRS 模块所留。

（6）J-LINK（SWD）：为方便使用 J-LINK（SWD）方式对系统进行调试，可按照 4 线制 SWD 接口的要求，通过杜邦线与 J-LINK 连接，以便下载程序和调试程序。

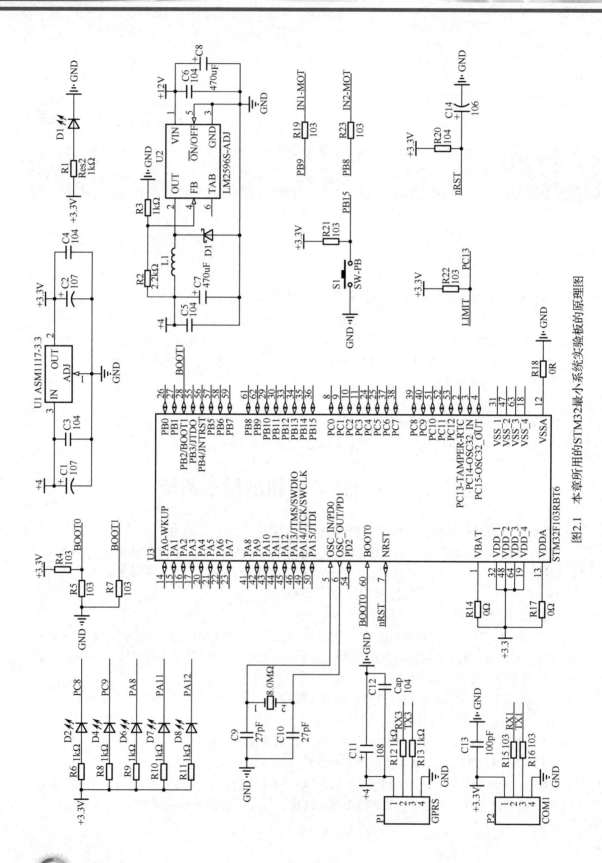

图2.1 本章所用的STM32最小系统实验板的原理图

2.2 STM32 工程模板的建立

无论是基于寄存器方式还是基于固件库函数方式开发 STM32 系统的程序，首先必须建立一个方便、合理的工程模板。当然，基于寄存器模式和基于固件库模式的工程模板可以有所不同，前者可以简单点。但是必须建立必要的程序开发环境——工程模板。可以这样说，学会并真正理解如何建立工程模板是学习 STM32 单片机的第一步，因此，它显得十分重要。

建立工程模板的核心内容包含两个方面：一是必须包含哪些必要的文件；二是这些文件分别到哪里寻找，即对应的路径。

2.2.1 STM32 的固件库（Standard Peripherals Library）

STM32 的固件库是一个或一个以上的完整的软件包（称为固件包），包括所有的标准外设的设备驱动程序，其本质是一个固件函数包（库），它由程序、数据结构和各种宏组成，包括了微控制器所有外设的性能特征。该函数库还包括每一个外设的驱动描述和应用实例，为开发者访问底层硬件提供了一个中间 API（Application Programming Interface，应用编程接口）。通过使用固件函数库，无须深入掌握底层硬件细节，开发者就可以轻松应用每一个外设。因此，使用固态函数库可以大大减少用户的程序编写时间，进而降低开发成本。每个外设驱动都由一组函数组成，这组函数覆盖了该外设的所有功能。每个器件的开发都由一个通用 API 驱动，API 对该驱动程序的结构、函数和参数名称都进行了标准化。

ST 公司 2007 年 10 月发布了 V1.0 版本的固件库，2008 年 6 月发布了 V2.0 版的固件库。V3.0 以后的版本相对之前的版本改动较大，本教材使用目前最为通用的 V3.5 版本，该版本固件库支持所有的 STM32F10X 系列。

1. 下载固件库 V3.5

该固件库可从 ST 的官方网站上下载。

下载后解压缩得到的文件及其结构如图 2.2 所示。

图 2.2　V3.5 固件库的文件及其结构

从图 2.2 可知，固件库包含四个文件夹和两个文件，其中 stm32f10x_stdperiph_lib_um.chm 为已经编译的帮助系统，也就是该固件库的使用手册和应用举例，该文件很重要，而另一个文件可以被忽略。

Libraries 文件夹下是驱动库的源代码与启动文件。Project 文件夹下是用驱动库写的例子和一个工程模板。_htmresc 文件夹是 ST 公司的 LOGO 图标等文件，可以直接忽视它。Utilities 文件夹下存放的是 ST 公司评估板的相关例程代码，可以作为学习资料使用，对程序开发没有影响，也可以直接忽视它。因此，固件库中的核心是 Libraries、Project 两个文件夹及其内容，以及 stm32f10x_stdperiph_lib_um.chm 这一已经编译的帮助系统，它主要讲的是如何使用固件库来编写自己的应用程序并举例说明。

既然 ST 官方给我们提供了使用范例，因此其代码的规范性和正确性是毋庸置疑的，学习者可以将范例作为快捷地掌握固件库使用方法的重要资料。学习者通过 ST 公司官方提供的范例学习 STM32 的原理、应用，是一种非常值得推荐的学习方法。

2. 对固件库的简单分析

首先分析 Libraries 文件夹下的内容，如图 2.3 所示，它包含两个文件夹。

图 2.3　Libraries 文件夹下的内容

文件夹 CMSIS 包含的是 Cortex-M3 内核自带的外设驱动代码和启动代码（通常是汇编语言编写的）。它包含的内容如图 2.4 所示。核心是 CM3 文件夹，其余可忽略。

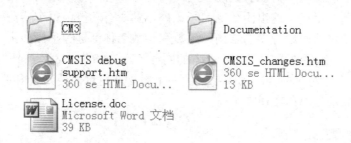

图 2.4　文件夹 CMSIS 包含的内容

CM3 文件夹下又包含两个文件夹，如图 2.5 所示。

图 2.5　CM3 文件夹包含的两个文件夹

其中，CoreSupport 文件夹下包含两个文件，如图 2.6 所示。这是 Cortex-M3 内核自带的外设的驱动程序，十分重要。

图 2.6　CoreSupport 文件夹包含的两个文件

DeviceSupport 文件夹下只包含文件夹 ST，文件夹 ST 下只包含文件夹 STM32F10x，而 STM32F10x 文件夹下包含的内容如图 2.7 所示。

图 2.7 STM32F10x 文件夹包含的内容

startup 文件夹下又分别包含 arm 等四个对应不同开发环境的启动代码文件夹，如图 2.8 所示，其中 arm 文件夹对应 KEIL 开发环境。

图 2.8 startup 文件夹包含的内容

这些文件夹下的代码文件均由汇编语言开发，以 arm 文件夹下的文件为例，其下包含如图 2.9 所示的文件，它们实际上是对应不同容量芯片的启动代码。

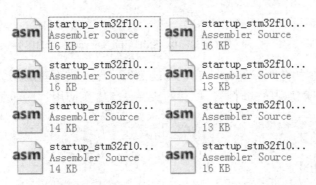

图 2.9 arm 文件夹下的文件

启动代码是任何处理器在上电复位之后最先运行的一段汇编程序代码。启动代码的作用是：
（1）初始化堆栈指针 SP；
（2）初始化程序计数器指针 PC；
（3）设置异常向量表的入口地址；
（4）配置外部 SRAM 作为数据存储器（但一般的开发板没有外部 SRAM）；

（5）设置 C 程序的分支入口_main（最终用来调用 main 函数）。

这些文件分别对应于不同存储器容量（Flash 容量）和功能的不同版本的 STM32 系列芯片，主要是小（LD）、中（MD）、大（HD）容量 Flash 等不同性能的 STM32 单片机。

如图 2.10 所示，在文件夹 Libraries\CMSIS\CM3\DeviceSupport\ST\STM32F10x 下除启动文件夹 startup 外，另有 3 个源程序文件：stm32f10x.h、system_stm32f10x.c、system_stm32f10x.h，它们也十分重要。

图 2.10 Libraries\CMSIS\CM3\DeviceSupport\ST\STM32F10x 文件夹的 3 个文件

文件夹 STM32F10x_StdPeriph_Driver 包含的是芯片制造商在 Cortex-M3 内核上外加的外设的驱动程序，包含 inc（include 的缩写）与 src（source 的简写）这两个文件夹，如图 2.11 所示，其中的 html 文件可直接忽略。

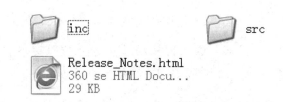

图 2.11 文件夹 STM32F10x_StdPeriph_Driver 包含的内容

文件夹 inc 的内容如图 2.12 所示，它包含的是每个驱动文件对应的头文件。当应用程序需要用到某个外设的驱动程序的时候，将它的头文件包含至应用程序即可。

图 2.12 文件夹 inc 的内容

文件夹 src 的内容如图 2.13 所示，它包含的是每个驱动文件对应的 C 源代码文件。

在固件库的 Project 文件夹下的 STM32F10x_StdPeriph_Template（工程模板）文件夹下有 4 个文件很重要，在接下来的工程模板中必须使用，这 4 个文件如图 2.14 所示。

图 2.13 文件夹 src 的内容

图 2.14 Project 文件夹的 STM32F10x_StdPeriph_Template 文件夹下的 4 个文件

需要指出的是,如果要更改程序的时钟配置(即不使用默认值),则必须调整 system_stm32f10x.c 的相关内容。system_stm32f10x.c 的性质与 core_cm3.c 一样,它也由 ARM 公司提供,遵守 CMSIS 标准。该文件的功能是根据 HSE 或者 HSI 设置系统时钟和总线时钟(AHB、APB1、APB2 总线)。系统时钟可以由 HSI 单独提供,也可以让 HSI 二分频之后经过 PLL(锁相环)提供,或者由 HSE 经过 PLL 之后提供。具体可参考第 1 章的 STM32 时钟树的有关内容。

2.2.2 新建工程模板第一步——复制固件库文件

新建工程模板第一步:新建合适的文件夹并拷贝相应的固件库文件。

本书建立的工程模板包含 3 个文件夹,学习者在理解的基础上,完全可以根据需要建立 4 个文件夹或者更多文件夹,以存放不同类型的文件,以体现模块化设计思想。

这里唯一需要提醒的是,哪些文件必须要包含,包含后必须要通知编译器到哪些路径下查找这些文件。只要做到了这些,工程模板完全可以根据自己的需要灵活建立。

这里,工程模板的文件及其文件夹如图 2.15 所示。

从图 2.15 可以看出,工程模板包含 3 个文件夹和 1 个 readme.txt 记事本说明文件。readme.txt 用于说明本程序的使用要求、注意事项、使用方法等。

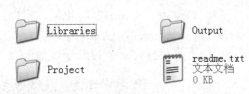

图 2.15 工程模板的文件及其文件夹

3 个文件夹各有分工,它们各自的作用如下。

(1) Libraries 文件夹就是固件库里的同名文件夹。这是 STM32 单片机及其外设的驱动程序(包括启动代码),不能缺少。

(2) Output 文件夹主要存储输出文件,例如,最后编译和链接生成的机器码文件(HEX 文件),也包括其他文件的中间文件。该文件夹内容可手工定期清理。模板建立后,该文件下无任何文件。只有编译和链接后,才会出现很多文件。

（3）Project 文件夹主要存储开发者自己开发的相关程序文件，例如，工程文件，main.c、stm32f10x_conf.h（外设头文件配置文件）、stm32f10x_it.c（中断函数文件），stm32f10x_it.h（中断函数头文件）。当然，如果程序不涉及中断，不需要上述这两个中断函数相关的文件。但是，作为通用模板，建议保留这两个文件。上述文件中，除工程文件外，另 4 个文件可直接从固件库中拷贝得到，这 4 个文件的内容均为固件库里的默认内容，根据应用程序的需要，必须要进行相应的修改和调整，尤其是 main.c 文件，必须重新设计。

2.2.3　新建工程模板第二步——新建一个 KEIL 工程

新建工程模板第二步：新建一个新的工程（通用的空工程）并设置 KEIL（重点是 STM32 的启动代码选择、包含路径选择等）。

以下以 E 盘的文件夹 mystm32 为例，讨论在 KEIL MDK μvision4 开发环境下建立一个工程模板的完整过程。该模板同样适用于 μvision5、μvision3。

图 2.16 所示为该工程模板的文件结构图。

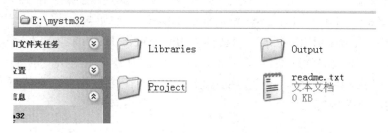

图 2.16　工程模板的文件结构图

此时，Output 文件夹下为空，Project 文件夹下包含四个文件：main.c、stm32f10x_conf.h、stm32f10x_it.c、stm32f10x_it.h。Libraries 文件夹下完全为固件库的同名文件夹内容。

1. 第一步，新建 KEIL 工程

在 E:\mystm32\Project 文件夹下新建一个工程，工程名可任意取，这里命名为：mystm32prj。

选用 Device 为 stm32f103ZE。新建工程的具体步骤这里不予阐述，即为新建工程的正常步骤。注意，startup 代码因为需要手工添加，所以不使用 KEIL 自带的。

图 2.17 所示为新建工程的文件视图。

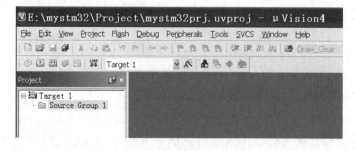

图 2.17　新建工程的文件视图

至此，完成了工程框架的搭建，该工程目前只是一个空的工程框架。

2. 第二步，为工程添加分组（Group）

首先移走 Source Group 1。方法是在 Source Group 1 上单击鼠标右键，出现快捷菜单，使用其中的加框选项即可，如图 2.18 所示。

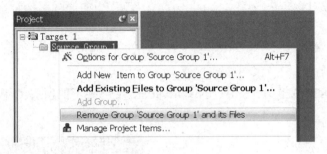

图 2.18　移走 Source Group 1 的方法

接下来新建分组（Add Group）。方法是：在 Target 1 上单击鼠标右键，然后通过 Add Group 菜单项实现，再通过 Manage Project Items 选项更名，也可以通过 Manage Project Items 直接添加，如图 2.19 所示。

分组的情况根据自己的需要确定，本例添加了 5 个分组，分别为：User、Driver、CM3、Startup、Doc，如图 2.20 所示。其作用分别是：

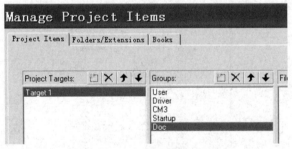

图 2.19　Manage Project Items 下的添加 Group 的方法示意

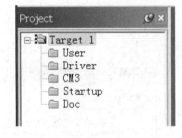

图 2.20　工程下的文件结构图

（1）User——用于管理自行开发的程序代码；
（2）Driver——用于管理 STM32 外设的相关驱动程序代码；
（3）CM3——用于管理 CMSIS 内核的驱动程序代码；
（4）Startup——用于管理 MDK 开发环境下与具体芯片相对应的启动代码；
（5）Doc——用于管理程序的说明文档，例如 readme.txt 等。

3. 第三步，为各组添加相关文件

方法有以下两种。

（1）在各组上单击鼠标右键，通过 Add Existing Files to Group 'User'（注意，各组的名称相应调整，这里只是以 User 组为例说明而已）添加工程模板的 3 个文件夹下的相应文件。

（2）直接在 Target 1 上单击鼠标右键，然后通过 Manage Project Items 选项直接将模板的 3 个文件夹里的相关文件添加进去。

具体添加情况如下。

1）User 组

添加 Project 文件夹下的 main.c、stm32f10x_it.c，如要调整系统时钟设置，还必须添加 Libraries\CMSIS\CM3\DeviceSupport\ST\STM32F10x\system_stm32f10x.c，如图 2.21 所示。

2）Driver 组

添加 Libraries\STM32F10x_StdPeriph_Driver\src 文件夹下的所有 C 代码文件。具体文件如图 2.22 所示。

图 2.21 User 组下的文件   图 2.22 Driver 组下的文件

3）CM3 组

添加 Libraries\CMSIS\CM3\CoreSupport\core_cm3.c，如图 2.23 所示。

4）Startup 组

添加 Libraries\CMSIS\CM3\DeviceSupport\ST\STM32F10x\startup\arm 文件夹下的所有 ASM 代码文件，如图 2.24 所示。

第 2 章　如何调试 STM32

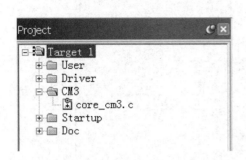

图 2.23　CM3 组下的文件

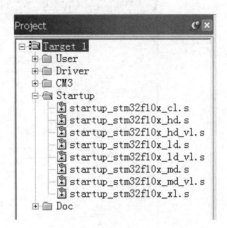

图 2.24　Startup 组下的文件

从图 2.24 中可以看到，该组包含了 STM32F10x 系列的所有 8 个启动代码。但是，对某一个具体的项目而言，因为选用的 STM32 单片机是固定的，所以只能使用其中一个启动代码，其余的都必须删除。只是作为工程模板，为适应不同的型号，所以启动代码都添加进该组。删除多余启动代码文件的方法很简单，即在图 2.24 中某个要删除的文件上单击鼠标右键，然后通过 Remove File 选项将其移除。也可以不删除文件，采用使之失能的方法。失能设置的方法如下：

右击不相关的启动文件，例如，单击"options for file 'startup_stm32f10x_md.s'…"，在弹出的对话框中的 Properties 页面中，去掉 Include in Target Build 和 Always Build 两项（即不用这两个选项）。

5）Doc 组

添加模板下的 readme.txt 等文本文件，如图 2.25 所示。该文件可对工程的具体环境和注意事项、使用操作等有关情况进行说明，是一个文本文件。当然，学习者可以忽略该文件，但从开发的角度，撰写该文档是一个很好的习惯，往往可以达到事半功倍的效果，它可以为后续的软件维护节省很多时间和精力。

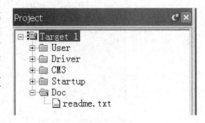

图 2.25　Doc 组下的文件

4. 第四步，对 KEIL 开发环境进行必要的设置

方法是在图 2.25 中的 Target 1 上单击鼠标右键，然后选择"Options for Target 'Target 1'"选项，出现图 2.26 所示界面。

然后一次性设置以下内容。

Target 页面下的外部时钟：这里为 8.0MHz，可根据实际晶振加以调整。

Output 页面下的设置主要有两个：创建 HEX 文件选项和设置输出文件夹，如图 2.27 所示。必须勾选：Create HEX File，然后设置 Select Folder for Objects，选择 output 文件夹为目标文件夹。其具体方法请学习者自行操作。

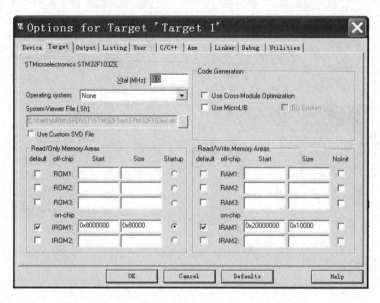

图 2.26 "Options for Target 'Target 1'"的界面

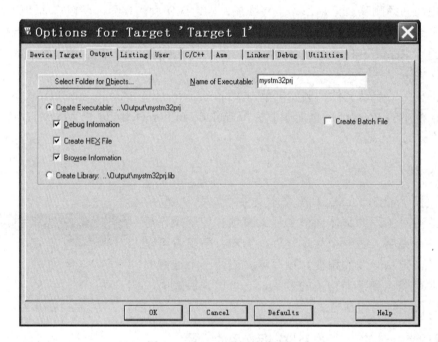

图 2.27 Output 页面的设置

C/C++页面下主要设置的选项有两个：Define 与 Include Paths。

（1）Define：设置为编译过程中的预处理宏定义符号，举例如下。

USE_STDPERIPH_DRIVER,STM32F10X_HD。第一个宏定义符号表示要使用固件库，在固件库开发模式下，该符号必须设置；后一个符号表示选用的是高容量 STM32 芯片。如果是其他容量芯片，请自行调整，如中等容量的为 STM32F10X_MD。

（2）Include Paths：设置为编译过程中文件包含要查找的路径（Include Paths），单击该选项右侧的按钮，即可设置要包含的路径。注意：必须把工程模板涉及的所有文件所在的文件夹作为路径设置进来。具体操作方法请学习者自行练习。本模板最终的路径设置结果如图 2.28 所示。

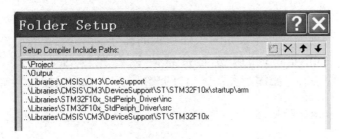

图 2.28　基本路径设置结果图

　　Debug 页面下主要设置所使用的仿真器的相关选项，例如，使用 J-LINK 仿真器（V8 或 V9，最常用、实用的廉价仿真器），则必须设置该选项。具体设置如图 2.29 所示。对其下相关参数的设置，请通过自行阅读相关资料或 J-LINK 使用手册实现，应该不是很难掌握，因此这里不再赘述。只要正确安装了 J-LINK 驱动程序，然后按默认设置即可。单击右侧的"Settings"按钮出现的界面如图 2.30 所示，如果出现类似信息，说明设置正常，可以使用仿真器进行仿真调试。

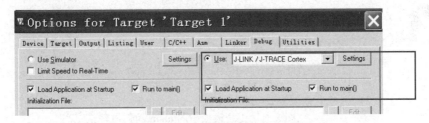

图 2.29　J-LINK 仿真器设置选项图

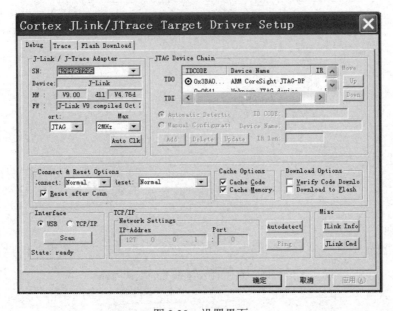

图 2.30　设置界面

5. 第五步，简单配置工程模板中的相关文件

1）main.c 的处理

删除 main.c 中的内容，只保留如图 2.31 所示的部分。

其中，RCC_Configuration() 函数为系统时钟配置函数，直接调用固件库函数 SystemInit()，使用默认值。如需更改，则可以调整 system_stm32f10x.c 中的相关语句。

2）stm32f10x_conf.h 的处理

该文件是外设的头文件配置。默认是使用所有外设的头文件。在实际应用中，根据程序的需要，使用相关的头文件。例如，要使用 GPIO，则必须包含头文件 stm32f10x_gpio.h。从该文件可以看出，头文件命名非常有规律，所以非常容易使用。图 2.32 是该文件需要配置的部分默认内容。根据项目的实际需要，用注释符（//）屏蔽不需要的头文件，保留需要的头文件。

```c
#include <stm32f10x.h>
void RCC_Configuration(void);

int main(void)
{
    RCC_Configuration();
}

void RCC_Configuration(void)
{
    /* Setup the microcontroller system. Initialize the Embedded Flash Interface,
       initialize the PLL and update the SystemFrequency variable. */
    SystemInit();
}
```

图 2.31　工程模板中的 main 函数内容

```c
/* Includes ------------------------------------------------------------------*/
/* Uncomment/Comment the line below to enable/disable peripheral header file inclusion */
#include "stm32f10x_adc.h"
#include "stm32f10x_bkp.h"
#include "stm32f10x_can.h"
#include "stm32f10x_cec.h"
#include "stm32f10x_crc.h"
#include "stm32f10x_dac.h"
#include "stm32f10x_dbgmcu.h"
#include "stm32f10x_dma.h"
#include "stm32f10x_exti.h"
#include "stm32f10x_flash.h"
#include "stm32f10x_fsmc.h"
#include "stm32f10x_gpio.h"
#include "stm32f10x_i2c.h"
#include "stm32f10x_iwdg.h"
#include "stm32f10x_pwr.h"
#include "stm32f10x_rcc.h"
#include "stm32f10x_rtc.h"
#include "stm32f10x_sdio.h"
#include "stm32f10x_spi.h"
#include "stm32f10x_tim.h"
#include "stm32f10x_usart.h"
#include "stm32f10x_wwdg.h"
#include "misc.h" /* High level functions for NVIC and SysTick (add-on to CMSIS functions) */
```

图 2.32　stm32f10x_gpio.h 的默认内容

2.2.4 关于创建工程模板的简单小结

1. 注意事项

归纳一下，在创建工程模板时有以下几个需要注意的地方。

（1）正确选择 CPU 型号。

（2）根据所选型号的程序存储器容量等，选择 Startcode 启动代码文件，注意：不同的 CPU 不一样。

（3）选择实际晶振（TARGET 中）。

（4）C/C++中的 USE_STDPERIPH_DRIVER，STM32F10X_HD：两个参数用逗号隔开，前者的宏定义用来说明使用固件库，后者要根据不同的 CPU 来选择，STM32F10X_HD 表示大容量（256KB 以上）。

2. 简单小结

建立工程模板的目的是为了方便开发者充分利用 ST 公司官方提供的 STM32 单片机固件库函数，加快程序开发。但是有一点需要清楚，模板没有固定的格式要求，以上讨论的模板建立过程不是唯一的，建立的模板也不是唯一的。

建立模板中最核心、最本质的，只有以下两件事（两个要点）。

（1）哪些文件是必需的（包括相应的启动代码），至于放在哪个文件夹完全由建立模板者自行确定，当然，以容易理解为好。

（2）这些文件在哪个文件夹（即路径）必须要告诉 C/C++编译器。编译器通常被包含在开发环境中。注意：所有的路径都必须要告诉编译器。除此之外，就是芯片型号的合理选择及对应的相关参数的设置。

2.3 程序的烧写

在每个 STM32 的芯片上都有两个引脚 BOOT0 和 BOOT1，这两个引脚在芯片复位时的电平状态决定了芯片复位后从哪个区域开始执行程序，两者之间的对应关系如下。

（1）BOOT1=x，BOOT0=0，从用户闪存（Flash）启动，这是正常的工作模式。

（2）BOOT1=0，BOOT0=1，从系统存储器启动，这种模式启动的程序功能由厂家设置。芯片出厂时在这个区域预置了一段 Bootloader，就是通常所说的 ISP 程序。这个区域的内容在芯片出厂后没有人能够修改或擦除，即它是一个 ROM 区。

（3）BOOT1=1，BOOT0=1，从内置 SRAM 启动，这种模式可以用于调试。

要注意的是，一般不使用内置 SRAM 启动（BOOT1=1 BOOT0=1），因为 SRAM 掉电后数据就会丢失。多数情况下 SRAM 只在调试时使用，当然，也可用于一些特殊目的。例如，进行故障的局部诊断，写一段小程序加载到 SRAM 中，通过该程序诊断板上的其他电路，或用此方法读写板上的 Flash 或 EEPROM 等。还可以通过这种方法解除内部 Flash 的读写保护。当然，这里必须提醒的是，在解除读写保护的同时 Flash 的内容也被自动清除，以防止恶意的软件拷贝,所以要慎重使用。

一般 BOOT0 和 BOOT1 通过跳线均跳到 0（GND）。只是在 ISP 下载的情况下,BOOT0=1,BOOT1=0,下载完成后,把 BOOT0 的跳线接回 0,即 BOOT0=0,BOOT1=0,使单片机系统能处于正常工作模式。

2.3.1 基于串口的程序下载（烧写）方式

这种程序下载方式通常是通过串口完成的。STM32 单片机的 USART1 通过通信线与 PC 的串口正确连接,然后 ISP 烧写软件将 HEX 文件下载至 STM32 芯片。这种方式要满足以下 3 个条件。

（1）带有 ISP 功能的 ARM 芯片（STM32 全系列均支持 ISP）。

（2）硬件留有 COM 口。

（3）芯片启动模式可设置。程序烧写前,设置 BOOT0 为 1,然后上电复位,启动 STM32 芯片内的 BOOTLOADER 程序进行串口在系统烧写（ISP）。烧写完成后必须将 BOOT0 设置为 0,复位后程序就开始工作。

支持 STM32 的 ISP 软件通常有以下两种形式。

1. ST 官方提供的 ISP 软件

从 ST 官方网站下载 Flash loader demonstrator 软件,解压缩后安装到本地计算机上。然后打开该程序,正确配置波特率、串口等相关参数,建议使用 115200 或 9600 波特率,利用该程序即可完成 HEX 文件的烧写。具体操作步骤不再演示,请自行练习。

该软件的主界面如图 2.33 所示。

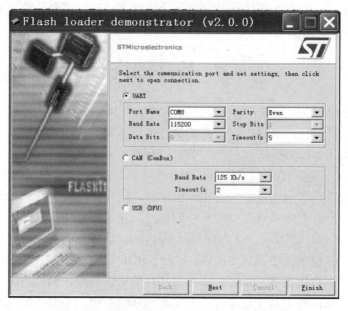

图 2.33 Flash loader demonstrator V2.0.0 的主界面

2. 第三方提供的 ISP 软件

比较常用的有"STM32 ISP 软件 V1.0"等。它的界面如图 2.34 所示。

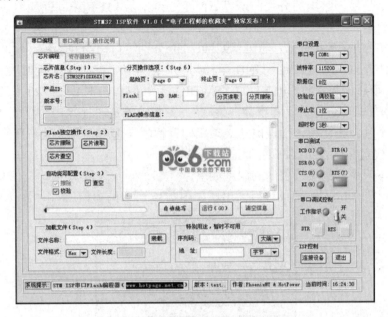

图 2.34　STM32 ISP 软件 V1.0 的界面

2.3.2　基于 JTAG（SWD）的程序下载（烧写）方式

为了高效、快捷地调试 STM32 单片机系统，通常必须使用仿真器。目前针对 ARM 的经济型仿真器较多，它们虽然价格便宜，但是功能、性能都不差。例如，J-LINK，U-LINK 等均是很好的仿真器，而这些仿真器均提供 JTAG 接口。本书所涉及的仿真器均为 J-LINK，具体型号为 V9。

J-LINK 作为一款调试 ARM CPU 的调试设备，典型型号有 V8、V9 等，JTAG 和 SWD 是该设备调试 CPU 的两种工作方式。就效果而言，两种方式的差别并不大。两者最大的区别在于，JTAG 所需要的接线要复杂一些，稳定性要高一些，速度要快一些。以 STM32 为例，正常的 JTAG 方式需要 20 引脚，而 J-LINK 的 SWD 方式只需 2 根线（PA13/JTMS/SWDIO、PA14/JTCK/SWCLK），再加上电源线也就是 4 根，这样就节省了 3 个 I/O 口（PA15/ JTDI、PB3/JTDO、PB4/JNTRST），这些口线可作为它用，与此同时，也节省了一部分板子的空间（只需 4 个口就可以了），有利于应用系统尺寸的小型化。

JTAG 接口可以通过转接板转换为 SWD 接口。淘宝上有很多商家出售此类转接板，价格很便宜。当然，也可以通过杜邦线将 JTAG 的若干个引脚直接与 STM32 的相应引脚连接，构成一个 SWD 方式的仿真调试环境。以软件环境 KEIL-MDK 为例，使用 J-LINK V8 或 V9 需要连接 5 根线，分别是 VCC, nJTRST, SWDIO, SWCLK, GND, 其中 nJTRST 可以不连接，不过在设置的时候要注意连与不连的差异，如果不连，则在设置界面里必须把 RESET 方式选择成自动或其他的，但是一定不能选择硬件复位，因为这个引脚没有连接无法使用硬件复位。但是，由于在仿真的时候也可以通过软件模拟产生软复位，所以这个引脚通常可以不用连接。

由于 SWD 是最为常用的方式，所以下面主要讨论 SWD 两线（四线）仿真的一些步骤和需要注意的问题。

接口的连接如下：将 JTAG 的 1、7、9、20 分别与自己的开发板（实验板）上 JTAG（SWD）的 VCC、JTMS、JTCK、GND 用杜邦线正确连接。实验表明只要取 JTAG 的 20 个引脚中的 4 个引脚即可：1（电源），7（SWDIO），9（SWCLK），2～20（偶数引脚中的任何一个，GND），即可进行仿真和下载（烧写）。下载功能是通过 KEIL 里的 Loader 菜单项加以实现的。不过，在使用该功能前，必须正确设置相关选项及其参数。具体设置可通过关键词"SWD"搜索并自行阅读网络的相关资料。

下载（烧写）中遇到的最普遍的问题如下。

单击 KEIL 里的 Loader 菜单项后，出现如图 2.35 所示的窗口。

图 2.35　单击 KEIL 里的 Loader 菜单项后的常见错误提示

单击"确定"按钮以后，出现的窗口如图 2.36 所示。

图 2.36　Loader 功能的具体错误提示

导致上述错误的原因是 KEIL 的 Flash 菜单项设置出现了问题，如图 2.37 所示。这种错误最常见的情况是因为改动了芯片设置等引起的自动改动设置。

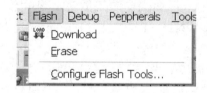

图 2.37　KEIL 的 Flash 菜单项设置界面

其中，Configure Flash Tools 选项出现了自动更改，实际使用的是 J-LINK，但 Use Target Driver For Flash Programming 自动更改为：ULINK2/ME Cortex Debugger，如图 2.38 中的方框示意部分。

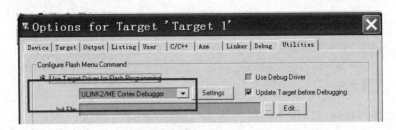

图 2.38 Use Target Driver For Flash Programming 的选项

必须通过右侧下拉箭头按钮,将其手动设置为如图 2.39 所示,这样,程序下载功能就恢复正常了。

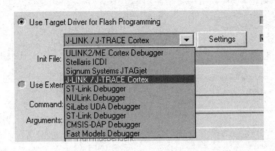

图 2.39 Use Target Driver For Flash Programming 的设置

也可以将 Use Debug Driver 勾选上,如图 2.40 的右方框部分所示。这样就不会出现上述错误了。但是,要注意,此时是用软件仿真调试,无法再使用 J-LINK 单步调试了。如果要使用 J-LINK 仿真器单步调试,不能采用这种方法。因此,第一种方法正确设置是最好的办法。一定要注意这两种解决方法的区别。

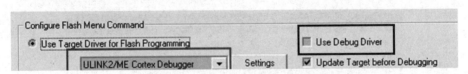

图 2.40 Use Debug Driver 的设置

SWD 方式主要用于程序调试,但由于 KEIL-MDK 本身支持程序的下载,所以也不失为最方便的一种程序下载(烧写)方式。

2.4 程序的调试

一个程序写好后,必须经过调试才能确认程序的正确性。调试程序是应用系统开发中最为重要的环节之一。

1. 调试的环境

软件平台:KEIL-MDK,如 μVision V4.73.0.0(MDK-ARM Standard Version 4.73.0.0)。
硬件环境:被调试的 STM32 系统,本书使用的是 STM32 最小系统板+项目功能扩展部分。

基本工具：数字式万用表等。

2. 调试的方法

1）正确设置调试工具

在工程模板的 Target 1 上单击右键并选择"Options for 'Target 1'"，出现如图 2.41 所示的设置界面。选择使用 J-LINK/J-TRACE Cortex，单击右侧的"Settings"按钮，出现如图 2.42 所示的界面，则说明 J-LINK 仿真器被正确安装、设置，仿真器可以正常使用了。

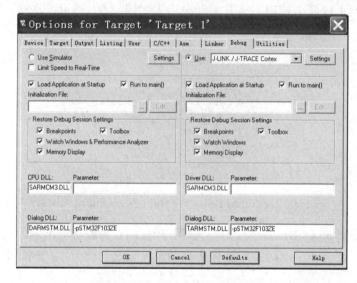

图 2.41 "Options for 'Target 1'"中 Debug 的设置

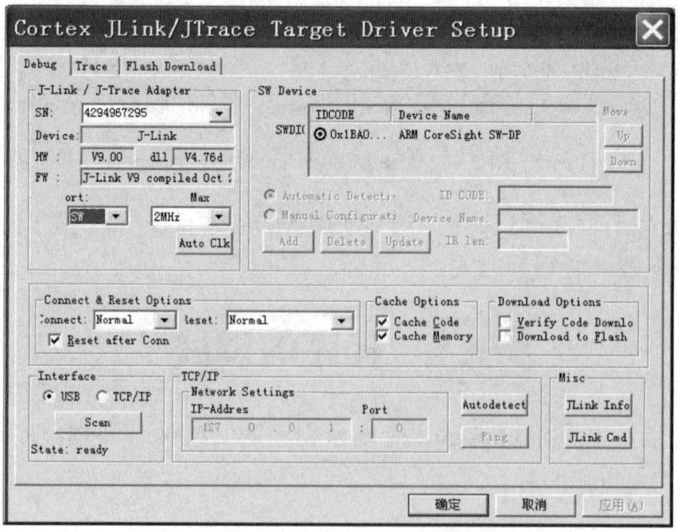

图 2.42 Settings 的正确配置界面

在图 2.42 中，调试方式选为 SW，速度为 2MHz，如果出现调试不稳定的情况，可以调整该速度（通常是降低）。虽然理论上说，SWD 方式的调试速度可以到达 10MHz，但由于所使用的 J-LINK 仿真器良莠不齐，实际往往达不到这个性能。将 Reset 设置为 Normal；将 Interface 设置为 USB。判断仿真器是否安装并可正确使用的简单方法是，在 SW Device 框内，是否出现如图 2.42 所示的类似信息，如果为空，则说明仿真器安装出现了问题。

2）调试的基本方法

单击 Debug 菜单项的 Start/Stop Debug Session，激活 Debug 功能，进入调试状态，然后即可使用单步方式进行硬件仿真调试，以确定硬件、软件的问题所在。图 2.43 所示为进入调试状态后的 Debug 菜单项下的功能选项。

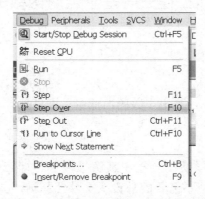

图 2.43　进入调试状态后的 Debug 菜单项下的功能选项

在图 2.43 所示的单步调试功能选项中，最常用的是 Step Over（F10）、Step（F11）、Run to Cursor Line（运行到光标行）、Breakpoints（设置断点）。请自行操作并掌握这些功能的使用方法。如果使用过 VC 6.0 或者 8 位单片机的仿真器调试，则要想熟练使用这些调试方法应该是不困难的，因为它们的方法和原理十分接近。

2.5　模板的使用

新建一个工程文件夹，把 2.2 节所创建的工程模板文件下的全部内容复制到该文件夹下，即可开始一个实际的工程项目设计。

在使用中必须根据实际项目所涉及的外设，合理调整 stm32f10x_conf.h。由于在 stm32f10x.h 中包含以下内容：

```
#ifdef　USE_STDPERIPH_DRIVER
    #include "stm32f10x_conf.h"
#endif
```

由此可见是 stm32f10x.h 文件在使用 stm32f10x_conf.h。这是因为在工程模板的配置选项中，使用了宏定义 USE_STDPERIPH_DRIVER。

另外，如果项目中要使用中断，中断函数通常放在文件 stm32f10x_it.c 中，相关函数的说明则放在 stm32f10x_it.h 文件中。这两个文件均在 Project 文件夹下。模板中的这两个文件都是默认内容。

2.6 3个GPIO输出的范例——STM32中实现延时的3种常用方法

延时是程序设计中经常被使用的功能。在 STM32 应用系统中，要实现延时功能，通常可以采用 3 种方法。以下结合 GPIO 的输出应用范例程序，讨论这 3 种方法的具体内容。

2.6.1 第一个 LED 工程——基于延时函数的延时

1. 系统要求

利用延时函数使 LED 闪烁。
LED 对应最小系统的 PC8，高电平关闭，低电平则点亮。

2. 程序实现

可以利用上面创建的工程模板。程序其实很简单，即在工程模板的基础上合理调整 stm32f10x_conf.h，其实就是把不需要的外设头文件注释掉，其他都不需要改动。从程序中可以看出，实际只使用了 stm32f10x_gpio.h、stm32f10x_rcc.h、misc.h（也可以不用）。

```
/* Includes ------------------------------------------------------------*/
/* Uncomment/Comment the line below to enable/disable peripheral header file inclusion */
//#include "stm32f10x_adc.h"
//#include "stm32f10x_bkp.h"
//#include "stm32f10x_can.h"
//#include "stm32f10x_cec.h"
//#include "stm32f10x_crc.h"
//#include "stm32f10x_dac.h"
//#include "stm32f10x_dbgmcu.h"
//#include "stm32f10x_dma.h"
//#include "stm32f10x_exti.h"
//#include "stm32f10x_flash.h"
//#include "stm32f10x_fsmc.h"
#include "stm32f10x_gpio.h"
//#include "stm32f10x_i2c.h"
//#include "stm32f10x_iwdg.h"
//#include "stm32f10x_pwr.h"
#include "stm32f10x_rcc.h"
//#include "stm32f10x_rtc.h"
//#include "stm32f10x_sdio.h"
//#include "stm32f10x_spi.h"
//#include "stm32f10x_tim.h"
//#include "stm32f10x_usart.h"
//#include "stm32f10x_wwdg.h"
```

```c
#include "misc.h" /* High level functions for NVIC and SysTick (add-on to CMSIS functions) */
```

然后编写 main.c 文件，以下是 main.c 的具体内容：

```c
//基于最小系统板
//库文件：V3.50
//功能：D2 闪烁
//2015 年 6 月 22 日
#include <stm32f10x.h>
/*************** 配置 LED 用到的 I/O 口 ******************/
void LED_GPIO_Config(void)
{
    GPIO_InitTypeDef GPIO_InitStructure;
    RCC_APB2PeriphClockCmd( RCC_APB2Periph_GPIOC, ENABLE);    //使能 PC 端口时钟
    GPIO_InitStructure.GPIO_Pin = GPIO_Pin_8;                 //选择对应的引脚
    GPIO_InitStructure.GPIO_Mode = GPIO_Mode_Out_PP;
    GPIO_InitStructure.GPIO_Speed = GPIO_Speed_50MHz;
    GPIO_Init(GPIOC, &GPIO_InitStructure);                    //初始化 PC 端口
    GPIO_SetBits(GPIOC, GPIO_Pin_8 );                         //关闭 LED
}
//1ms 延时函数（@72M）
void delay_nms(u16 time)
{
    u16 i=0;
    while(time--)
    {
        i=12000;
        while(i--) ;
    }
}
//主函数
int main(void)
{
    SystemInit();             //配置系统时钟为 72MHz，这个可以省略，在 V3.50 中默认就是 72MHz
    LED_GPIO_Config();        //LED 端口初始化
    while(1)
    {
        GPIO_SetBits(GPIOC, GPIO_Pin_8);                      //设置该口为 1
        delay_nms(1000);
        GPIO_ResetBits(GPIOC, GPIO_Pin_8);                    //清除该口为 0
        delay_nms(1000);
    }
}
```

上述程序在用 JTAG（SWD）调试时，曾遇到一个简单问题，就是总是进入 SystemInit() 函数，而无法进入 main()。后来，原因被找到了，因为用的是软件仿真 Use Simulator（它前面的勾要去掉），而应选择 J-LINK/J-TRACE Cortex（仿真器仿真），并正确设置。

由于采用延时函数延时不能保证很高的延时精度，所以接下来要用中断函数来解决延时的精度问题，使之更加精准。

2.6.2 第二个LED工程——SysTick中断延时

1. 功能要求

利用SysTick中断使LED每秒闪烁一次。
LED的连接关系不变，与第一个工程一样。

2. 程序实现

1）算法描述

为了通过系统时钟使LED（D2）每隔1秒闪烁一次，必须要做如下工作。
在stm3210x_it.h中说明一个全局变量，内容如下所示：

```
/* Exported types ------------------------------------------------------*/
extern __IO uint32_t TimingDelay;
```

在stm32f10x_it.c中定义中断函数，内容如下所示。

```
void SysTick_Handler(void)
{
        if (TimingDelay != 0x00)
        {
                TimingDelay--;
        }
}
```

在main.c中定义以下函数和一个全局变量。

```
//SysTick 初始化
void Init_SysTick(void)
{
    if(SysTick_Config(SystemCoreClock/1000))    //1ms 的时基
        while(1);
}
//延时函数
__IO uint32_t  TimingDelay;                     //定义全局变量
void delay_ms(__IO  uint32_t  nTime)
{
    TimingDelay = nTime;
    while(TimingDelay !=0 );
}
```

这里有必要对上述程序中使用的SysTick_Config()函数进行一些说明。注意：这个函数与V3.50以前的大不一样。关于对它的说明，可参阅V350库帮助系统。在帮助系统中是这样描述SysTick_Config()的：

```
/* Setup SysTick Timer for 1 msec interrupts.
    1. The SysTick_Config() function is a CMSIS function which configure:
       - The SysTick Reload register with value passed as function parameter.
       - Configure the SysTick IRQ priority to the lowest value (0x0F).
       - Reset the SysTick Counter register.
       - Configure the SysTick Counter clock source to be Core Clock Source (HCLK).
       - Enable the SysTick Interrupt.
       - Start the SysTick Counter.
```

根据上面的说明，它集成了优先级、复位计数器、时钟源、时基设置、使能中断、启动计时等功能。

2）main.c 的具体内容

```c
//基于最小系统板
//库文件：V3.50
//功能：D2 闪烁
//2015 年 6 月 22 日
#include <stm32f10x.h>
/*************** 配置 LED 用到的 I/O 口 *****************/
void LED_GPIO_Config(void)
{
    GPIO_InitTypeDef GPIO_InitStructure;
    RCC_APB2PeriphClockCmd( RCC_APB2Periph_GPIOC, ENABLE);   //使能 PC 端口时钟
    GPIO_InitStructure.GPIO_Pin = GPIO_Pin_8;                //选择对应的引脚
    GPIO_InitStructure.GPIO_Mode = GPIO_Mode_Out_PP;         //推挽输出
    GPIO_InitStructure.GPIO_Speed = GPIO_Speed_50MHz;
    GPIO_Init(GPIOC, &GPIO_InitStructure);                   //初始化 PC 端口
    GPIO_SetBits(GPIOC, GPIO_Pin_8 );                        //关闭 LED
}

//SysTick 初始化—1ms 中断的定时参数
void Init_SysTick(void)
{
    if(SysTick_Config(SystemCoreClock / 1000))
        while(1);                                            //等待 SysTick_Config 配置成功
    //NVIC_SetPriority (SysTick_IRQn, 3);
}

//延时函数
//SysTick 的时钟源为 72M，SystemCoreClock = 72000000Hz
//SysTick_Config(SystemCoreClock / 1000); 就是 1ms 的时基
__IO uint32_t TimingDelay;
void delay_ms(__IO uint32_t nTime)
{
    TimingDelay = nTime;
    while(TimingDelay != 0);
```

```c
}
//主函数
int main(void)
{
    //配置系统时钟为72MHz，可省略，在V3.50中默认就是72MHz
    SystemInit();
    LED_GPIO_Config();                          //LED 端口初始化
    Init_SysTick();                             //配置时基为1ms
    while(1)
    {
        GPIO_SetBits(GPIOC, GPIO_Pin_8);        //设置该口为1
        delay_ms(1000);
        GPIO_ResetBits(GPIOC, GPIO_Pin_8);      //清除该口为0
        delay_ms(1000);
    }
}
```

2.6.3 第三个 LED 工程——定时器中断延时

通过通用定时器中断实现 LED（D2）闪烁。本例使用定时器 TIM3。

1. 算法要点

（1）系统时钟初始化，包括系统时钟和要使用的 GPIO 或其他功能外设的时钟配置。

（2）GPIO 口初始化，包括引脚、速率、输入/输出模式等。

（3）NVIC 中断向量配置，中断向量基地址和优先级的配置。

（4）TIM3 初始化：包括自动重装值、分频值、计数模式、使能 TIM 中断、使能定时器 TIM3 外设。

（5）中断处理函数：注意清除 TIMx 的中断待处理位。

（6）关于时钟：初始化 RCC 时使用 SystemInit()函数，它默认的是 AHB 不分频，即 HCLK 等于 SYSCLK，APB2 不分频，APB1 为 HCLK/2 即 2 分频，而定时器 3 时钟使能在 RCC_APB1ENR 寄存器中定义，因此 TIM3 时钟为 36×2=72（MHz），即倍频。

2. 程序实现

1）stm32f10x_conf.h 的调整

由于使用了 TIMx，所以要进一步将#include "stm32f10x_tim.h"开放（即使用，原注释符去掉）。因此，该文件要包含的头文件有：stm32f10x_gpio.h、stm32f10x_rcc.h、stm32f10x_tim.h。

2）有关全局变量的定义和说明，有关函数的定义和说明，中断函数的定义，中断函数在头文件中的说明

在 stm32f10x_it.c 中加入 TIM3 中断函数，内容如下。

```c
//TIM3 中断处理函数
void TIM3_IRQHandler(void)
{
    if(TIM_GetITStatus(TIM3,TIM_IT_Update)!=RESET)
    //检查指定的 TIM 中断发生与否
    {
        TIM_ClearITPendingBit(TIM3, TIM_IT_Update   );
        //清除 TIMx 的中断待处理位：TIM 中断源
        i++;                    //外部全局变量，1s 点亮，1s 关闭
        if(i==1000)
        {
            LED0_ON;
        }
        if(i==2000)
        {
            LED0_OFF;
            i=0;
        }
    }
}
```

在 stm32f10x_it.h 中加入以下内容：

```c
/* Exported types ---------------------------------------------------*/
extern u16 i;                   //外部变量说明，在主函数中定义，在中断函数中使用
                                //并且加中断函数说明
void TIM3_IRQHandler(void);     //TIM3 中断函数说明
```

main.c 的程序清单如下。

```c
//基于最小系统板
//库文件：V3.50
//功能：D2 闪烁
//2015 年 6 月 22 日

#include <stm32f10x.h>
#define LED0_OFF    GPIO_SetBits(GPIOC,GPIO_Pin_8)      //D2 关
#define LED0_ON GPIO_ResetBits(GPIOC,GPIO_Pin_8)        //D2 开

u16 i=0;        //在 stm32f10x_it.c 的中断函数中要用它，所以在 stm32f10x_it.h 中要做说明
//初始化 IO 端口
void IO_Configuart(void)
{
    GPIO_InitTypeDef GPIO_InitStructure;
    //定义 GPIO_InitStructure 为 GPIO_InitTypeDef 结构体类型
    //LED0
    GPIO_InitStructure.GPIO_Pin=GPIO_Pin_8;                 //引脚选择
    GPIO_InitStructure.GPIO_Speed=GPIO_Speed_50MHz;         //50MHz 速度
    GPIO_InitStructure.GPIO_Mode=GPIO_Mode_Out_PP;          //推挽输出
```

```c
    GPIO_Init(GPIOC,&GPIO_InitStructure);              //初始化
}

//复位和系统时钟控制
void RCC_Configuare(void)
{
    SystemInit();
    //频率设定由 system_stm32f10x.c 文件中的宏定义决定
    //当调用 SystemInit()时即可设置好频率
    RCC_ClockSecuritySystemCmd(ENABLE);                //使能或者失能时钟安全系统
    //使能 GPIOC，TIM3 时钟
    RCC_APB2PeriphClockCmd(RCC_APB2Periph_GPIOC,ENABLE);
    RCC_APB1PeriphClockCmd(RCC_APB1Periph_TIM3, ENABLE);
}

//NVIC 设置系统中断管理
void NVIC_Configuare(void)
{
    NVIC_InitTypeDef    NVIC_InitStructure;
    NVIC_SetVectorTable(NVIC_VectTab_FLASH,0x0);
    //设定中断向量表基址 0x08000000
    NVIC_PriorityGroupConfig(NVIC_PriorityGroup_0);
    // 先占优先级 0 位、从优先级 4 位
    //使能 TIM3 中断
    NVIC_InitStructure.NVIC_IRQChannel=TIM3_IRQn;      //TIM3 中断
    NVIC_InitStructure.NVIC_IRQChannelPreemptionPriority=0;
    //先占优先级 0 位, 从优先级 4 位，表示优先级为 0x0f 级，即最低级
    NVIC_InitStructure.NVIC_IRQChannelSubPriority=0x0F;
    NVIC_InitStructure.NVIC_IRQChannelCmd=ENABLE;
    NVIC_Init(&NVIC_InitStructure);
}

//初始化 TIM3 1ms 定时
void TIM3_Configuare(void)
{
    TIM_TimeBaseInitTypeDef    TIM_TimeBaseStructure;
    //TOUT=ARR*(PSC+1)/Tclk    ARR=10 PSC=3599 Tclk=72M   TOUT=0.001s=1ms
    TIM_TimeBaseStructure.TIM_Period = 10-1;           //arr=10-1+1=10
    //设置在下一个更新事件装入活动的自动重装载寄存器周期的值, 计数到 10 为 1ms
    TIM_TimeBaseStructure.TIM_Prescaler =(7200-1);     //10kHz
    //设置用来作为 TIMx 时钟频率除数的预分频值
    TIM_TimeBaseStructure.TIM_ClockDivision = 0;       //设置时钟分割：TDTS = Tck_tim
    TIM_TimeBaseStructure.TIM_CounterMode = TIM_CounterMode_Up;
    //TIM 向上计数模式
    TIM_TimeBaseInit(TIM3, &TIM_TimeBaseStructure);
    //根据 TIM_TimeBaseInitStruct 中指定的参数初始化 TIMx 的时间基数单位
    TIM_ITConfig(TIM3,TIM_IT_Update|TIM_IT_Trigger,ENABLE);
```

```
        //使能或者失能指定的 TIM 中断
        TIM_Cmd(TIM3, ENABLE);                          //使能 TIMx 外设
}

//主函数
int main (void)
{
    RCC_Configuare();                                   //调用函数进行初始化
    IO_Configuart();
    NVIC_Configuare();
    TIM3_Configuare();
    LED0_OFF;                                           //关闭 LED(D2)
    while(1)                                            //死循环等待定时器中断,并使 LED 闪烁
    {
    }
    return 0;
}
```

2.7 GPIO 口的各种输出方式及其应用

STM32 的最常用的外设模块是 GPIO,它通常用于信号的输入和输出。STM32 的 GPIO 具有 8 种输入和输出模式。在应用系统中,必须正确选用它的模式。本节通过实例讨论各种输出模式的使用。

2.7.1 功能要求

利用 GPIO 口的各种输出方式控制发光二极管闪烁,目的是为了熟悉和掌握 GPIO 口的输出方式及其应用方法。

GPIO 常用的输出方式有推挽输出和开漏输出。

(1)推挽输出:可以输出高、低电平,连接数字器件。

(2)开漏输出:输出端相当于三极管的集电极。要得到高电平状态,需要外接上拉电阻。它适合于做电流型的驱动,其吸收电流的能力相对强,一般可达到 20mA。

本项目演示这两种输出口的应用。D2、D4 为推挽输出,D6、D7、D8 为开漏输出。由于这些发光二极管是低电平被点亮,所以这两种方式对它们而言均可使用。但如果是高电平被点亮,则只有推挽输出才行。这些发光二极管的具体连接关系如下。

(1)发光管 D2——PC8。

(2)发光管 D4——PC9。

(3)发光管 D6——PA8。

(4)发光管 D7——PA11。

(5)发光管 D8——PA12。

2.7.2 程序实现

由于本项目使用延时函数控制 LED 显示的周期，因此只涉及 main.c 和 stm32f10x_conf.h 两个工程文件。

文件 1——stm32f10x_conf.h：其内容同本章第 1 个项目。

文件 2——main.c 的完整内容如下。

```c
//基于最小系统板
//库文件：V3.50
//功能：D2、D4、D6、D7、D8 移动显示
//2015 年 7 月 6 日
#include <stm32f10x.h>
//宏定义使程序可读性更好
#define D2_ON GPIO_ResetBits(GPIOC, GPIO_Pin_8)
#define D2_OFF GPIO_SetBits(GPIOC, GPIO_Pin_8)
#define D4_ON GPIO_ResetBits(GPIOC, GPIO_Pin_9)
#define D4_OFF GPIO_SetBits(GPIOC, GPIO_Pin_9)

#define D6_ON GPIO_ResetBits(GPIOA, GPIO_Pin_8)
#define D6_OFF GPIO_SetBits(GPIOA, GPIO_Pin_8)
#define D7_ON GPIO_ResetBits(GPIOA, GPIO_Pin_11)
#define D7_OFF GPIO_SetBits(GPIOA, GPIO_Pin_11)
#define D8_ON GPIO_ResetBits(GPIOA, GPIO_Pin_12)
#define D8_OFF GPIO_SetBits(GPIOA, GPIO_Pin_12)

/************* 配置 LED 用到的 I/O 口 *****************/
void LED_GPIO_Config(void)
{
    GPIO_InitTypeDef GPIO_InitStructure;
    RCC_APB2PeriphClockCmd( RCC_APB2Periph_GPIOC, ENABLE);    // 使能 PC 端口时钟
    GPIO_InitStructure.GPIO_Pin = GPIO_Pin_8|GPIO_Pin_9;      //选择对应的引脚
    GPIO_InitStructure.GPIO_Mode = GPIO_Mode_Out_PP;
    GPIO_InitStructure.GPIO_Speed = GPIO_Speed_10MHz;         //速度为 10MHz
    GPIO_Init(GPIOC, &GPIO_InitStructure);                    //初始化 PC 端口

    RCC_APB2PeriphClockCmd( RCC_APB2Periph_GPIOA, ENABLE);    //使能 PA 端口时钟
    GPIO_InitStructure.GPIO_Pin = GPIO_Pin_8|GPIO_Pin_11|GPIO_Pin_12;  //引脚
    GPIO_InitStructure.GPIO_Mode = GPIO_Mode_Out_OD;          //输出开漏方式
    GPIO_InitStructure.GPIO_Speed = GPIO_Speed_10MHz;         //速度为 10MHz
    GPIO_Init(GPIOA, &GPIO_InitStructure);                    //初始化 PA 端口
}

//1ms 延时函数（@72M）
void delay_nms(u16 time)
{
```

```c
    u16 i=0;
    while(time--)
    {
        i=12000;
        while(i--) ;
    }
}

void TurnOffAllLed(void)
{
    D2_OFF;
    D4_OFF;
    D6_OFF;
    D7_OFF;
    D8_OFF;
}

//主函数
int main(void)
{
    SystemInit();              //配置系统时钟为72MHz，这个可以省略，在 V3.50 中默认就是 72MHz
    LED_GPIO_Config();         //LED 端口初始化
    TurnOffAllLed();           //关闭所有 LED
    while(1)
    {
        D2_ON;
        delay_nms(1000);
        D2_OFF;
        delay_nms(1000);
        D4_ON;
        delay_nms(1000);
        D4_OFF;
        delay_nms(1000);
        D6_ON;
        delay_nms(1000);
        D6_OFF;
        delay_nms(1000);
        D7_ON;
        delay_nms(1000);
        D7_OFF;
        delay_nms(1000);
        D8_ON;
        delay_nms(1000);
        D8_OFF;
        delay_nms(1000);
    }
}
```

2.8 本章小结

1. 关于工程模板

（1）工程模板很重要，可以参照作者的思路构建。

（2）实际项目开发中，涉及的文件及其说明如下。

① main.c：用户程序的主体可以放在这里。

② stm10f10x_it.c：中断函数放在这里，用到什么中断，就定义什么中断函数，中断函数名不能随意定义，必须符合 STM32 的手册要求，固件库中已一一明确定义。

③ stm10f10x_it.h：中断使用的外部变量说明、中断函数的说明，每加一个就要增加一个说明。

④ stm32f10x_conf.h：程序中使用什么外设，就必须将相应的头文件包含进来（即去掉注释符），如要使用定时器，则必须将#include "stm32f10x_tim.h"开放（即去掉注释符）。

2. 关于仿真器及其调试

1）设置问题

如果要使用 J-LINK 仿真器，如国内常用的 V8，则必须正确设置 KEIL 的 Options for Target 下的 Debug 选项，勾选 Use "J-LINK/J-TRACE Cortex"，如图 2.44 所示，否则，仿真时无法进入 main 函数，而是进入 SystemInit()，无法实现调试。

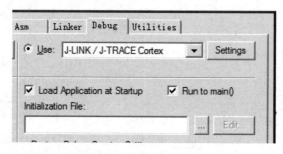

图 2.44　仿真器的设置

2）下载后的运行

通过 ISP 或 J-LINK（SWD）将程序下载到实验板后，程序通常不会被执行，必须重新复位后才能被执行。除非在 Flash Downloader 中对 Reset and Run 做了明确设置。

3. 良好的编程习惯

在第 3 个 LED 工程范例中：

```
#define LED0_OFF    GPIO_SetBits(GPIOC,GPIO_Pin_8)//D2 关
#define LED0_ON GPIO_ResetBits(GPIOC,GPIO_Pin_8)//D2 开
```

将 LED 的开关采用宏语句的方式是一个好方法，直观简明，建议仿照使用，养成模块化设计的习惯。

思考与扩展

2.1　什么是 STM32 最小系统？
2.2　请设计一个 STM32 最小系统。
2.3　STM32 的启动模式有几种？BOOT 引脚有几个？分别如何设置？
2.4　STM32 单片机程序下载的方式有哪些？各自有哪些要求？
2.5　STM32 的软件开发环境有哪几种？各自有啥特点？
2.6　KEIL MDK-ARM 开发环境下，如何建立工程模板？
2.7　KEIL MDK-ARM 开发环境下，如何进行软件仿真？
2.8　KEIL MDK-ARM 开发环境下，如何进行软件仿真调试？
2.9　ST 固件库中，函数的命名规则有哪些特点？
2.10　STM32 单片机的中断优先级有什么特点？如何设置？

第 3 章
GPIO 及其应用——输入

本章导览

本章通过 3 个案例详细讨论了 GPIO 输入模式及其应用，在第 2 个范例中还讨论了系统软复位的实现问题。通过对第 2 章（GPIO 的输出）和本章的学习，可以基本掌握 GPIO 的应用。

➢ STM32 的 GPIO 输入模式的基本应用：按键输入、开关量输入。
➢ 一键复用的实现原理，程序软复位的实现。
➢ STM32 中矩阵键盘的实现。

3.1 单功能按键输入

在单片机应用系统中，按键是十分常用的人机界面。按原理分，按键可分为独立按键和矩阵按键；按功能分，按键可分为单功能按键、多功能复用按键。本节重点讨论单功能按键的实现。

3.1.1 实现思想

1. 硬件接口

实验系统平台同第 2 章，系统原理图参见第 2 章。

利用按键 S1 控制发光二极管 D2 发光。每按一次 S1，D2 状态就发生切换。按键输入中不可避免地要采取去抖动处理，否则，按键信息不能被正确地获取和处理。按键去抖动可以采用硬件、软件两种方法，通常采用软件去抖动法，其核心就是延时去抖动算法，一般延时时间为 10ms 左右。

发光二极管 D2 对应的引脚为 PC8（GPIOC 的第 8 脚）。

2. 程序的主要算法

1）GPIO 的初始化

按键对应的 GPIO 输入引脚，通常被初始化为上拉输入，这样系统复位后其默认状态为高电平。按键 S1 的一个引脚接 PB15，另一个引脚接地。因此，S1 未按下时，PB15 为高电平；被按下时，则为低电平。由此，即可判断按键的状态。

2）按键捕捉与判断

捕捉按键的关键是不断扫描判断与按键对应的 PB15 引脚是否为低电平，如是，则说明按键被按下，然后启动去抖动处理，再次判断该引脚的电平，如为低，则说明按键被按下，否则，做无效按键处理。

去抖动的最简单办法是延时判断，即检测到按键被按下后，延时 10ms 左右，再次判断按键是否为低电平，如是，说明按键真的被按下，否则说明按键没有被按下。

3）按键处理

按键如何被处理取决于该按键对应的功能（由开发者定义的功能）。这里，按键 S1 只是控制 D2 的发光状态的切换，因此处理过程相对简单。这里采用的算法是，首先对按键次数计数，然后通过判断按键次数是奇数还是偶数，以控制发光二极管的点亮与熄灭。

3.1.2 具体程序

1. 源程序

这里采用第 2 章建立的工程模板。由于该程序只涉及 GPIO 的输入，因此程序需要调整和修改的工程文件只有两个：stm32f10x_conf.h 与 main.c，前者为功能外设的头文件配置，后者为主函数所在的源程序文件。

1）文件 1——stm32f10x_conf.h

该文件主要用于配置程序所需要使用的外设模块的头文件，本例中，它的内容主要就是以下没有被注释的三行。

```
/* Includes ------------------------------------------------------------*/
/* Uncomment/Comment the line below to enable/disable peripheral header file inclusion */
//#include "stm32f10x_adc.h"
//#include "stm32f10x_bkp.h"
//#include "stm32f10x_can.h"
//#include "stm32f10x_cec.h"
//#include "stm32f10x_crc.h"
//#include "stm32f10x_dac.h"
//#include "stm32f10x_dbgmcu.h"
//#include "stm32f10x_dma.h"
//#include "stm32f10x_exti.h"
//#include "stm32f10x_flash.h"
//#include "stm32f10x_fsmc.h"
#include "stm32f10x_gpio.h"            //GPIO…
//#include "stm32f10x_i2c.h"
```

```c
//#include "stm32f10x_iwdg.h"
//#include "stm32f10x_pwr.h"
#include "stm32f10x_rcc.h"              //RCC…
//#include "stm32f10x_rtc.h"
//#include "stm32f10x_sdio.h"
//#include "stm32f10x_spi.h"
//#include "stm32f10x_tim.h"
//#include "stm32f10x_usart.h"
//#include "stm32f10x_wwdg.h"
#include "misc.h"                       //MISC…
/* High level functions for NVIC and SysTick (add-on to CMSIS functions) */
```

2）文件 2——main.c

该文件包含 main 函数等有关源代码。其具体内容如下：

```c
//基于最小系统板
//库文件：V3.50
//功能：用 S1 去控制 D2 闪烁
//2015 年 6 月 28 日
#include <stm32f10x.h>
#define D2_ON GPIO_ResetBits(GPIOC, GPIO_Pin_8)
#define D2_OFF GPIO_SetBits(GPIOC, GPIO_Pin_8)
#define S1_DOWN GPIO_ReadInputDataBit(GPIOB,GPIO_Pin_15)==0
#define S1_UP GPIO_ReadInputDataBit(GPIOB,GPIO_Pin_15)==1

/*************    配置 LED 与按键用到的 I/O 口   ******************/
void LEDKEY_GPIO_Config(void)
{
    GPIO_InitTypeDef GPIO_InitStructure;
    RCC_APB2PeriphClockCmd(RCC_APB2Periph_GPIOC|RCC_APB2Periph_GPIOB, ENABLE);
                                                    //使能 PC、PB 端口时钟
    GPIO_InitStructure.GPIO_Pin = GPIO_Pin_8;       //选择对应的引脚
    GPIO_InitStructure.GPIO_Mode = GPIO_Mode_Out_PP;
    GPIO_InitStructure.GPIO_Speed = GPIO_Speed_50MHz;
    GPIO_Init(GPIOC, &GPIO_InitStructure);          //初始化 PC 端口
    GPIO_SetBits(GPIOC, GPIO_Pin_8 );               //关闭 LED

    GPIO_InitStructure.GPIO_Pin = GPIO_Pin_15;      //选择对应的引脚
    GPIO_InitStructure.GPIO_Mode = GPIO_Mode_IPU;   //上拉输入（复位为高电平）
    GPIO_InitStructure.GPIO_Speed = GPIO_Speed_50MHz;
    GPIO_Init(GPIOB, &GPIO_InitStructure);          //初始化 PB 端口
    //GPIO_SetBits(GPIOB, GPIO_Pin_15 );            //S1 引脚初始化为高电平，本行可省略
}

//1ms 延时函数（@72M）
void delay_nms(u16 time)
{
```

```c
    u16 i=0;
    while(time--)
    {
        i=12000;
        while(i--) ;
    }
}

//主函数
int main(void)
{
    /*
    Add your application code here
    */

    u8 kcnt=0;
    SystemInit();                          //配置系统时钟为72M，这个可以省略，在V3.50中默认就是72M
    LEDKEY_GPIO_Config();                  //LED 和 KEY 端口初始化
    while(1)
    {
        if(S1_DOWN)                        //按键按下否
        {
            delay_nms(10);                 //延时去抖动
            if(S1_DOWN)                    //再按下，则按键计数加
                kcnt++;                    //按键次数计数
            if(kcnt%2)                     //按键次数为奇数则点亮
                D2_ON;                     //D2 点亮
            else
                D2_OFF;                    //D2 熄灭
            while(S1_DOWN );               //等待按键释放
        }
    }
}
```

2. 程序分析

1）宏定义的应用

在上述程序中，使用宏定义以实现语句（以下简称宏语句），使得程序的可读性更强，后期维护更方便。

（1）控制发光二极管 D2 的点亮与熄灭的宏语句：

```c
#define D2_ON GPIO_ResetBits(GPIOC, GPIO_Pin_8)
#define D2_OFF GPIO_SetBits(GPIOC, GPIO_Pin_8)
```

（2）检测按键 S1 的宏定义：

```c
#define S1_DOWN GPIO_ReadInputDataBit(GPIOB,GPIO_Pin_15)==0
```

#define S1_UP GPIO_ReadInputDataBit(GPIOB,GPIO_Pin_15)==1

2）GPIO 的两种开关量输入方式

GPIO 有两种常用的开关量输入方式：上拉输入和下拉输入。

上拉输入：GPIO_Mode_IPU，利用芯片内部的上拉电阻使得其在复位后的默认状态为高电平，因此，对应的引脚上无须外接上拉电阻。

下拉输入：GPIO_Mode_IDU，利用芯片内部的下拉电阻使得其在复位后的默认状态为低电平，因此，对应的引脚上无须外接下拉电阻。

3.2 复用功能按键输入

3.2.1 按键复用的基本概念

在很多单片机系统中，为了节省硬件资源和产品成本，常采用一键多用的形式，即按键复用。按键复用的实现通常有以下几种方式。

方式一：场景切换式。同一个按键，根据场景（即上下文，程序执行的状态）的不同，自动切换其功能定义。

方式二：时间切换式。同一个按键，根据其按下的持续时间的长短，决定其不同的功能。

方式三：按键组合式。由两个按键或多个按键组合，实现少量按键的多功能化。例如，两个按键为 F1 键和 F2 键，则至少可以实现 3 种功能：独立的两种+组合的一种。

3.2.2 程序实现举例

1. 程序要求及其实现思想

1）功能要求

按键 S1 短按：控制 D2 的点亮与熄灭。
按键 S1 长按（如 3s）：使系统重启（复位）。

2）实现原理

检测到 S1 被按下后，开始计时，如果是 3s 以内释放的，则切换 D2 的状态；如果是 3s 以上，则执行系统重启。系统重启可通过 STM32 单片机的软复位特性加以实现。

3）STM32 系统软复位

STM32 系统软复位的实现：直接通过 V3.50 的固件库函数实现。在官方固件库的 core_cm3.h 文件里直接提供了系统复位的函数：

static __INLINE void NVIC_SystemReset(void)

但是，是不是直接调用这个函数就可以了呢？

在 Cortex-M3 权威指南中有这么一句话：

"这里有一个要注意的问题，从 SYSRESETREQ 被置为有效，到复位发生器执行复位命令，往往会有一个延时。在此延时期间，处理器仍然可以响应中断请求。但我们的本意往往是要让此次执行到此为止，不要再做其他事情了。所以，最好在发出复位请求前，先把 FAULTMASK 置位。"所以最好先将 FAULTMASK 置位才万无一失。同样，官方 core_cm3.h 文件里也直接提供了相关函数：

```
static __INLINE void __set_FAULTMASK(uint32_t faultMask)
```

该函数的作用就是关闭中断，如果参数为 1。

系统软复位在系统的可靠性设计中十分有用。例如，当检测到外设模块死机后，就可以通过软复位系统实现重启，使得外设重新被初始化而恢复正常工作。

2. 具体程序

由于该程序只涉及 GPIO 的输入，因此程序需要涉及的工程文件也只有两个，分别是 stm32f10x_conf.h 和 main.c，以下是这两个源程序文件的具体内容。

1）文件 1——stm32f10x_conf.h

该文件即外设模块配置头文件，其内容与上例相同，请参阅上例。

2）文件 2——main.c

该文件包含主函数等代码，也包含实现系统软复位的代码。

```c
//基于最小系统板
//库文件：V3.50
//功能：用 S1 去控制 D2 闪烁和系统复位（一键复用）
//2015 年 6 月 28 日
#include <stm32f10x.h>

#define D2_ON GPIO_ResetBits(GPIOC, GPIO_Pin_8)
#define D2_OFF GPIO_SetBits(GPIOC, GPIO_Pin_8)

#define S1_DOWN GPIO_ReadInputDataBit(GPIOB,GPIO_Pin_15)==0
#define S1_UP GPIO_ReadInputDataBit(GPIOB,GPIO_Pin_15)==1

/*************** 配置 LED 和按键用到的 I/O 口 *******************/
void LEDKEY_GPIO_Config(void)
{
    GPIO_InitTypeDef GPIO_InitStructure;
    RCC_APB2PeriphClockCmd( RCC_APB2Periph_GPIOC|RCC_APB2Periph_GPIOB, ENABLE);
    //使能 PC、PB 端口时钟
    GPIO_InitStructure.GPIO_Pin = GPIO_Pin_8;              //选择对应的引脚
    GPIO_InitStructure.GPIO_Mode = GPIO_Mode_Out_PP;
```

```c
    GPIO_InitStructure.GPIO_Speed = GPIO_Speed_50MHz;
    GPIO_Init(GPIOC, &GPIO_InitStructure);              //初始化 PC 端口
    GPIO_SetBits(GPIOC, GPIO_Pin_8 );                   //关闭 LED

    GPIO_InitStructure.GPIO_Pin = GPIO_Pin_15;          //选择对应的引脚
    GPIO_InitStructure.GPIO_Mode = GPIO_Mode_IPU;       //上拉输入(复位为高电平)
    GPIO_InitStructure.GPIO_Speed = GPIO_Speed_50MHz;
    GPIO_Init(GPIOB, &GPIO_InitStructure);              //初始化 PB 端口
    //GPIO_SetBits(GPIOB, GPIO_Pin_15 );                //S1 引脚初始化为高电平,可省略
}

//1ms 延时函数(@72M)
void delay_nms(u16 time)
{
    u16 i=0;
    while(time--)
    {
        i=12000;
        while(i--) ;
    }
}

//判断按键是短按还是长按
//参数: time 为判断时间设置,3000 为 3s
//返回值: 0 表示没有按键,1 表示短按,2 表示长按
u8 KeyPressed(u16 time)
{
    u16 cnt=0;
    if(S1_DOWN)                                         //按键按下否
    {
        delay_nms(10);                                  //延时去抖动
        if(S1_DOWN)
        {
            while(S1_DOWN )                             //等待按键释放
            {
                delay_nms(10);
                cnt++;                                  //计时
            }
        }
    }
    if(cnt==0)
        return 0;
    else
        if(cnt<time/10)
            return 1;
        else
            return 2;
```

```c
}
//系统软复位函数
void sysRST(void)
{
    __set_FAULTMASK(1);                    //关闭中断
    NVIC_SystemReset();                    //系统软复位
}

//主函数
int main(void)
{
    /*
    Add your application code here
    */

    u8 kcnt=0;
    SystemInit();//配置系统时钟为72M，这个可以省略，在 V3.50 中默认就是 72M
    LEDKEY_GPIO_Config();                  //LED 和 KEY 端口初始化
    while(1)
    {
        switch(KeyPressed(3000))           //扫描按键状态
        {
            case 0: break;                 //无按键
            case 1: kcnt++;                //S1 短按
                if(kcnt%2) D2_ON;
                else D2_OFF;
                break;
            case 2: D2_ON;                 //S1 长按（3s 以上），则 D2 亮，以指示即将转入复位
                delay_nms(10);
                sysRST();                  //系统重启（软复位）
                break;
        }
    }
}
```

3.3 非按键类开关信号输入及其实现

3.3.1 GPIO 的输入方式及其特点

1. 程序要求

在第 2 章提供的最小系统实验板中有一个开关量输入，即 LIMIT 输入，对应的引脚为

PC13。

以下内容讨论如何根据该开关量的信号状态，控制 D2 的发光。如果 LIMIT 为低电平，则点亮 D2，否则 D2 熄灭，即 LIMIT 作为一个开关量输入信号。

LIMIT 对应的 PC13 引脚（GPIOC 的第 13 脚）必须设置为输入方式。

2. GPIO 引脚输入方式及其特点

GPIO 引脚输入方式共有以下 4 种。

1）上拉输入（GPIO_Mode_IPU）

上拉输入，就是信号进入芯片后被内部的一个上拉电阻上拉，再经过施密特触发器转换成 0、1 信号，因此，复位后该引脚电平为高电平。

2）下拉输入（GPIO_Mode_IPD）

下拉输入，就是信号进入芯片后被内部的一个下拉电阻下拉，再经过施密特触发器转换成 0、1 信号，因此，复位后该引脚电平为低电平。

3）模拟输入（GPIO_Mode_AIN）

信号进入芯片后不经过上拉电阻或者下拉电阻，也不经过施密特触发器，经由另一线路把电压信号传送到片上相应的外设模块，例如，通常是 ADC 模块，然后由 ADC 采集电压信号。因此，可以将这种方式理解为模拟输入的信号是未经处理的信号，是"原汁原味"的信号。

4）浮空输入（GPIO_Mode_IN_FLOATING）

信号进入芯片内部后，既没有经过上拉电阻也没有经过下拉电阻，只经由施密特触发器输入。如果被配置成这个模式，用电压表测量其引脚电压为 1 伏左右，是个不确定值。由于其输入阻抗比较大，所以一般把这种模式用于标准的通信协议，如 I^2C、USART 等。

3.3.2 程序实现

根据上述对输入方式的分析和程序的功能要求，LIMIT 选择上拉输入是最合理的方式。

LIMIT 复位后的默认状态为高电平，则此时应控制 D2 处于熄灭状态；LIMIT 状态如果变为低电平，则 D2 应被点亮。

本程序只涉及 stm32f10x_conf.h 和 main.c。其中，前者的内容与上例程序完全一样。所以，此处不再罗列。

以下是 main.c 的完整内容。

```
//基于最小系统板
//库文件：V3.50
//功能：用 LIMIT 输入状态去控制 D2 的点亮与否
//2015 年 6 月 29 日
```

```c
#include <stm32f10x.h>

#define D2_ON GPIO_ResetBits(GPIOC, GPIO_Pin_8)
#define D2_OFF GPIO_SetBits(GPIOC, GPIO_Pin_8)

#define LIMIT_LOW GPIO_ReadInputDataBit(GPIOC,GPIO_Pin_13)==0
#define LIMIT_HIGH GPIO_ReadInputDataBit(GPIOC,GPIO_Pin_13)==1

/*************  配置 LED 和输入用到的 I/O 口  ******************/
void LEDandIN_GPIO_Config(void)
{
    GPIO_InitTypeDef GPIO_InitStructure;
    RCC_APB2PeriphClockCmd( RCC_APB2Periph_GPIOC|RCC_APB2Periph_GPIOB, ENABLE);
    //使能 PC、PB 端口时钟。PB 可以不用,因为本例没有涉及 PB
    GPIO_InitStructure.GPIO_Pin = GPIO_Pin_8;            //选择对应的引脚
    GPIO_InitStructure.GPIO_Mode = GPIO_Mode_Out_PP;
    GPIO_InitStructure.GPIO_Speed = GPIO_Speed_50MHz;
    GPIO_Init(GPIOC, &GPIO_InitStructure);               //初始化 PC 端口
    GPIO_SetBits(GPIOC, GPIO_Pin_8 );                    //关闭 LED

    GPIO_InitStructure.GPIO_Pin = GPIO_Pin_13;           //选择对应的引脚
    GPIO_InitStructure.GPIO_Mode = GPIO_Mode_IPU;        //上拉输入(复位为高电平)
    GPIO_InitStructure.GPIO_Speed = GPIO_Speed_50MHz;
    GPIO_Init(GPIOC, &GPIO_InitStructure);               //初始化 PC 端口
}

//1ms 延时函数(@72M)
void delay_nms(u16 time)
{
    u16 i=0;
    while(time--)
    {
        i=12000;
        while(i--) ;
    }
}

//主函数
int main(void)
{
    u8 kcnt=0;
    SystemInit();              //配置系统时钟为 72M,这个可以省略,在 V3.50 中默认就是 72M
    LEDandIN_GPIO_Config();    //LED 和 LIMIT 端口初始化
    while(1)
    {
        if(LIMIT_LOW)          //根据需要,如果是开关的话,例如是行程开关,则必须加去抖
            D2_ON;
```

```
            else
                D2_OFF;
        }
}
```

3.4 GPIO 输入/输出小结

1. GPIO 输入/输出的方式

STM32 的 GPIO 的输入/输出方式有以下 8 种：
（1）GPIO_Mode_AIN 模拟输入；
（2）GPIO_Mode_IN_FLOATING 浮空输入；
（3）GPIO_Mode_IPD 下拉输入；
（4）GPIO_Mode_IPU 上拉输入；
（5）GPIO_Mode_Out_OD 开漏输出；
（6）GPIO_Mode_Out_PP 推挽输出；
（7）GPIO_Mode_AF_OD 复用开漏输出；
（8）GPIO_Mode_AF_PP 复用推挽输出。

对于初学者，上述 8 种方式及其各自的特点是必须要搞清楚的。下面对最常用的推挽输出、开漏输出、上拉输入这 3 种方式做一简单归纳。

推挽输出：可以输出高、低电平，连接数字器件。推挽结构一般是指两个三极管分别受两个互补信号的控制，总是在一个三极管导通的时候另一个截止，各负责正、负半周的波形放大任务。电路工作时，两个对称的功率开关管每次只有一个导通，所以导通损耗小、效率高。输出既可以向负载灌电流，也可以从负载抽取电流（拉电流）。推挽输出既提高了电路负载能力，又提高了开关速度。

开漏输出：输出端相当于三极管的集电极，因此要得到高电平状态需要外接上拉电阻才行。该方式适合于做电流型的驱动，其吸收电流的能力相对较强（可达到 20mA）。例如，用该方式去驱动继电器。该方式的特点是：利用外部电路的驱动能力，减少 IC 内部的驱动，IC 内部仅需很小的栅极驱动电流；开漏可用来连接不同电平的器件，以实现电平匹配；提供灵活的输出方式，可以将多个开漏输出引脚并接到一条线上。通过一个上拉电阻，在不增加任何器件的情况下，形成"与逻辑"关系。这也是 I^2C、SMBus 等总线判断总线占用状态的原理。

浮空输入：一般用于串行通信接口，如 I^2C、USART 等。

复用开漏输出、复用推挽输出：可以理解为 GPIO 口被用作第二功能时的配置情况（即并非作为通用 I/O 口使用）。STM32 的很多引脚是多功能复用的，所以对此必须要重视。

（1）复用开漏输出：片内外设功能，如 TX1，MOSI，MISO，SCK，SS 等。
（2）复用推挽输出：片内外设功能，如 I^2C 的 SCL、SDA 等。

2. STM32 的 GPIO 设置举例

例如，用 STM32 的 GPIO 引脚模拟实现 I^2C 总线接口时，则必须用 GPIO 模拟 I^2C 总线的时钟、数据引脚，这样必须将 GPIO 对应的引脚设置为开漏输出，然后外接上拉电阻，只有这样才能正确地输出 0 和 1。

在这种方式下，要读取引脚状态时，应先通过调用语句：

GPIO_SetBits(GPIOB, GPIO_Pin_0);

将对应引脚拉高，然后就可以通过调用以下函数语句读取 I/O 的值：

GPIO_ReadInputDataBit(GPIOB,GPIO_Pin_0);

思考与扩展

3.1 仿照本章范例 1，利用两个按键控制两个 LED 的显示。
3.2 模拟鼠标的两种按键方式（单击、双击），实现控制一个 LED 的两种显示状态：单击，则 LED 为亮/灭状态切换；双击，则让 LED 闪烁显示 10s（闪烁周期为 1s）。

第 4 章
TIMER 与 PWM

本章导览

STM32 具有强大的定时器功能：定时器种类多、数量多，而且功能丰富。本章通过 4 个完整案例详细讨论了 STM32 的 TIMER（定时器）及其 PWM 特性在项目开发中的应用。

➢ STM32 定时器的简单应用：一个定时器，控制输出引脚按周期输出方波。
➢ STM32 定时器的复杂应用：一个定时器，检测输入方波的频率——计数功能。
➢ PWM 原理及其应用一：一个 LED 呼吸灯的实现。
➢ PWM 原理及其应用二：通过 L298N 驱动电路实现直流电机调速控制。

4.1 关于 STM32 的定时器（TIMER）的概述

STM32F10×××系列的定时器资源十分丰富，包括高级控制定时器、通用定时器和基本定时器。此外，还有能够实现定时功能的系统滴答定时器、实时时钟以及看门狗定时器。关于这些定时器的介绍，占据了 STM32F10×××参考手册 1/5 的篇幅，可见其功能的强大。

在低容量和中容量的 STM32F103××系列产品中，以及互连型产品 STM32F105××系列和 STM32F107××系列中，只有一个高级控制定时器 TIM1。而在高容量和超大容量的 STM32F103××系列产品中，有两个高级控制定时器 TIM1 和 TIM8。

在所有的 STM32F10×××系列产品中，都有通用定时器 TIM2～TIM5，除非另有说明。除此之外，在超大容量产品中，还有通用定时器 TIM9～TIM14。

在高容量和超大容量的 STM32F101××和 STM32F103××系列产品中，以及互连型产品 STM32F105××和 STM32F107××系列中，有两个基本定时器 TIM6 和 TIM7。

其中，高级控制定时器的功能最为强大，可以实现其他定时器的所有功能。

STM32 最多有 11 个定时器，其中 2 个为高级控制定时器，4 个为普通定时器，2 个为基本定时器，2 个为看门狗定时器，以及 1 个系统嘀嗒定时器。其中，系统嘀嗒定时器是前两章所述的 SysTick。本章主要讨论另外 8 个定时器。

有关 STM32 定时器的具体特性请参阅 ST 的官方手册。其中，TIM1 和 TIM8 是能够产生 3 对 PWM 互补输出的高级定时器，常用于三相电机的驱动，时钟由 APB2 的输出产生。TIM2～TIM5 是普通定时器，TIM6 和 TIM7 是基本定时器，其时钟均由 APB1

输出产生。

由于 STM32 的 TIMER 功能太复杂了，所以只能一点一点地学习，建议从掌握最基本的特性和应用开始，先从掌握 TIM2～TIM5 普通定时器的定时功能入手。

4.2 STM32 定时器的简单应用

4.2.1 按周期输出方波的例子

通过 STM32 的一个定时器，实现控制输出引脚按周期输出方波，该方波的周期为 1s，通过该输出引脚控制一个 LED 指示灯，从而达到每秒闪烁一次的目的。

利用第 2 章的最小系统，按键 S1 可控制其暂停/继续；指示灯使用发光二极管 D8。

具体电路参见第 2 章最小系统实验板部分。

4.2.2 实现原理

利用通用定时器 TIM2～TIM5 中的任何一个，产生 10ms 中断，每中断一次，全局变量计数+1，计数到 50 即为 0.5s，然后使 D8 的状态发生翻转，从而达到秒闪的目的。

在切换状态过程中，同时判断 S1 的按键状态，如果有按键动作，则使得 D8 的状态保持不变或继续秒闪，从而达到暂停或继续秒闪的效果。

4.2.3 具体程序

1. 程序框架

使用第 1 章建立的工程模板。

本项目涉及定时器及其中断、GPIO 输入/输出，因此项目涉及工程模板中的以下 4 个文件：stm32f10x_conf.h、stm32f10x_it.h、stm32f10x_it.c、main.c。各自的作用如下。

（1）stm32f10x_conf.h：需要使用的外设模块的头文件配置，本项目实际需要使用的头文件的外设模块有 GPIO、RCC、MISC、TIMER。

（2）stm32f10x_it.h：定时器中断函数的声明、外部全局变量的声明。

（3）stm32f10x_it.c：定时器中断函数的定义。

（4）main.c：主函数及其他相关函数。

2. 完整程序

以下是上述 4 个文件的具体内容。

1）文件 1——stm32f10x_conf.h 的主要内容

```
#include "stm32f10x_gpio.h"
```

```c
#include "stm32f10x_rcc.h"
#include "stm32f10x_tim.h"
#include "misc.h"
```

2）文件 2——stm32f10x_it.h 的新增内容

```c
/* Exported types ---------------------------------------------------------*/

extern vu16 cnt1;                    //外部变量声明，定时器溢出中断函数要用到此变量

/* Exported constants -----------------------------------------------------*/
/* Exported macro ---------------------------------------------------------*/
/* Exported functions ---------------------------------------------------- */

void NMI_Handler(void);
void HardFault_Handler(void);
void MemManage_Handler(void);
void BusFault_Handler(void);
void UsageFault_Handler(void);
void SVC_Handler(void);
void DebugMon_Handler(void);
void PendSV_Handler(void);
void SysTick_Handler(void);

void TIM2_IRQHandler(void);          //定时器 2 的中断函数声明
//这里只写了 TIM2 的，如果要用到其他定时器，则也要声明
//上述注释部分为新增内容
```

3）文件 3——stm32f10x_it.c 新增的内容

```c
//定时器 2 溢出计数中断
void TIM2_IRQHandler(void)
{
    static vu8 flag=0;

    if (TIM_GetITStatus(TIM2, TIM_IT_Update) != RESET)
    {
        TIM_ClearITPendingBit(TIM2, TIM_IT_Update);
        cnt1++;
        if(cnt1>=50)
        {
            cnt1=0;
            if(GPIO_ReadInputDataBit(GPIOB,GPIO_Pin_15)==RESET)
            //按键 S1 按下一次，则计数值加 1，这里的周期是 10ms，具有去抖动功能
            {
                flag++;
            }
            if(flag%2==0)            //如果能被 2 整除，则继续，否则暂停闪烁
```

```
                {
                    if(GPIO_ReadOutputDataBit(GPIOA,GPIO_Pin_12)==RESET)
                    //切换 D8 的状态
                        GPIO_SetBits(GPIOA,GPIO_Pin_12);
                    else
                        GPIO_ResetBits(GPIOA,GPIO_Pin_12);
                }
        }
    }
}
```

4）文件 4——main.c 的全部内容

```
//基于最小系统板
//库文件：V3.50
//功能：用定时器 TIM2 控制发光二极管 D8 的秒闪
//       S1 可控制暂停
//2015 年 8 月 14 日

#include <stm32f10x.h>

vu16 cnt1=0;                          //定时器溢出计数器，用于控制 D8 闪烁频率，此例为 1s

//D8、S1 的引脚配置
void GPIO_KeyandLed(void)
{
    GPIO_InitTypeDef GPIO_InitStructure;
    RCC_APB2PeriphClockCmd(RCC_APB2Periph_GPIOA, ENABLE);//GPIOA 时钟
    GPIO_InitStructure.GPIO_Pin = GPIO_Pin_12;              //D8 的控制引脚
    GPIO_InitStructure.GPIO_Mode = GPIO_Mode_Out_PP;
    GPIO_InitStructure.GPIO_Speed = GPIO_Speed_50MHz;
    GPIO_Init(GPIOA, &GPIO_InitStructure);
    RCC_APB2PeriphClockCmd(RCC_APB2Periph_GPIOB, ENABLE);//GPIOB 时钟
    GPIO_InitStructure.GPIO_Pin = GPIO_Pin_15;              //S1 的控制引脚
    GPIO_InitStructure.GPIO_Mode = GPIO_Mode_IPU;           //输入上拉
    GPIO_InitStructure.GPIO_Speed = GPIO_Speed_50MHz;
    GPIO_Init(GPIOB, &GPIO_InitStructure);
}

//初始化 TIMx，设置 TIMx 的 ARR 和 PSC
//参数：arr 为自动重装溢出值，psc 为预分频值，两者配合控制定时器时钟的周期
void TIM_Init(TIM_TypeDef *TIMx,u16 arr,u16 psc)
{
    TIM_TimeBaseInitTypeDef    TIM_TimeBaseStructure;

    if(TIMx==TIM2)
        RCC_APB1PeriphClockCmd(RCC_APB1Periph_TIM2, ENABLE);
```

```c
    if(TIMx==TIM3)
        RCC_APB1PeriphClockCmd(RCC_APB1Periph_TIM3, ENABLE);
    if(TIMx==TIM4)
        RCC_APB1PeriphClockCmd(RCC_APB1Periph_TIM4, ENABLE);
    if(TIMx==TIM5)
        RCC_APB1PeriphClockCmd(RCC_APB1Periph_TIM5, ENABLE);

    //下列两条语句可以不用，默认就是内部时钟
    TIM_DeInit(TIMx);
    TIM_InternalClockConfig(TIMx);                              //内部时钟作为计数器时钟，72MHz

    TIM_TimeBaseStructure.TIM_Period = arr-1;                   //设置自动重装载值
    TIM_TimeBaseStructure.TIM_Prescaler =psc-1;                 //设置预分频值
    TIM_TimeBaseStructure.TIM_ClockDivision = TIM_CKD_DIV1;
    //设置时钟分割：TIM_CKD_DIV1 = 0，即 PWM 波不延时

    TIM_TimeBaseStructure.TIM_CounterMode = TIM_CounterMode_Up;  //向上计数模式
    TIM_TimeBaseInit(TIMx, &TIM_TimeBaseStructure);              //根据指定的参数初始化 TIMx
    //TIM_ARRPreloadConfig(TIMx, DISABLE);
    //禁止 ARR 预装载缓冲器，也可以不用设置
    TIM_ARRPreloadConfig(TIMx, ENABLE);                          //使能 ARR 预装载缓冲器
    //TIM_ClearFlag(TIMx,TIM_FLAG_Update);                       //清除溢出中断标志，可不用
    TIM_ITConfig(TIMx,TIM_IT_Update,ENABLE);
    TIM_Cmd(TIMx, ENABLE);                                       //使能 TIMx 外设
}
//设置定时器中断函数
//参数：timNo=2～5，用于选择定时器 TIM2～5
void TIM_ITSetUp(u8 timNo)
{
    NVIC_InitTypeDef NVIC_InitStructure;
    NVIC_PriorityGroupConfig(NVIC_PriorityGroup_0);              //选择中断分组 0
    switch(timNo)
    {
        case 2:
                NVIC_InitStructure.NVIC_IRQChannel =  TIM2_IRQn;
                break;
        case 3:
                NVIC_InitStructure.NVIC_IRQChannel =  TIM3_IRQn;
                break;
        case 4:
                NVIC_InitStructure.NVIC_IRQChannel =  TIM4_IRQn;
                break;
        case 5:
                NVIC_InitStructure.NVIC_IRQChannel =  TIM5_IRQn;
                break;
    }
    NVIC_InitStructure.NVIC_IRQChannelPreemptionPriority = 0;
```

```
        //抢占式中断优先级设置为 0
        NVIC_InitStructure.NVIC_IRQChannelSubPriority = 0;
        //响应式中断优先级设置为 0，可根据优先级的需要自行调整，0 为最高优先级
        NVIC_InitStructure.NVIC_IRQChannelCmd = ENABLE;         //使能中断
        NVIC_Init(&NVIC_InitStructure);
}

//主函数
int main(void)
{
        //SystemInit();              //配置系统时钟为 72MHz，这个可以省略，在 V3.50 中默认就是 72MHz
        GPIO_KeyandLed();            //配置输入/输出引脚及其时钟
        TIM_ITSetUp(2);              //配置定时器中断并使能
        TIM_Init(TIM2,10000,72);     //设置定时器溢出周期并使能启动，100Hz（10ms 周期）

        while(1)                     //等待中断
        {}
}
```

3. 定时器应用的简单小结

1）频率设置

在定时器基本应用中，周期的设置是关键。定时器的本质是计数器，即对一定周期（频率）的脉冲进行计数，计数方式可分为向上计数或向下计数，计数到了设定值则溢出使输出信号翻转。因此，周期设置的重点就是两个方面：一是计数用的脉冲的频率（周期）设定，二是计数值的设定。对于 STM32 的固件库而言，即为设置 TIMx 的 PSC（预分频值）和 ARR（自动重装溢出值），前者就是对定时器所用的时钟进行分频，后者就是设置计数目标。在这两步前，要通过 TIM_InternalClockConfig(TIMx)等函数选择对应定时器所用的时钟，本函数选择内部时钟作为计数器时钟（系统默认即为该时钟），在本书所用的最小系统中即为 72MHz。

举例说明，假如要产生 500Hz 的 PWM 波形，其设置方法如下：

系统默认使用内部时钟，即为 72MHz，预分频 71+1 次，得到 TIM 计数时钟频率为 1MHz。计数长度（自动重装溢出值）为 1999+1=2000，因此，得到 PWM 频率为 1MHz/2000= 500Hz。

对应的语句主要是以下两条：

（1）TIM_TimeBaseStructure.TIM_Prescaler = 72-1;//必须减 1，在内部计算时自动加 1。

（2）TIM_TimeBaseStructure.TIM_Period = 2000-1;//自动重装溢出值，内部自动加 1。

2）普通定时器的配置要点

本例所用的定时器 TIMER2 为普通（通用）定时器。现将 TIM2～TIM5 这几个普通定时器的配置要点归纳如下。

(1) 时钟来源。

计数器时钟可以由下列时钟源提供。

- 内部时钟（CK_INT）。
- 外部时钟模式 1：外部输入脚（TIx）。
- 外部时钟模式 2：外部触发输入（ETR）。
- 内部触发输入（ITRx）：使用一个定时器作为另一个定时器的预分频器，例如，可以配置定时器 TIM1 作为另一个定时器 TIM2 的预分频器。

如果采用内部时钟，那么对普通定时器 TIM2～TIM5 而言，其时钟不是直接来自于 APB1，而是来自于输入为 APB1 的一个倍频器。这个倍频器的作用是：当 APB1 的预分频系数为 1 时，这个倍频器不起作用，定时器的时钟频率等于 APB1 的频率；当 APB1 的预分频系数为其他数值时（即预分频系数为 2、4、8 或 16 等），这个倍频器起作用，定时器的时钟频率等于 APB1 的频率的 2 倍。通过倍频器产生定时器时钟的好处在于：因为 APB1 不但要给 TIM2～TIM5 提供时钟，还要为其他的外设提供时钟，因此，设置这个倍频器可以保证在其他外设使用较低时钟频率时，TIM2～TIM5 仍然可以得到较高的时钟频率。这一点必须加以注意。

(2) 计数器模式。

TIM2～TIM5 可以有向上计数、向下计数、向上向下双向计数 3 种计数模式。向上计数模式中，计数器从 0 计数到自动重装溢出值（TIMx_ARR 计数器内容），然后重新从 0 开始计数并且产生一个计数器溢出事件。在向下模式中，计数器从自动装入的值（TIMx_ARR）开始向下计数到 0，然后从自动装入值重新开始，并产生一个计数器向下溢出事件。而中央对齐模式（向上/向下计数）是计数器从 0 开始计数到自动装入的值-1，产生一个计数器溢出事件，然后向下计数到 1 并且产生一个计数器溢出事件；然后再从 0 开始重新计数。

(3) 编程步骤。

第一步：配置系统时钟。
第二部：配置 NVIC。
第三步：配置 GPIO。
第四步：配置 TIMER。

4.3 STM32 定时器的复杂应用——检测输入方波的频率

4.3.1 STM32 定时器的其他特性

由上一节讨论可知，STM32 的定时器共有 4 类共 8 个触发源。

第一类触发源：1 个，来自 RCC 的内部时钟 TIMx_CLK。

第二类触发源：共 4 个，来自芯片内部其他定时器的触发输入 ITR1、ITR2、ITR3、ITR4，即使用相应的定时器作为另一个定时器的分频输入。

第三类触发源：共 2 个，来自外部时钟源模式 1，即外部捕获引脚上的边沿信号。

(1) CH1：TI1FP1 或 TI1F_ED。

（2）CH2：TI2FP2。

第四类触发源：1 个，来自外部时钟源模式 2，对应的是外部引脚 ETR。

在 ETR 和 TIx 输入端有个输入滤波器，它的作用是以采样频率 Fdts 通过 N 次采样达到滤波的目的。

除了上一节介绍的选择内部时钟作为时钟源（触发源）的函数外，固件库中用于时钟源选择的函数还有以下几个。

1. TIM_ITRxExternalClockConfig

设置 TIMx 内部触发为外部时钟模式，也就是由另外的定时器触发。该函数只能用 ITRx（x=1,2,3,4）中的一个作为触发源。

2. TIM_TIxExternalClockConfig

设置 TIMx 触发为外部时钟。

3. TIM_TIxExternalClockConfig

3 个信号源中选择 1 个作为时钟，即该函数只能用 CH1：TI1FP1 或 TI1F_ED 或者 CH2：TI2FP2 作为触发源。

4. TIM_ETRClockMode2Config

配置 TIMx 的外部时钟模式 2，即选择 ETR 作为外部输入触发源。由于其具有唯一性，所以只要单独使用该函数即可。

例如，TM2 选择使用外部时钟模式 2，外部时钟为 ETR 输入，上升沿有效，没有滤波采样，预分频固定为 TIM_ExtTRGPSC_DIV2，则该函数具体配置为：

TIM_ETRClockMode2Config(TIM2,TIM_ExtTRGPSC_DIV2,TIM_ExtTRGPolarity_NonInverted,0x0);

5. TIM_ETRClockMode1Config

配置 TIMx 的外部时钟模式 1，由于此时外部触发源有多个，到底选择哪个，需要由专门的函数来确定，而这个函数就是 TIM_SelectInputTrigger。

TIM_SelectInputTrigger 选择 TIMx 输入触发源：

TIM_TS_ITR0：TIM 内部触发 0。

TIM_TS_ITR1：TIM 内部触发 1。

TIM_TS_ITR2：TIM 内部触发 2。

TIM_TS_ITR3：TIM 内部触发 3。

TIM_TS_TI1F_ED：TIM TL1 边沿探测器。

TIM_TS_TI1FP1：TIM 经滤波定时器输入 1。

TIM_TS_TI2FP2：TIM 经滤波定时器输入 2。

TIM_TS_ETRF：TIM 外部触发输入。

6. TIM_ETRConfig

它通常用来配置 TIMx 的 ETR 外部触发。该函数通常不会独立被调用，而是由 TIM_ETRClockMode1Config 等函数在内部使用。

4.3.2 本例设计要求

用两个定时器测量智能小车的电机转速。使用通用定时器中的 TIM2 和 TIM3。TIM3_ETR 作为转速脉冲输入。

TIM2 作为计时器，以 10~200ms 作为检测脉冲的周期。计算依据如下：

因为小车的速度< 2m/s，小车的轮子直径为 5cm，所以得到小车电机每秒转过的圈数为 2/（0.05*3.14）=12.73（圈）。假设光栅检测为 10 线，则每秒输出 12.73*10≈128 个脉冲，即频率为 128Hz，属于低频范围。为了提高测量精度，同时兼顾实时性，以 200ms 作为检测脉冲周期，周期越大检测精度越高，但实时性越差。

当然，如果定时器的检测周期随转速有一定的自适应调整能力，那就更加理想了，即低速时，定时器定时时间（相当于闸门时间）较长，高速时则较短，也就是根据转速的变化自动调整定时时间（闸门时间），从而可提高测量转速的精度和实时性。例如，在开始测量时，首先将测量时间（闸门时间）定在 200ms，然后随着转速的提高，从 200ms 开始逐渐减少，转速高时为 10ms。

4.3.3 硬件接口设计与测量原理

1. 硬件设计

检测转速的频率脉冲输入通过 PD2 引脚（PD2/TIM3_ETR/UART5_RX/SDIO_CMD），这是复用引脚，因为这是 TIM3 的 ETR 输入触发引脚。图 4.1 是该项目的硬件设计原理示意图。

图 4.1 本例的原理示意图

实验中，速度脉冲来自 INSTEK 的函数发生器（型号为 GSG-3015）的 TTL 输出，将其接入 TIM3_ETR 引脚，作为被测转速的模拟信号。将采样速度脉冲的闸门时间定在 200ms，既保证了实时性，又比较好地兼顾了检测精度。

实测结果表明，精度在有效范围内能满足要求。例如，37.5Hz 时实测值为 35，在 0~180Hz 范围内，最大绝对误差为 5Hz，能满足小车转速的检测要求。

2. 实现原理

实现原理其实很简单，就是在闸门时间内检测输入脉冲的个数，这里就是检测脉冲的上升沿，本次上升沿与下次上升沿之间计为一个脉冲。闸门时间就是定时器的定时周期。脉冲计数通过定时器的计数功能加以实现。

闸门时间越长，检测精度越高，但是实时性越差。为了兼顾精度与实时性，可采用动态自适应周期法：周期不是固定的，而是根据转速自行调整的。即先粗测，再精测。

4.3.4 具体程序

由于该项目涉及 GPIO（控制 LED 指示）、定时器、串行通信，因此本例程序涉及工程模板中的以下 4 个文件。

（1）stm32f10x_conf.h：设置相应的外围设备的头文件。
（2）stm32f10x_it.h：对 TIM2 定时器中断函数以及使用到的外部全局变量的声明。
（3）stm32f10x_it.c：TIM2 中断函数的定义。
（4）main.c：主函数以及相关函数、全局变量的定义。

下面分别阐述上述 4 个文件的具体内容。

1. 文件 1——stm32f10x_conf.h 的主要内容

```
#include "stm32f10x_gpio.h"
#include "stm32f10x_rcc.h"
#include "stm32f10x_tim.h"
#include "stm32f10x_usart.h"
#include "misc.h"
```

2. 文件 2——stm32f10x_it.h 的主要内容

```
/* Exported types ------------------------------------------------*/
extern float Frequency_value;           //外部变量声明，定时器溢出中断函数要用到此变量

/* Exported constants --------------------------------------------*/
/* Exported macro ------------------------------------------------*/
/* Exported functions --------------------------------------------*/

void NMI_Handler(void);
void HardFault_Handler(void);
void MemManage_Handler(void);
void BusFault_Handler(void);
void UsageFault_Handler(void);
void SVC_Handler(void);
void DebugMon_Handler(void);
void PendSV_Handler(void);
void SysTick_Handler(void);
```

```c
void TIM2_IRQHandler(void);            //TIM2 的中断函数声明,如要用其他定时器,也要声明
```

3. 文件 3——stm32f10x_it.c 新增的内容为 TIM2 的中断函数定义

```c
//定时器 2 溢出计数中断
void TIM2_IRQHandler(void)
{
    if (TIM_GetITStatus(TIM2, TIM_IT_Update) != RESET)      //判断是否是溢出中断,是则处理
    {
        TIM_ClearITPendingBit(TIM2, TIM_IT_Update );        //清除中断标志
        Frequency_value = TIM_GetCounter(TIM3)/0.2;         //200ms
        //获取 TIM3 当前的计数值并计算,单位为 Hz
        TIM_SetCounter(TIM3, 0);    //从 0 开始计数
    }
}
```

4. 文件 4——main.c 的全部内容

```c
//基于最小系统板
//库文件:V3.50
//功能:用定时器 TIM3 的 TIM3_ETR 检测外部脉冲
//脉冲数通过串口 1 发送至 PC 显示
//D8 指示用
//2015 年 8 月 24 日
#include <stm32f10x.h>
#include <stdio.h>
float Frequency_value;                                      //全局变量

#define LED_OFF GPIO_SetBits(GPIOA, GPIO_Pin_12)
#define LED_ON GPIO_ResetBits(GPIOA, GPIO_Pin_12)

//GPIO 配置——LED 之 D8
//用于作为指示灯
void GPIO_Led(void)
{
    GPIO_InitTypeDef GPIO_InitStructure;
    RCC_APB2PeriphClockCmd(RCC_APB2Periph_GPIOA, ENABLE);   //GPIOA 时钟
    GPIO_InitStructure.GPIO_Pin = GPIO_Pin_12;              //D8 的控制引脚
    GPIO_InitStructure.GPIO_Mode = GPIO_Mode_Out_PP;
    GPIO_InitStructure.GPIO_Speed = GPIO_Speed_50MHz;
    GPIO_Init(GPIOA, &GPIO_InitStructure);
}

//初始化 TIM3
//TIM3_ETR 作为外部脉冲输入,对它进行计数,用以测频
void TIM3_Init(void)
{
```

```c
    TIM_TimeBaseInitTypeDef    TIM_TimeBaseStructure;
    RCC_APB1PeriphClockCmd(RCC_APB1Periph_TIM3, ENABLE);

    //下列两条语句可以不用,默认就是内部时钟
    TIM_DeInit(TIM3);
    TIM_TimeBaseStructure.TIM_Period =0xFFFF-1;
    //当计数器从 0 记到 FFFF 为一个周期,自动装载寄存器 ARR 中的值
    TIM_TimeBaseStructure.TIM_Prescaler = 0x00;
    TIM_TimeBaseStructure.TIM_ClockDivision = 0x0;              //滤波设置,不分频
    TIM_TimeBaseStructure.TIM_CounterMode = TIM_CounterMode_Up;  //向上计数模式
    TIM_TimeBaseInit(TIM3, &TIM_TimeBaseStructure); // Time base configuration
    //TIM_ITRxExternalClockConfig(TIM3,TIM_TS_ETRF);
    //这个不能用,这里只能用下列函数
    TIM_ETRClockMode2Config(TIM3,TIM_ExtTRGPSC_OFF,TIM_ExtTRGPolarity_Inverted, 0);
    //TIM_ExtTRGPSC_OFF:ETRP 预分频 OFF
    //TIM_ExtTRGPolarity_NonInverted:TIM 外部触发极性非翻转:高电平或上升沿有效
    TIM_SetCounter(TIM3, 0);                                    //清零计数器
    TIM_Cmd(TIM3, ENABLE);
}

//TIM2 配置
//200ms(5Hz)精确定时。使用 TIM2 实现
//注意:TIM_Period,TIM_Prescaler 均为 16 位值,即最大只能是 65535,这点千万要注意
void TIM2_Config(void)
{
    TIM_TimeBaseInitTypeDef    TIM2_TimeBaseStructure;
    NVIC_InitTypeDef NVIC_InitStructure;
    RCC_APB1PeriphClockCmd(RCC_APB1Periph_TIM2, ENABLE);

    TIM_DeInit(TIM2);
    TIM_InternalClockConfig(TIM2);                      //内部时钟作为计数器时钟,72MHz
    TIM2_TimeBaseStructure.TIM_Period =399;             //400 对应 5Hz,即周期为 200ms
    TIM2_TimeBaseStructure.TIM_Prescaler = 35999;       //36 对应 2kHz
    TIM2_TimeBaseStructure.TIM_ClockDivision = 0x0;     //
    TIM2_TimeBaseStructure.TIM_CounterMode = TIM_CounterMode_Up;  //向上计数
    TIM_TimeBaseInit(TIM2, &TIM2_TimeBaseStructure);
    TIM_ClearFlag(TIM2,TIM_FLAG_Update);                //清除中断标志
    TIM_ITConfig(TIM2,TIM_IT_Update,ENABLE );           //允许溢出中断

    NVIC_InitStructure.NVIC_IRQChannel = TIM2_IRQn;
    NVIC_InitStructure.NVIC_IRQChannelPreemptionPriority = 0;
    //抢占式中断优先级设置为 0,可根据需要调整
    NVIC_InitStructure.NVIC_IRQChannelSubPriority = 1;
    //响应式中断优先级设置为 0,可根据优先级的需要自行调整
    NVIC_InitStructure.NVIC_IRQChannelCmd = ENABLE;     //使能中断
    NVIC_Init(&NVIC_InitStructure);
```

```c
        TIM_Cmd(TIM2, ENABLE);                                  //使能定时器
}

//USART1 配置
//向 PC 发送频率值用于显示
void USART1_Init(void)
{
    GPIO_InitTypeDef    GPIO_InitStructure;
    USART_InitTypeDef USART_InitStructure;
    RCC_APB2PeriphClockCmd( RCC_APB2Periph_GPIOA, ENABLE);       //接收发送引脚时钟
    RCC_APB2PeriphClockCmd(RCC_APB2Periph_USART1, ENABLE );      //串口 1 时钟
    GPIO_InitStructure.GPIO_Pin = GPIO_Pin_9|GPIO_Pin_10;        //TX、RX 所在的引脚
    GPIO_InitStructure.GPIO_Mode = GPIO_Mode_AF_PP;              //用于串行通信，须配置为这个
    GPIO_InitStructure.GPIO_Speed = GPIO_Speed_50MHz;
    GPIO_Init(GPIOA, &GPIO_InitStructure);

    USART_InitStructure.USART_BaudRate = 115200;                 //波特率 115200
    USART_InitStructure.USART_WordLength = USART_WordLength_8b;  //8 位数据位
    USART_InitStructure.USART_StopBits = USART_StopBits_1;       //1 位停止位
    USART_InitStructure.USART_Parity = USART_Parity_No;          //无奇偶校验
    USART_InitStructure.USART_HardwareFlowControl=USART_HardwareFlowControl_None;
    //无流控
    USART_InitStructure.USART_Mode = USART_Mode_Rx | USART_Mode_Tx;
    //使能接受和发送
    USART_Init(USART1, &USART_InitStructure);
    USART_Cmd(USART1, ENABLE);                                   //使能串口 USART1
}

//main 文件中重定义<fputc>函数
//以便使用 printf 函数来发送字符（因为 printf 是调用 fputc 函数发送的）
//在工程属性的"Target" -> "Code Generation" 选项中勾选 "Use MicroLIB""
//MicroLIB 是默认 C 的备份库，关于它可以到网上查找详细资料。至此完成配置，在工程中可以随意
//使用 printf 向串口发送数据了
int fputc(int ch, FILE *f)
{
    USART_SendData(USART1, (unsigned char) ch);
    //while (!(USART1->SR & USART_FLAG_TXE));
    while( USART_GetFlagStatus(USART1,USART_FLAG_TC)!= SET);
    return (ch);
}

//延时函数，时间不详，精确延时请自行调整该函数或选用别的函数
void delay(void)
{
    long int i,j;
    for(i=0;i<10000;i++)
        for(j=0;j<1000;j++) ;
```

```
}
//主函数
int main(void)
{
    SystemInit();           //配置系统时钟为72M,这个可以省略,在V3.50中默认就是72M

    GPIO_Led();             //LED D8 的引脚配置
    TIM2_Config();          //用作定时器的定时器 TIM2 的配置
    TIM3_Init();            //用作计数器的定时器 TIM3 的配置
    USART1_Init();          //串口 1 初始化(用于输出检测结果,对比核实)

    while(1)                //等待中断
    {
        LED_ON;
        printf("\nHello!\n");
        printf("\n%f",Frequency_value);
        delay();
        LED_OFF;
        delay();
    }
}
```

4.4 PWM 原理及其应用——一个 LED 呼吸灯的实现

4.4.1 PWM 的基本概念及其基本应用

1. PWM 的基本概念

脉宽调制(Pulse Width Modulation,PWM)是脉冲宽度调制的简称,被广泛应用在从测量、通信到功率控制与变换的许多领域中。随着电子技术的发展,出现了多种 PWM 技术,其中包括:相电压控制 PWM、脉宽 PWM 法、随机 PWM、SPWM 法、线电压控制 PWM 等。例如,在镍氢电池智能充电器中采用的是脉宽 PWM 法,它是把每一脉冲宽度均相等的脉冲列作为 PWM 波形,通过改变脉冲列的周期可以调频,通过改变脉冲的宽度或占空比可以调压,采用适当的控制方法即可使电压与频率协调变化,从而实现通过调整 PWM 的周期、PWM 的占空比而达到控制充电电流的目的。

占空比(Duty Cycle)的含义:在一串理想的脉冲序列(如方波)中,正脉冲的持续时间与脉冲总周期的比值。例如,脉冲宽度为 1μs、信号周期为 4μs 的脉冲序列占空比为 0.25。

2. 基本应用

PWM 的应用十分广泛,典型的有以下 3 种。

（1）直流电机调速：通过改变 PWM 的占空比，使得直流电机两端的有效电压改变，从而达到调节直流电机转速的目的。

（2）LED 发光二极管亮度调节：通过改变 PWM 的占空比，使得流过 LED 的有效电流发生改变，从而达到调节 LED 亮度的目的。这与以往 LED 通常要么亮（ON）、要么灭（OFF）的开关方式不同。

（3）变频调速：往往有交流变频调速和直流变频调速之分。对于交流变频调速，往往是通过改变 PWM 的频率，从而改变交流电机的转速。变频调速的目的除了调速以外，往往是节能，被广泛应用于工业、家用设备中，例如变频空调。

4.4.2　STM32 的 PWM 的实现原理

1. STM32 的 PWM 原理

STM32 单片机的定时器中的计数单元对一定频率的时钟进行计数，当计数值达到某个设定值时，某一对应的引脚的输出状态进行翻转（例如由高电平翻转为低电平），然后直到计数单元溢出，输出状态再次翻转回到原始状态。周而复始，形成具有一定脉冲宽度的高电平和低电平周期波。该周期波的周期（频率）显然取决于计数的时钟的频率。其实 PWM 就是定时器的一个比较功能而已。具体可参见 STM32 使用手册。

两个相关概念如下：

（1）输出通道：就是 PWM 波形的输出引脚，STM32 单片机的每个定时器通常都有对应的 4 个输出通道，即 TIMx_CHX，其中，x 代表定时器 x，X 代表定时器对应的第 X 通道。

（2）互补输出：互补输出是针对高端与低端开关提供交替驱动所必需的信号。例如，无刷直流电机（Brushless Direct Current Motor，BLDCM）马达每转一圈，每个相位的驱动电流方向便会改变两次。这必须使连接在该相位端的驱动电压改变方向。这种电压换向是将每个相位端通过分离式 MOSFET 或 IGBT 驱动器，并连接到电源的正向输出和负向输出来实现。当一个驱动器接通时，另一个关闭，这就意味着需要互补驱动输入的互补驱动器。

2. STM32 的 PWM 程序实现步骤

由于 STM32 的 PWM 必须涉及 3 个部分：输出通道、定时器和 PWM 输出特性，因此在程序设计与实现中，也必须包含上述 3 个方面。当然这三者之前，还必须正确设置 RCC 时钟系统。

1）配置输出通道

选择使用某个通道或某几个通道作为 PWM 功能的定时器的输出通道，那么对应的引脚（其实就是 GPIO）必须进行时钟和引脚输出方式配置。按照 STM32 使用手册的要求，PWM 输出口要配置为复用推挽输出 GPIO_Mode_AF_PP。

考虑到 STM32 定时器的输出通道具有重定向功能（Remap），在硬件设计中，有时候为了方便连接，可以选择不同的引脚，这时候就必须使用 Remap 功能。如果要使用该功能，那么引脚配置时，必须打开 AFIO 时钟（复用时钟使能），同时调用 Remap 函数进行引脚重定向。

以 TIM3 定时器为例，在 STM32 的官方手册中其引脚描述见表 4.1。

表 4.1 TIM3 的 4 个输出通道的引脚重映射关系

复用功能	TIM3_REMAP[1:0]=00（没有重映射）	TIM3_REMAP[1:0]=10（部分重映射）	TIM3_REMAP[1:0]=11（完全重映射）
TIM3_CH1	PA6	PB4	PC6
TIM3_CH2	PA7	PB5	PC7
TIM3_CH3	PB0		PC8
TIM3_CH4	PB1		PC9

从表 4.1 可以看出，输出通道的配置要使用 TIM3 的重映射，即 TIM3_REMAP[1:0]这 2 位。在默认情况下，TIM3_REMAP[1:0]=00，是没有重映射的，因此 TIM3 的 4 个输出通道分别是接在 PA6、PA7、PB0、PB1 上的。而如果想让 TIM3_CH2 重映射到 PB5，则需要设置 TIM3_REMAP[1:0]=10，即部分重映射，但此时需要注意的是，TIM3_CH1 同时被映射到 PB4 上了。

2）配置定时器

设置 TIMx 定时器的相关寄存器。主要是设置 ARR 和 PSC，前者为自动重装溢出值（即控制周期的），后者为预分频值，即 PWM 的周期（频率）。假如要产生 500Hz 的 PWM 波形，其设置方法如下：

系统默认时钟为 72MHz，预分频 71+1 次，得到 TIM 计数时钟为 1MHz。计数长度为 1999+1=2000，可得 PWM 频率为 1MHz/2000=500Hz。对应的两条语句为：

```
TIM_TimeBaseStructure.TIM_Prescaler = 72-1;
//网上多数设置有误，必须减 1，因为在内部计算时自动加 1
TIM_TimeBaseStructure.TIM_Period = 2000-1;
```

配置定时器的主要设置如下。

（1）设置定时器内部计数时钟，以下两个固件库函数决定了选择内部时钟作为定时器 TIM2 内部计数时钟。如果要选择其他时钟，设置相对比较复杂。STM32 的时钟源选择比较丰富。在默认情况下，TIM1～TIM8 都使用内部 72M 时钟作为时钟源。因此，以下两条语句可不用。

```
TIM_DeInit(TIM2); //利用 TIM_DeInit()函数将 Timer 设置为默认值
TIM_InternalClockConfig(TIM2);
// TIM_InternalClockConfig()选择 TIMx 来设置内部时钟源
```

（2）设置预分频系数为 72，这样计数器时钟为 72MHz/72 = 1MHz。

```
TIM_TimeBaseStructure.TIM_Prescaler = 72;
```

（3）设置时钟分割。时钟分割定义的是在定时器时钟频率（CK_INT）与数字滤波器（ETR,TIx）使用的采样频率之间的分频比例。TIM_ClockDivision 的参数见表 4.2。

表 4.2　TIM_ClockDivision 的参数表

TIM_ClockDivision	描述	二进制值
TIM_CKD_DIV1	tDTS = Tck_tim	0x00
TIM_CKD_DIV2	tDTS = 2 * Tck_tim	0x01
TIM_CKD_DIV4	tDTS = 4 * Tck_tim	0x10

数字滤波器（ETR,TIx）是为了将从 ETR 进入的分频后的信号滤波，保证信号频率不超过某个限定。实验证明，该参数只是用于对输入信号进行数字滤波，对定时器的计数周期并无影响。

在固件库中其设置是：

TIM_TimeBaseStructure.TIM_ClockDivision = TIM_CKD_DIV1;

（4）设置计数器模式。TIM2～TIM5 可以向上计数、向下计数、向上向下双向计数。向上计数模式中，计数器从 0 计数到自动加载值（TIMx_ARR 计数器内容），然后重新从 0 开始计数并且产生一个计数器溢出事件。在向下模式中，计数器从自动装入的值（TIMx_ARR）开始向下计数到 0，然后从自动装入的值重新开始，并产生一个计数器向下溢出事件。而中央对齐模式（向上/向下计数）是计数器从 0 开始计数到自动装入的值-1，产生一个计数器溢出事件，然后向下计数到 1 并且产生一个计数器溢出事件；然后再从 0 开始重新计数。下例为向上计数模式：

TIM_TimeBaseStructure.TIM_CounterMode = TIM_CounterMode_Up;

（5）设置计数溢出大小，该参数即设置 PWM 波形的周期（定时器的周期）。下例设置为每计 1000 个数就产生一个更新事件。

TIM_TimeBaseStructure.TIM_Period = 1000-1;

（6）将上述配置应用到具体的定时器中。下例是将上述配置应用到 TIM2。

TIM_TimeBaseInit(TIM2,&TIM_TimeBaseStructure);

（7）配置 ARR 预装载缓冲器。STM32 定时器中的预分频寄存器、自动重载寄存器和捕捉/比较寄存器在物理上对应两个寄存器：一个是可以写入或读出的寄存器，称为预装载寄存器，另一个是我们看不见的、无法真正对其读写操作的，但在使用中真正起作用的寄存器，称为影子寄存器。

设计预装载寄存器和影子寄存器的好处是，所有真正需要起作用的寄存器（影子寄存器）可以在同一个时间（发生更新事件时）被更新为所对应的预装载寄存器的内容，这样可以保证多个通道的操作能够准确地同步。如果没有影子寄存器，软件更新预装载寄存器时，则同时更新了真正操作的寄存器，因为软件不可能在一个相同的时刻同时更新多个寄存器，结果造成多个通道的时序不能同步，如果再加上例如中断等其他因素，多个通道的时序关系有可能会混乱，将造成不可预知的结果。因此，在多通道输出时，为了保持同步，必须设置预装载寄存器。

下例为禁止预装载寄存器，在不需要同步输出的时候，可以禁止预装载。

TIM_ARRPreloadConfig(TIM2, DISABLE);

（8）最后，必须使能相应的定时器 TIMx。

TIM_Cmd(TIM2, ENABLE);   //使能 TIMx 外设

（9）设置 TIMx 定时器的 PWM 相关寄存器。这部分的作用是：设置 TIMx 的某一通道 CHx 的 PWM 模式，并使能其输出。

3）配置 PWM 模式

本项目中，我们要设置 TIM3_CH3、TIM3_CH4 为 PWM 模式（默认是冻结的），因为 D2、D4 是低电平亮，而我们希望 D2 先从暗到亮再从亮到暗，而 D4 则相反，所以要通过配置 TIM3_CCMR1 的相关位来控制 TIM3_CH3、TIM3_CH4 的模式。在库函数中，PWM 的通道设置通过函数 TIM_OC1Init()~TIM_OC4Init()来实现，不同通道的设置函数是不同的，由于本例使用的是通道 3 和 4，所以使用的函数是 TIM_OC3Init()、TIM_OC4Init()来实现。其原型为 void TIM_OC3Init(TIM_TypeDef* TIMx, TIM_OCInitTypeDef* TIM_OCInitStruct)。

```
//设置默认值
TIM_OCStructInit(&TimOCInitStructure);
//PWM 模式 1 输出
TimOCInitStructure.TIM_OCMode = TIM_OCMode_PWM1;
//设置占空比，占空比=(CCRx/ARR)*100%或(TIM_Pulse/TIM_Period)*100%
TimOCInitStructure.TIM_Pulse = 400-1;
//TIM 输出比较极性：高
TimOCInitStructure.TIM_OCPolarity = TIM_OCPolarity_High;
//使能输出状态
TimOCInitStructure.TIM_OutputState = TIM_OutputState_Enable;
//TIM3 的 CH3 输出
TIM_OC3Init(TIM3, &TimOCInitStructure);
//设置 TIM3 的 PWM 输出为使能
TIM_CtrlPWMOutputs(TIM3,ENABLE);
```

3. STM32 的 PWM 程序实现的 3 个要点

1）STM32 的 PWM 两种输出模式

STM32 的 PWM 输出有两种模式：模式 1（PWM1）和模式 2（PWM2），是由 TIMx_CCMRx 寄存器中的 OCxM 位确定的（"110"为模式 1，"111"为模式 2）。

模式 1 和模式 2 的区别在于：

（1）110：PWM 模式 1——在向上计数时，一旦 TIMx_CNT=TIMx_CCR1 时，通道 1 为无效电平（OC1REF=0），否则为有效电平（OC1REF=1）。

（2）111：PWM 模式 2——在向上计数时，一旦 TIMx_CNT=TIMx_CCR1 时，通道 1 为有效电平，否则为无效电平。

由此看来，模式 1 和模式 2 正好互补、互为相反，所以运用起来差别也并不太大。本项目既使用了模式 1，也使用了模式 2，达到了两路输出波形反相的效果。

2）动态调整占空比

修改 TIM3_CCRx（x=1,2,3,4）即可控制占空比。在经过以上设置之后，PWM 其实已经开始输出了，只是其占空比和频率都是固定的，而通过修改 TIM3_CCR3，则可以控制 CH3 的输出占空比，继而控制 D2 的亮度。同理，可以通过修改 TIM3_CCR4，则可以控制 CH4 的输出占空比，继而控制 D4 的亮度。在库函数中，修改 TIM3 占空比的函数是：

void TIM_SetCompare2(TIM_TypeDef* TIMx, uint16_t Compare2);

依此类推，对于其他通道，分别有一个相应函数，其函数原型为：

TIM_SetComparex(x=1,2,3,4)。

3）归纳 STM32 定时器要实现输出 PWM 的基本步骤

综上所述，STM32 定时器要实现输出 PWM 的步骤有以下 5 步。
第一步：设置 RCC 时钟。
第二步：设置 GPIO。
第三步：设置 TIMx 定时器的相关寄存器。
第四步：设置 TIMx 定时器的 PWM 相关寄存器。
第五步：动态调整 PWM 的占空比。

4.4.3 基于 PWM 的 LED 呼吸灯的实现思路

1. 什么是呼吸灯

百度百科：灯光在微电脑的控制之下完成由亮到暗的逐渐变化，感觉好像是人在呼吸。广泛应用于手机之上，并成为各大品牌新款手机的卖点之一。

说得更通俗一点，就是 LED 的亮度变化模拟人的呼吸节奏的 LED 灯。

2. 实现思路

以 D2 为例，就是从 1s 之内将其从全灭然后按 10 级（或更多级）逐渐点亮，然后再在 1s 内将其从全亮按 10 级（或更多级）逐渐减弱亮度直至完全熄灭，其效果类似于人的正常呼吸过程。

首先根据不同的 PWM 周期，决定全亮的占空比值，例如，100%将其均分为 10 等分，然后通过控制占空比函数逐一输出，间隔为 100ms，这样 10 等分全部输出一次，需要 1s。

以 500Hz 为例，那么 2000 为占空比 100%，则 1000 为 50%占空比。以下是计算依据：系统默认时钟为 72MHz，预分频 71+1 次，得到 TIM 计数时钟为 1MHz，计数长度为 1999+1=2000，可得 PWM 频率为 1MHz/2000=500Hz。

4.4.4 呼吸灯的实现程序

1. TIM3 的输出通道及其引脚

使用通用定时器 TIM3。当然也可以使用高级定时器 TIM1 或者 TIM8。但是不能使用基本定时器，因为其不具有 PWM 功能。

本项目中，发光二极管 D2 对应的引脚是 PC8（39 脚），通道为 CH3；发光二极管 D4 对应的引脚是 PC9（40 脚），通道为 CH4。

根据最小系统的原理图，如果引脚输出低电平，则 LED 被点亮，否则熄灭。

如要使用其他定时器，则自行对其正确定义并连接。

2. 程序实现

由于本项目涉及时钟配置、GPIO、定时器（及其 PWM），因此，项目程序中需要设计的文件主要有两个文件：stm32f10x_conf.h 和 main.c，以下分别是这两个文件的内容。

1）文件 1 —— stm32f10x_conf.h 的主要内容

```
/* Includes ----------------------------------------------------------*/
/* Uncomment/Comment the line below to enable/disable peripheral header file inclusion */
#include "stm32f10x_gpio.h"
#include "stm32f10x_pwr.h"
#include "stm32f10x_rcc.h"
#include "stm32f10x_tim.h"
#include "misc.h" /* High level functions for NVIC and SysTick (add-on to CMSIS functions) */
```

2）文件 2 —— main.c 的内容

该文件的全部内容如下。程序已尽可能地按规范和通用的要求编制。本程序使用 TIM3 的 CH3、CH4 通道，如要修改为其他定时器及其输出通道，请自行仿照修改。

```
//基于最小系统板
//库文件：V3.50
//功能：PWM 实现的两路呼吸灯 D2、D4
//2015 年 8 月 7 日
#include <stm32f10x.h>

//#define Premap                              //重定位宏定义控制，若没有则不重定义引脚
#define Fremap

//根据宏定义控制 PWM 的引脚
#ifdef Premap                                 //部分重定位
    #define Ch1 GPIO_Pin_4                    //GPIOB
    #define Ch2 GPIO_Pin_5                    //GPIOB
    #define Ch3 GPIO_Pin_0                    //GPIOB
```

```c
            #define Ch4 GPIO_Pin_1                          //GPIOB
    #else
        #ifdef Fremap                                       //完全重定位
            #define Ch1 GPIO_Pin_6                          //GPIOC
            #define Ch2 GPIO_Pin_7
            #define Ch3 GPIO_Pin_8
            #define Ch4 GPIO_Pin_9
        #else                                               //没有重定位
            #define Ch1 GPIO_Pin_6                          //GPIOA
            #define Ch2 GPIO_Pin_7                          //GPIOA
            #define Ch3 GPIO_Pin_0                          //GPIOB
            #define Ch4 GPIO_Pin_1                          //GPIOB
        #endif
    #endif

    //STEP1
    //PWM 对应的输出通道配置
    //TIM3 的 CH3（PC8/TIM3_CH3），即对应的 D2
    //但是用完全复用功能
    //开启 TIM3 时钟以及复用功能时钟，配置 PC8 为复用输出
    //参数：chx 为要选择的通道号：1，2，3，4
    void GPIO_Tim3PWM(u8 chx)
    {
        GPIO_InitTypeDef GPIO_InitStructure;
    RCC_APB2PeriphClockCmd(RCC_APB2Periph_GPIOC|RCC_APB2Periph_GPIOB|RCC_APB2Periph_GPIOA, ENABLE);//GPIO 时钟
        RCC_APB1PeriphClockCmd(RCC_APB1Periph_TIM3, ENABLE);    //使能定时器 3 时钟
        RCC_APB2PeriphClockCmd(RCC_APB2Periph_AFIO, ENABLE);    //复用时钟使能
        switch(chx)
        {
            case 1:
                GPIO_InitStructure.GPIO_Pin = Ch1;          //TIM_CH1
                break;
            case 2:
                GPIO_InitStructure.GPIO_Pin = Ch2;          //TIM_CH2
                break;
            case 3:
                GPIO_InitStructure.GPIO_Pin = Ch3;          //TIM_CH3
                break;
            case 4:
                GPIO_InitStructure.GPIO_Pin = Ch4;          //TIM_CH4
                break;
        }
        GPIO_InitStructure.GPIO_Mode = GPIO_Mode_AF_PP;     //复用推挽输出
        GPIO_InitStructure.GPIO_Speed = GPIO_Speed_50MHz;

        //以下根据 PWM 通道自适应定义引脚
```

```c
        #ifdef Premap
            GPIO_Init(GPIOB, &GPIO_InitStructure);              //部分重定位全部在 B 口
        #else
            #ifdef Fremap
                GPIO_Init(GPIOC, &GPIO_InitStructure);          //完全重定位全部在 C 口
            #else
                switch(chx)
                {
                    case 1:
                        GPIO_Init(GPIOA, &GPIO_InitStructure);  //无定位在 A 口和 B 口
                        break;
                    case 2:
                        GPIO_Init(GPIOA, &GPIO_InitStructure);  //无定位在 A 口和 B 口
                        break;
                    case 3:
                        GPIO_Init(GPIOB, &GPIO_InitStructure);  //无定位在 A 口和 B 口
                        break;
                    case 4:
                        GPIO_Init(GPIOB, &GPIO_InitStructure);  //无定位在 A 口和 B 口
                        break;
                }
            #endif
        #endif
}

//STEP2：如果要使用引脚重新定位 remap
//本项目是设置 TIM3_CH3 重映射到 PC8 上
//参数：remap 为重定位参数，0 为无重定位，1 为部分重定位，2 为全部重定位
void TIM3PinReMap(u8 remap)
{
    switch(remap)
    {
        case 0:
            break;
        case 1:
            GPIO_PinRemapConfig(GPIO_PartialRemap_TIM3 , ENABLE);
            //TIM3 输出引脚部分重定位
            break;
        case 2:
            GPIO_PinRemapConfig(GPIO_FullRemap_TIM3, ENABLE);
            //TIM3 输出引脚完全重定位
            break;
    }
}

//STEP3：初始化 TIM3，设置 TIM3 的 ARR 和 PSC
//参数：arr 为自动重装溢出值（即控制周期的），psc 为预分频值，即定时器时钟的周期
```

```c
void TIM_Init(TIM_TypeDef *TIMx,u16 arr,u16 psc)
{
    TIM_TimeBaseInitTypeDef   TIM_TimeBaseStructure;

    //下列两条语句可以不用，默认就是内部时钟
    TIM_DeInit(TIMx);
    TIM_InternalClockConfig(TIMx);                       //内部时钟作为计数器时钟

    TIM_TimeBaseStructure.TIM_Period = arr-1;            //设置自动重装载值
    TIM_TimeBaseStructure.TIM_Prescaler =psc-1;          //设置预分频值
    TIM_TimeBaseStructure.TIM_ClockDivision = TIM_CKD_DIV1;
    //设置时钟分割：TIM_CKD_DIV1 = 0，PWM 波不延时

    TIM_TimeBaseStructure.TIM_CounterMode = TIM_CounterMode_Up;   //向上计数模式
    TIM_TimeBaseInit(TIMx, &TIM_TimeBaseStructure);      //根据指定的参数初始化 TIMx
    //TIM_ARRPreloadConfig(TIMx, DISABLE);
    //禁止 ARR 预装载缓冲器，也可以不用设置
    TIM_ARRPreloadConfig(TIMx, ENABLE);                  //使能 ARR 预装载缓冲器
}

//STEP4：设置 TIM 的 PWM 模式，使能 TIM 的输出
//参数：TIMx=定时器 x，chx=选定的通道，H2L=高电平还是低电平（1 高，0 低），pulse=脉冲宽度
//（占空比）
//PWM1：先高电平（有效电平），然后低电平
//PWM2：先低电平（无效电平），然后高电平
//占空比：高电平占周期的百分比，因此就是 pusle/period
//例如占空比 50%：pulse=1000，1000/2000=0.5
//TIMx 通常有 4 个输出通道，每一个必须使用相应的 TIM_OCxInit()函数加以设定和使能
void TIM_PWMMode(TIM_TypeDef *TIMx,u8 chx,u8 H2L,u16 pulse)
{
    TIM_OCInitTypeDef   TIM_OCInitStructure;
    switch(chx)
    {
        case 1:
            if(H2L)
                TIM_OCInitStructure.TIM_OCMode = TIM_OCMode_PWM1;
                //选择定时器模式：TIM 脉冲宽度调制模式 1，相等时转为低
            else
                TIM_OCInitStructure.TIM_OCMode = TIM_OCMode_PWM2;
                //选择定时器模式：TIM 脉冲宽度调制模式 2，相等时转为高
            TIM_OCInitStructure.TIM_OutputState = TIM_OutputState_Enable;
            //比较输出使能
            //占空比设置
            //设置占空比
            //占空比=(CCRx/ARR)*100%或(TIM_Pulse/TIM_Period)*100%
            TIM_OCInitStructure.TIM_Pulse = pulse-1;
            TIM_OCInitStructure.TIM_OCPolarity = TIM_OCPolarity_High;
```

```
            //输出极性：TIM 输出比较极性高
            TIM_OC1Init(TIMx, &TIM_OCInitStructure);
            //根据 TIM_OCInitStruct 中指定的参数初始化外设 TIMx
            TIM_OC1PreloadConfig(TIMx, TIM_OCPreload_Enable);
            //使能 TIMx 在 CCR1 上的预装载寄存器
            //上面两句中的 OC1 确定了是 channle 1
            TIM_CtrlPWMOutputs(TIMx,ENABLE);
            //设置 TIMx 的 PWM 输出为使能
            TIM_ARRPreloadConfig(TIMx, ENABLE);
            //使能 TIMx 在 ARR 上的预装载寄存器
            TIM_Cmd(TIMx, ENABLE);                    //使能 TIMx 外设
            break;
        case 2:
            if(H2L)
                TIM_OCInitStructure.TIM_OCMode = TIM_OCMode_PWM1;
                //选择定时器模式：TIM 脉冲宽度调制模式 1，相等时转为低
            else
                TIM_OCInitStructure.TIM_OCMode = TIM_OCMode_PWM2;
                //选择定时器模式：TIM 脉冲宽度调制模式 2，相等时转为高
            TIM_OCInitStructure.TIM_OutputState = TIM_OutputState_Enable;
            //比较输出使能
            //占空比设置
            TIM_OCInitStructure.TIM_Pulse = pulse-1;
            TIM_OCInitStructure.TIM_OCPolarity = TIM_OCPolarity_High;
            //输出极性：TIM 输出比较极性高
            TIM_OC2Init(TIMx, &TIM_OCInitStructure);
            //根据 TIM_OCInitStruct 中指定的参数初始化外设 TIMx
            TIM_OC2PreloadConfig(TIMx, TIM_OCPreload_Enable);
            //使能 TIMx 在 CCR1 上的预装载寄存器
            //上面两句中的 OC2 确定了是 channle 2
            TIM_CtrlPWMOutputs(TIMx,ENABLE);
            //设置 TIMx 的 PWM 输出为使能
            TIM_ARRPreloadConfig(TIMx, ENABLE);
            //使能 TIMx 在 ARR 上的预装载寄存器
            TIM_Cmd(TIMx, ENABLE);                    //使能 TIMx 外设
            break;
        case 3:
            if(H2L)
                TIM_OCInitStructure.TIM_OCMode = TIM_OCMode_PWM1;
                //选择定时器模式：TIM 脉冲宽度调制模式 1，相等时转为低
            else
                TIM_OCInitStructure.TIM_OCMode = TIM_OCMode_PWM2;
                //选择定时器模式：TIM 脉冲宽度调制模式 2，相等时转为高
            TIM_OCInitStructure.TIM_OutputState = TIM_OutputState_Enable;
            //比较输出使能
            //占空比设置
            TIM_OCInitStructure.TIM_Pulse = pulse-1;
```

```c
            TIM_OCInitStructure.TIM_OCPolarity = TIM_OCPolarity_High;
            //输出极性：TIM 输出比较极性高
            TIM_OC3Init(TIMx, &TIM_OCInitStructure);
            //根据 TIM_OCInitStruct 中指定的参数初始化外设 TIMx
            TIM_OC3PreloadConfig(TIMx, TIM_OCPreload_Enable);
            //使能 TIMx 在 CCR1 上的预装载寄存器
            //上面两句中的 OC3 是 channel 3
            TIM_CtrlPWMOutputs(TIMx,ENABLE);
            //设置 TIMx 的 PWM 输出为使能
            TIM_ARRPreloadConfig(TIMx, ENABLE);
            //使能 TIMx 在 ARR 上的预装载寄存器
            TIM_Cmd(TIMx, ENABLE);                    //使能 TIMx 外设
            break;
        case 4:
            if(H2L)
                TIM_OCInitStructure.TIM_OCMode = TIM_OCMode_PWM1;
                    //选择定时器模式：TIM 脉冲宽度调制模式 1，相等时转为低
            else
                TIM_OCInitStructure.TIM_OCMode = TIM_OCMode_PWM2;
                    //选择定时器模式：TIM 脉冲宽度调制模式 2，相等时转为高
            TIM_OCInitStructure.TIM_OutputState = TIM_OutputState_Enable;
            //比较输出使能
            //占空比设置
            TIM_OCInitStructure.TIM_Pulse = pulse-1;
            TIM_OCInitStructure.TIM_OCPolarity = TIM_OCPolarity_High;
            //输出极性：TIM 输出比较极性高
            TIM_OC4Init(TIMx, &TIM_OCInitStructure);
            //根据 TIM_OCInitStruct 中指定的参数初始化外设 TIMx
            TIM_OC4PreloadConfig(TIMx, TIM_OCPreload_Enable);
            //使能 TIMx 在 CCR1 上的预装载寄存器
            //上面两句中的 OC4 确定了是 channel 4
            TIM_CtrlPWMOutputs(TIMx,ENABLE);
            //设置 TIMx 的 PWM 输出为使能
            TIM_ARRPreloadConfig(TIMx, ENABLE);
            //使能 TIMx 在 ARR 上的预装载寄存器
            TIM_Cmd(TIMx, ENABLE);                    //使能 TIMx 外设
            break;
        default: break;
    }
}

//1ms 延时函数（@72M）
void delay_nms(u16 time)
{
    u16 i=0;
    while(time--)
    {
```

```c
        i=12000;
        while(i--) ;
    }
}

//主函数
int main(void)
{
    short int kcnt=2000;
    u8 sign=1;
    SystemInit();              //配置系统时钟为72M，这个可以省略，在V3.50中默认就是72M
    GPIO_Tim3PWM(3);           //TIM3_CH3，及时钟定义
    TIM3PinReMap(2);           //完全重定位TIM3的CHx
    TIM_Init(TIM3,2000,72);    //72M/72/2000=500Hz

    GPIO_Tim3PWM(4);           //TIM3_CH4，及时钟定义
    TIM_PWMMode(TIM3,3,1,kcnt);
    //这个函数的kcnt必须大于等于1，因为在函数内要-1，否则PWM不正常
    TIM_PWMMode(TIM3,4,0,kcnt);
    //这个函数的kcnt必须大于等于1，因为在函数内要-1，否则PWM不正常
    //CH3，CH4目前是同频率不同占空比输出
    //如要同一个定时的4个通道输出不同的频率PWM，则可以通过中断函数配合
    while(1)
    {
        for(kcnt=2001;kcnt>0;kcnt=kcnt-200)
        {
            //TIM_PWMMode(TIM3,3,1,kcnt);
            //这个函数的kcnt必须大于等于1，因为在函数内要-1，否则PWM不正常
            //TIM_PWMMode(TIM3,4,0,kcnt);
            //这个函数的kcnt必须大于等于1，因为在函数内要-1，否则PWM不正常
            TIM_SetCompare3(TIM3, kcnt);       //这个函数专门改变占空比，上面的方法也行
            TIM_SetCompare4(TIM3, kcnt);
            delay_nms(100);
        }
        for(kcnt=1;kcnt<=2001;kcnt=kcnt+200)
        {
            //TIM_PWMMode(TIM3,3,1,kcnt);
            //TIM_PWMMode(TIM3,4,0,kcnt);
            //这个函数的kcnt必须大于等于1，因为在函数内要-1，否则PWM不正常
            TIM_SetCompare3(TIM3, kcnt);       //修改占空比的函数
            TIM_SetCompare4(TIM3, kcnt);
            delay_nms(100);
        }
    }
}
```

4.5 PWM 原理及其应用二——通过 L298N 控制电机转速

4.5.1 硬件设计

本项目使用的是 12V 直流电机，从淘宝网上购得，品牌不限。

驱动电路采用的是淘宝网上购买的以 L298N 为核心的驱动模块，如图 4.2 所示。这种模块往往有 4 个输入（IN1～IN4），以实现两个直流马达正、反转控制，两组使能信号 ENA、ENB，两组输出：A+、A-、COM，B+、B-、COM，两路电源输入：信号电源（+5V）、马达电源（4.5～36V）。

本项目硬件接口关系设计为：

（1）IN1——PA2。

（2）IN2——PA3。

（3）ENA——PB5（TIM3_CH2）。

（4）马达——A+、A-。

（5）+5V——由于第 2 章所述的 STM32 最小系统的对外电源只有 3.3V，因此，必须通过另外一个电源模块将 12V 转换为 5V，该模块从淘宝网上购买，如图 4.3 所示。

图 4.2　L298N 为核心的电机驱动模块　　图 4.3　12V 转换为 5V 电源模块

（6）+12V——采用普通 12V/1000mA 的开关电源模块。

各模块连接与演示实验的实物如图 4.4 所示。

图 4.4　实验系统实物图

4.5.2 直流电机调速与调向的原理

1. 调向

调向：正转与反转。

按照 L298N 的原理，如果 IN1 高电平、IN2 低电平，此时马达正转的话，那么，IN1 低电平、IN2 高电平，即可实现马达反转。

2. 调速

调速：一般情况下，直流电机的调速可以通过改变加在马达上的供电电压加以实现。

本项目采用的方式是：不是简单地使能 L298N 模块（ENA 高电平，模块就被使能），而是通过将 PWM 信号加在使能信号引脚 ENA 上，这样同样可以达到改变 A+、A-两端的电压，从而达到调速的目的。

本项目采用 100Hz 的 PWM 波形，占空比从 100%改变到 0，在驱动模块电压为 12V 的情况下，在马达连接的情况下（工作状态），实测 A+、A-两端的电压从 10.68V 调节到 0.01V，电压低于 0.8V 左右，马达停转。

需要说明的是，对于不同型号的直流电机，其 PWM 调速所用的频率（周期）是不一样的。这个频率参数需要由生产厂家提供，或通过实验获得。这是在本例实验中得到的一个经验。如果毫无依据地设置一个频率参数，轻则会出现诸如堵转等现象，严重的情况下甚至会发生烧毁电机的问题。

本例中，通过实验证明 100Hz 是最佳的 PWM 频率。

4.5.3 程序实现

本项目的程序与呼吸灯有很多相似之处。

涉及工程模板的文件有两个：stm32f10x_conf.h 和 main.c。

1. 文件 1——stm32f10x_conf.h

该文件的内容与上述呼吸灯项目完全相同。

2. 文件 2——main.c 的具体内容

其中许多函数与呼吸灯项目相同。由于程序中已经做了详细的注释，所以不再提供流程图，也不再详细阐述其设计算法。

以下是 main.c 的源程序清单。

```
//基于最小系统板
//库文件：V3.50
//功能：PWM 实现的一个直流马达的调速（12V 马达）
//2015 年 8 月 12 日
```

```c
#include <stm32f10x.h>
#define Premap                              //重定位宏定义控制，若没有则不重定义引脚
//#define Fremap
//根据宏定义控制 PWM 的引脚
#ifdef Premap                               //部分重定位
    #define Ch1 GPIO_Pin_4                  //GPIOB
    #define Ch2 GPIO_Pin_5                  //GPIOB
    #define Ch3 GPIO_Pin_0                  //GPIOB
    #define Ch4 GPIO_Pin_1                  //GPIOB
#else
    #ifdef Fremap                           //完全重定位
        #define Ch1 GPIO_Pin_6              //GPIOC
        #define Ch2 GPIO_Pin_7
        #define Ch3 GPIO_Pin_8
        #define Ch4 GPIO_Pin_9
    #else                                   //没有重定位
        #define Ch1 GPIO_Pin_6              //GPIOA
        #define Ch2 GPIO_Pin_7              //GPIOA
        #define Ch3 GPIO_Pin_0              //GPIOB
        #define Ch4 GPIO_Pin_1              //GPIOB
    #endif
#endif

//控制马达的两路输入信号
void GPIO_IN1IN2(void)
{
    GPIO_InitTypeDef GPIO_InitStructure;
    RCC_APB2PeriphClockCmd(RCC_APB2Periph_GPIOA, ENABLE);       //GPIOA 时钟
    GPIO_InitStructure.GPIO_Pin = GPIO_Pin_2|GPIO_Pin_3;
    GPIO_InitStructure.GPIO_Mode = GPIO_Mode_Out_PP;
    GPIO_InitStructure.GPIO_Speed = GPIO_Speed_50MHz;
    GPIO_Init(GPIOA, &GPIO_InitStructure);
}

//STEP1
//PWM 对应的输出通道配置
//TIM3 的 CH3（PC8/TIM3_CH3），即对应的 D2
//但是用完全复用功能
//开启 TIM3 时钟以及复用功能时钟，配置 PC8 为复用输出
//参数：chx 为要选择的通道号：1，2，3，4
void GPIO_Tim3PWM(u8 chx)
{
    GPIO_InitTypeDef GPIO_InitStructure;

RCC_APB2PeriphClockCmd(RCC_APB2Periph_GPIOC|RCC_APB2Periph_GPIOB|RCC_APB2Periph_GPIOA,
ENABLE);//GPIO 时钟
```

```c
RCC_APB1PeriphClockCmd(RCC_APB1Periph_TIM3, ENABLE);            //使能定时器 3 时钟
RCC_APB2PeriphClockCmd(RCC_APB2Periph_AFIO, ENABLE);            //复用时钟使能
switch(chx)
{
    case 1:
            GPIO_InitStructure.GPIO_Pin = Ch1;                  //TIM_CH1
            break;
    case 2:
            GPIO_InitStructure.GPIO_Pin = Ch2;                  //TIM_CH2
            break;
    case 3:
            GPIO_InitStructure.GPIO_Pin = Ch3;                  //TIM_CH3
            break;
    case 4:
            GPIO_InitStructure.GPIO_Pin = Ch4;                  //TIM_CH4
            break;
}
GPIO_InitStructure.GPIO_Mode = GPIO_Mode_AF_PP;                 //复用推挽输出
GPIO_InitStructure.GPIO_Speed = GPIO_Speed_50MHz;

//以下根据 PWM 通道自适应定义引脚
#ifdef Premap
    GPIO_Init(GPIOB, &GPIO_InitStructure);                      //部分重定位全部在 B 口
#else
    #ifdef Fremap
        GPIO_Init(GPIOC, &GPIO_InitStructure);                  //完全重定位全部在 C 口
    #else
        switch(chx)
        {
            case 1:
                    GPIO_Init(GPIOA, &GPIO_InitStructure);      //无定位在 A 口和 B 口
                    break;
            case 2:
                    GPIO_Init(GPIOA, &GPIO_InitStructure);      //无定位在 A 口和 B 口
                    break;
            case 3:
                    GPIO_Init(GPIOB, &GPIO_InitStructure);      //无定位在 A 口和 B 口
                    break;
            case 4:
                    GPIO_Init(GPIOB, &GPIO_InitStructure);      //无定位在 A 口和 B 口
                    break;
        }
    #endif
#endif
}

//STEP2：使用引脚重新定位 remap
```

```c
//本项目设置 TIM3_CH3 重映射到 PC8 上
//参数：remap 为重定位参数，0 为无重定位，1 为部分重定位，2 为全部重定位
void TIM3PinReMap(u8 remap)
{
    switch(remap)
    {
        case 0:
                break;
        case 1:
                GPIO_PinRemapConfig(GPIO_PartialRemap_TIM3 , ENABLE);
                //TIM3 输出引脚部分重定位
                break;
        case 2:
                GPIO_PinRemapConfig(GPIO_FullRemap_TIM3, ENABLE);
                //TIM3 输出引脚完全重定位
                break;
    }
}

//STEP3：初始化 TIM3，设置 TIM3 的 ARR 和 PSC
//参数：arr 为自动重装溢出值（即控制周期的），psc 为预分频值，即定时器时钟的周期
void TIM_Init(TIM_TypeDef *TIMx,u16 arr,u16 psc)
{
    TIM_TimeBaseInitTypeDef    TIM_TimeBaseStructure;

    //下列两条语句可以不用，默认就是内部时钟
    TIM_DeInit(TIMx);
    TIM_InternalClockConfig(TIMx);                              //内部时钟作为计数器时钟
    TIM_TimeBaseStructure.TIM_Period = arr-1;                   //设置自动重装载值
    TIM_TimeBaseStructure.TIM_Prescaler =psc-1;                 //设置预分频值
    TIM_TimeBaseStructure.TIM_ClockDivision = TIM_CKD_DIV1;
    //设置时钟分割：TIM_CKD_DIV1 = 0，PWM 波不延时
    //TIM_TimeBaseStructure.TIM_ClockDivision = TIM_CKD_DIV4;
    //设置时钟分割：TIM_CKD_DIV1 = 0，PWM 波不延时
    TIM_TimeBaseStructure.TIM_CounterMode = TIM_CounterMode_Up;    //向上计数模式
    TIM_TimeBaseInit(TIMx, &TIM_TimeBaseStructure);                //根据指定的参数初始化 TIMx 的
    //TIM_ARRPreloadConfig(TIMx, DISABLE);
    //禁止 ARR 预装载缓冲器，也可以不用设置
    TIM_ARRPreloadConfig(TIMx, ENABLE);                            //使能 ARR 预装载缓冲器
}

//STEP4：设置 TIM 的 PWM 模式，使能 TIM 的输出
//参数：TIMx=定时器 x，chx=选定的通道，H2L=高电平还是低电平（1 高，0 低），
//pulse=脉冲宽度（占空比）
//例如占空比 50%：pulse=1000，1000/2000=0.5
//TIMx 通常有 4 个输出通道，每一个必须使用相应的 TIM_OCxInit()函数加以设定和使能
void TIM_PWMMode(TIM_TypeDef *TIMx,u8 chx,u8 H2L,u16 pulse)
```

```c
{
    TIM_OCInitTypeDef   TIM_OCInitStructure;
    switch(chx)
    {
        case 1:
            if(H2L)
                TIM_OCInitStructure.TIM_OCMode = TIM_OCMode_PWM1;
                //选择定时器模式：TIM 脉冲宽度调制模式 1，相等时转为低
            else
                TIM_OCInitStructure.TIM_OCMode = TIM_OCMode_PWM2;
                //选择定时器模式：TIM 脉冲宽度调制模式 2，相等时转为高
            TIM_OCInitStructure.TIM_OutputState = TIM_OutputState_Enable;
            //比较输出使能
            //占空比设置
            TIM_OCInitStructure.TIM_Pulse = pulse-1;
            TIM_OCInitStructure.TIM_OCPolarity = TIM_OCPolarity_High;
            //输出极性：TIM 输出比较极性高
            TIM_OC1Init(TIMx, &TIM_OCInitStructure);
            //根据 TIM_OCInitStruct 中指定的参数初始化外设 TIMx
            TIM_OC1PreloadConfig(TIMx, TIM_OCPreload_Enable);
            //使能 TIMx 在 CCR1 上的预装载寄存器
            //上面两句中的 OC1 确定了是 channle 1
            TIM_CtrlPWMOutputs(TIMx,ENABLE);
            //设置 TIMx 的 PWM 输出为使能
            TIM_ARRPreloadConfig(TIMx, ENABLE);
            //使能 TIMx 在 ARR 上的预装载寄存器
            TIM_Cmd(TIMx, ENABLE);                       //使能 TIMx 外设
            break;
        case 2:
            if(H2L)
                TIM_OCInitStructure.TIM_OCMode = TIM_OCMode_PWM1;
                //选择定时器模式：TIM 脉冲宽度调制模式 1，相等时转为低
            else
                TIM_OCInitStructure.TIM_OCMode = TIM_OCMode_PWM2;
                //选择定时器模式：TIM 脉冲宽度调制模式 2，相等时转为高
            TIM_OCInitStructure.TIM_OutputState = TIM_OutputState_Enable;
            //比较输出使能
            //占空比设置
            TIM_OCInitStructure.TIM_Pulse = pulse-1;
            TIM_OCInitStructure.TIM_OCPolarity = TIM_OCPolarity_High;
            //输出极性：TIM 输出比较极性高
            TIM_OC2Init(TIMx, &TIM_OCInitStructure);
            //根据 TIM_OCInitStruct 中指定的参数初始化外设 TIMx
            TIM_OC2PreloadConfig(TIMx, TIM_OCPreload_Enable);
            //使能 TIMx 在 CCR1 上的预装载寄存器
            //上面两句中的 OC2 确定了是 channle 2
            TIM_CtrlPWMOutputs(TIMx,ENABLE);
```

```c
            //设置 TIMx 的 PWM 输出为使能
            TIM_ARRPreloadConfig(TIMx, ENABLE);
            //使能 TIMx 在 ARR 上的预装载寄存器
            TIM_Cmd(TIMx, ENABLE);                          //使能 TIMx 外设
            break;
    case 3:
            if(H2L)
                    TIM_OCInitStructure.TIM_OCMode = TIM_OCMode_PWM1;
                    //选择定时器模式：TIM 脉冲宽度调制模式 1，相等时转为低
            else
                    TIM_OCInitStructure.TIM_OCMode = TIM_OCMode_PWM2;
                    //选择定时器模式：TIM 脉冲宽度调制模式 2，相等时转为高
            TIM_OCInitStructure.TIM_OutputState = TIM_OutputState_Enable;
            //比较输出使能
            //占空比设置
            TIM_OCInitStructure.TIM_Pulse = pulse-1;
            TIM_OCInitStructure.TIM_OCPolarity = TIM_OCPolarity_High;
            //输出极性：TIM 输出比较极性高
            TIM_OC3Init(TIMx, &TIM_OCInitStructure);
            //根据 TIM_OCInitStruct 中指定的参数初始化外设 TIMx
            TIM_OC3PreloadConfig(TIMx, TIM_OCPreload_Enable);
            //使能 TIMx 在 CCR1 上的预装载寄存器
            //上面两句中的 OC3 是 channel 3
            TIM_CtrlPWMOutputs(TIMx,ENABLE);
            //设置 TIMx 的 PWM 输出为使能
            TIM_ARRPreloadConfig(TIMx, ENABLE);
            //使能 TIMx 在 ARR 上的预装载寄存器
            TIM_Cmd(TIMx, ENABLE);                          //使能 TIMx 外设
            break;
    case 4:
            if(H2L)
                    TIM_OCInitStructure.TIM_OCMode = TIM_OCMode_PWM1;
                    //选择定时器模式：TIM 脉冲宽度调制模式 1，相等时转为低
            else
                    TIM_OCInitStructure.TIM_OCMode = TIM_OCMode_PWM2;
                    //选择定时器模式：TIM 脉冲宽度调制模式 2，相等时转为高
            TIM_OCInitStructure.TIM_OutputState = TIM_OutputState_Enable;
            //比较输出使能
            //占空比设置
            TIM_OCInitStructure.TIM_Pulse = pulse-1;
            TIM_OCInitStructure.TIM_OCPolarity = TIM_OCPolarity_High;
            //输出极性：TIM 输出比较极性高
            TIM_OC4Init(TIMx, &TIM_OCInitStructure);
            //根据 TIM_OCInitStruct 中指定的参数初始化外设 TIMx
            TIM_OC4PreloadConfig(TIMx, TIM_OCPreload_Enable);
            //使能 TIMx 在 CCR1 上的预装载寄存器
            //上面两句中的 OC4 确定了是 channel 4
```

```c
                    TIM_CtrlPWMOutputs(TIMx,ENABLE);
                    //设置 TIMx 的 PWM 输出为使能
                    TIM_ARRPreloadConfig(TIMx, ENABLE);
                    //使能 TIMx 在 ARR 上的预装载寄存器
                    TIM_Cmd(TIMx, ENABLE);                  //使能 TIMx 外设
                    break;
        default:    break;
    }
}

//1ms 延时函数(@72M)
void delay_nms(u16 time)
{
    u16 i=0;
    while(time--)
    {
        i=12000;
        while(i--) ;
    }
}

//控制马达旋转方向
//参数：rorl=1，正转；rorl=0，反转
void MotorRightLeft(u8 rorl)
{
    if(rorl==1)
    {
        GPIO_SetBits(GPIOA,GPIO_Pin_2);
        GPIO_ResetBits(GPIOA,GPIO_Pin_3);
    }
    else
    {
        GPIO_SetBits(GPIOA,GPIO_Pin_3);
        GPIO_ResetBits(GPIOA,GPIO_Pin_2);
    }
}

//主函数
int main(void)
{
    short int kcnt=1;              //设置占空比变量
    SystemInit();                  //配置系统时钟为 72M，这个可以省略，在 V3.50 中默认就是 72M
    GPIO_Tim3PWM(2);               //TIM3_CH2，及时钟定义
    TIM3PinReMap(1);
    //部分重定位 TIM3 的 CHx，CH2 在 PB5，由它控制 L298N 的 ENA 实现调速
    TIM_Init(TIM3,10000,72);       //72M/72/10000=100Hz
```

```
            GPIO_IN1IN2();                  //配置马达正、反转控制引脚
            TIM_PWMMode(TIM3,2,1,kcnt);
            //这个函数的 kcnt 必须大于等于 1，因为在函数内要-1，否则 PWM 不正常

            while(1)
            {
                MotorRightLeft(1);           //正转
                for(kcnt=10000;kcnt>=0;kcnt=kcnt-1000)
                {
                    TIM_SetCompare2(TIM3, kcnt);     //这个函数专门改变占空比
                    delay_nms(2000);                 //每级持续 2s
                }
                MotorRightLeft(0);                   //反转
                for(kcnt=10000;kcnt>=0;kcnt=kcnt-1000)
                {
                    TIM_SetCompare2(TIM3, kcnt);     //这个函数专门改变占空比
                    delay_nms(2000);
                }
            }
```

思考与扩展

4.1 什么是 PWM？通过 STM32 定时器实现 PWM 输出的设计要点有哪些？

4.2 仿照范例，利用定时器实现一个数码管间隔 500ms 的自动数显功能，数显范围为 0～9。

4.3 仿照范例，基于 PWM 控制一个 LED 按 100ms 的间隔，实现亮度从 0～100%的循环变化，每次变化 10%。

第 5 章 USART 及其应用

本章导览

STM32 具有强大的串行通信功能模块：接口数量多，通信速度高，而且应用简便。本章通过 3 个完整案例详细讨论了 STM32 的 USART 及其在项目开发中的应用。
- 串行通信模块 USART 的基本应用要点。
- 一个 USART 的通信实现（STM32 与 PC）：通过 PC 控制 LED 的亮灭（查询法、中断法两种方法）。
- 两个 USART 的通信实现（STM32 与 PC，STM32 与 GSM 模块）：PC 控制 STM32，STM32 控制 GSM 模块发送短信，接收短信后回送 PC（中断接收）。
- USART 应用小结。

5.1 串行通信模块 USART 的基本应用要点

5.1.1 STM32 的 USART 及其基本特性

USART 是 Universal Synchronous/Asynchronous Receiver/Transmitter 的简称，翻译成中文即为：通用同步/异步串行接收/发送器，它具有全双工通用同步/异步串行收发能力。该接口是一个高度灵活的串行通信设备。

STM32 的 USART 模块分 USART、UART 两种，普遍具有以下基本特性。
（1）全双工操作（相互独立的接收数据和发送数据）；
（2）同步操作时，可主机时钟同步，也可从机时钟同步；
（3）独立的高精度波特率发生器，不占用定时/计数器；
（4）支持 5、6、7、8 和 9 位数据位，1 或 2 位停止位的串行数据帧结构；
（5）由硬件支持的奇偶校验位发生和检验；
（6）数据溢出检测；
（7）帧错误检测；
（8）包括错误起始位的检测噪声滤波器和数字低通滤波器；
（9）3 个完全独立的中断，TX 发送完成、TX 发送数据寄存器空、RX 接收完成；

（10）支持多机通信模式，支持倍速异步通信模式。

5.1.2 STM32 的 USART 应用的基本要领

1. USART 的固件库函数（V3.50）

使用固件库可以快捷方便地使用 USART。以下是固件库中与 USART 相关的主要函数及其功能说明。

（1）USART_Init()：初始化 USARTx 串口。

（2）USART_Cmd()：使能或失能 USARTx 串口。

（3）USART_ITConfig()：使能或失能 USARTx 串口中断。

（4）USART_SendData()：发送一字节数据。

（5）USART_ReceiveData()：从串口接收一字节数据。

（6）如果采用中断方式（中断接收或中断发送，或者两者都采用中断），则涉及中断文件 stm32f10x_it.c 中的以下串口中断函数。

USARTx_IRQHandler()：中断方式下的串口中断函数。

2. 波特率参数计算

每一种单片机的 USART 模块都有自己的波特率发生和设定机制。STM32 的每个串口都各自拥有一个独立的波特率寄存器 USART_BRR，通过该寄存器就可以达到配置不同波特率的目的。这里不具体讨论该寄存器每一位的特性，如需了解可查阅 STM32 使用手册的相关章节。

STM32 的串口波特率计算公式如下：

$$波特率（\text{BaudRate}）=\frac{f_{\text{PCLKx}}}{16\times \text{USARTDIV}} \tag{5.1}$$

式（5.1）中，f_{PCLKx} 是提供给串口的时钟频率，对 USART1 而言，它为 PCLK2；对 USART2～USART5 而言，它是 PCLK1；USARTDIV 是一个无符号定点数，如果已知该值，即可得到串口 USART_BRR 寄存器的值，从而确定该串口的波特率。

假设 USART1 要设置为 9600 的波特率，而 PCLK2 的值为 72MHz，这样根据式（5.1）即可有：

USARTDIV=72000000/(9600*16)=468.75

那么：

DIV_Fraction=16*0.75=12=0x0c

eDIV_Mantissa=468=0x1d4

按照寄存器 USART_BRR 的特性描述，于是得到 USART1_BRR 为 0x1d4c。换言之，只要设置 USART1 的 BRR 寄存器的值为 0x1d4c，就可以得到 9600 的波特率。

3. USART 应用的基本步骤

第一步：波特率等串口通信模式配置。

第二步:串口涉及的 GPIO 引脚的配置。
(1) RX 配置成 GPIO_Mode_IN_FLOATING。
(2) TX 配置成 GPIO_Mode_AF_PP。
第三步:USART 中断配置。
第四步:接收或者发送数据。
第五步:数据处理。

5.2 一个 USART 的通信实现(STM32 与 PC)——查询法

5.2.1 功能要求

通过上位机(PC)控制下位机(STM32 最小系统)上的发光二极管(D2)的发光。

在速度要求不高的情况下,接收可以采用查询的方法,即通过间隔一定的周期不停地查询接收标志的方式,如果串口接收标志为真,说明接收到了数据,则通过读数据函数读取该数据,否则继续查询。

在串行通信中,双方的通信协议十分重要。本例中,上位机和下位机通信的协议简单表述如下。

1. PC 发 "ON"

如果 D2 处于点亮状态,则 STM32 回发:"D2 in STM32 has been on!"
如果 D2 处于熄灭状态,则被点亮,同时 STM32 回送:"D2 in STM32 has been turn on!"

2. PC 发 "OFF"

如果 D2 处于关闭状态,则 STM32 回发:"D2 in STM32 has been off!"
如果 D2 处于点亮状态,则被关闭,同时 STM32 回送:"D2 in STM32 has been turn off!"

图 5.1 是实际运行的 PC 接收和发送的效果图。需要说明的是,本例没有开发专用的上位机程序,为了验证和演示,只是简单地使用了串口调试助手 SSCOM3.2 作为上位机的通信程序。

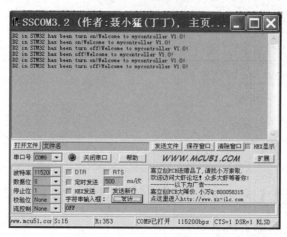

图 5.1 PC 接收和发送的效果图

5.2.2 实现难点

STM32 通常具有 3 个以上的串行通信口（USART），可根据需要选择其中一个。

在串行通信项目的实现中，难点在于正确配置、设置相应的 USART。与 51 单片机不同的是，除了要设置串行通信口的波特率、数据位数、停止位和奇偶校验等参数外，还要正确配置 USART 涉及的 GPIO 和 USART 口本身的时钟，即使能相应的时钟。否则，无法正常通信。

由于串行通信通常有查询法和中断法两种。因此，如果采用中断法，还必须正确配置中断向量、中断优先级，使能相应的中断，并设计具体的中断函数；如果采用查询法，则只要判断发送、接收的标志，即可进行数据的发送和接收。

本来串行通信还涉及一个比较难的问题就是通信协议。但是由于本项目功能比较简单，采用主从式设计，即 PC 为主，STM32 系统为从。每次通信均由 PC 发起，STM32 响应。因此，其通信协议就简单很多。

5.2.3 程序实现

1. 串口可选实现思想

由于 STM32 往往有 3 个以上的串口，为保持程序的通用性，多数函数设计为带有串口选择参数 USARTx，即可以选择使用 USART1、USART2、USART3 中任何一个，这样便于程序的维护。可以根据本项目的范例，自行扩充，以适用于 USART4 和 USART5。

2. 涉及文件

由于采用的是查询法，因此本项目只涉及工程模板中的两个文件：
（1）stm32f10x_conf.h。
（2）main.c。
以下是上述两个文件的具体内容。

1）文件 1——stm32f10x_conf.h

根据项目所需确定必须使用的功能模块的头文件，以便在系统编译组建过程中自动选择所需要的库文件。这里涉及 GPIO、RCC、USART、MISC 4 个部分的头文件，即：

```c
#include "stm32f10x_gpio.h"
#include "stm32f10x_rcc.h"
#include "stm32f10x_usart.h"
#include "misc.h" /* High level functions for NVIC and SysTick (add-on to CMSIS functions) */
```

2）文件 2——main.c

这是源程序的主体部分，所有的代码均在该文件中。以下为该文件的完整内容。

```c
//基于最小系统板
//库文件：V3.50
//功能：PC 发 ON\OFF 指令去控制 D2
//2015 年 7 月 10 日

#include <stm32f10x.h>
#include <string.h>             //用到字符串函数
#include <stdio.h>              //用到 printf()

#define USARTmy USART2          //用户串口宏定义，要改串口号，只要改此处

//D2 开关宏语句
#define D2_ON GPIO_ResetBits(GPIOC, GPIO_Pin_8)
#define D2_OFF GPIO_SetBits(GPIOC, GPIO_Pin_8)
//通信缓冲区定义
#define Max 100
u8 RxBuffer[Max];
u8 TxBuffer[Max];
u8 RxCount=0;                   //接收发送字节数
u8 TxCount=0;
//枚举类型定义
typedef enum {ERR=0,OK=!ERR}TXRXstat;

//LED 对应的 GPIO 口配置
void GPIO_Led_Config(void)
{
    GPIO_InitTypeDef GPIO_InitStructure;

    RCC_APB2PeriphClockCmd( RCC_APB2Periph_GPIOC, ENABLE);      //使能 PC 端口时钟
    GPIO_InitStructure.GPIO_Pin = GPIO_Pin_8;                   //选择对应的引脚
    GPIO_InitStructure.GPIO_Mode = GPIO_Mode_Out_PP;
    GPIO_InitStructure.GPIO_Speed = GPIO_Speed_50MHz;
    GPIO_Init(GPIOC, &GPIO_InitStructure);                      //初始化 PC 端口
    GPIO_SetBits(GPIOC, GPIO_Pin_8 );                           //关闭 LED
```

```c
}

//串口涉及的 GPIO 及其时钟初始化
//注意：该函数使用默认的 3 个串口的 TX\RX 引脚
//如果要重定义引脚，必须加以修改（没有使用复用功能重映射）
//注意：USART1 在 APB2 桥，USART2、USART3 在 APB1 桥
//参数：USARTx, x=1, 2, 3
void GPIO_USARTX_Config(USART_TypeDef * USARTx)
{
    GPIO_InitTypeDef GPIO_InitStructure;
    if(USARTx==USART1)
    {
        //时钟必须要使能，USART1 对应的引脚在 PA，两者都要使能，否则无法通信
        RCC_APB2PeriphClockCmd(RCC_APB2Periph_GPIOA|RCC_APB2Periph_USART1, ENABLE);
        //使能 PA\USART1 端口时钟，在 APB2 桥
        GPIO_InitStructure.GPIO_Pin = GPIO_Pin_9;              //USART1 的 TX
        GPIO_InitStructure.GPIO_Mode = GPIO_Mode_AF_PP;        //复用推挽输出
        GPIO_InitStructure.GPIO_Speed = GPIO_Speed_50MHz;      //可不用，默认值就行
        GPIO_Init(GPIOA, &GPIO_InitStructure);

        GPIO_InitStructure.GPIO_Pin = GPIO_Pin_10;             //USART1 的 RX
        GPIO_InitStructure.GPIO_Mode = GPIO_Mode_IN_FLOATING;  //浮空输入
        GPIO_Init(GPIOA, &GPIO_InitStructure);
    }
    if(USARTx==USART2)
    {
        //时钟必须要使能，USART2 对应的引脚在 PA，两者都要使能，否则无法通信
        RCC_APB2PeriphClockCmd(RCC_APB2Periph_GPIOA, ENABLE);
        //使能 PA 端口时钟
        RCC_APB1PeriphClockCmd(RCC_APB1Periph_USART2, ENABLE);
        //使能 USART2 端口时钟，USART2 在 APB1 桥

        GPIO_InitStructure.GPIO_Pin = GPIO_Pin_2;              //USART2 的 TX
        GPIO_InitStructure.GPIO_Mode = GPIO_Mode_AF_PP;        //复用推挽输出
        GPIO_InitStructure.GPIO_Speed = GPIO_Speed_50MHz;      //可不用，默认值就行
        GPIO_Init(GPIOA, &GPIO_InitStructure);

        GPIO_InitStructure.GPIO_Pin = GPIO_Pin_3;              //USART2 的 RX
        GPIO_InitStructure.GPIO_Mode = GPIO_Mode_IN_FLOATING;  //浮空输入
        GPIO_Init(GPIOA, &GPIO_InitStructure);
    }

    if(USARTx==USART3)
    {
        //时钟必须要使能，USART3 对应的引脚在 PB，两者都要使能，否则无法通信
        RCC_APB2PeriphClockCmd(RCC_APB2Periph_GPIOB, ENABLE);
        //使能 PB 端口时钟
```

```c
        RCC_APB1PeriphClockCmd(RCC_APB1Periph_USART3, ENABLE);
        //使能 USART3 端口时钟

        GPIO_InitStructure.GPIO_Pin = GPIO_Pin_10;                  //USART3 的 TX
        GPIO_InitStructure.GPIO_Mode = GPIO_Mode_AF_PP;             //复用推挽输出
        GPIO_InitStructure.GPIO_Speed = GPIO_Speed_50MHz;           //可不用，默认值就行
        GPIO_Init(GPIOB, &GPIO_InitStructure);

        GPIO_InitStructure.GPIO_Pin = GPIO_Pin_11;                  //USART3 的 RX
        GPIO_InitStructure.GPIO_Mode = GPIO_Mode_IN_FLOATING;       //浮空输入
        GPIO_Init(GPIOB, &GPIO_InitStructure);
    }
}

//USARTx 串口初始化函数
//参数：USARTx，x=1，2，3
void USART_Configuration(USART_TypeDef * USARTx)
{
    //初始化结构
    USART_InitTypeDef USART_InitStructure;
    USART_InitStructure.USART_BaudRate = 115200;                    //115200
    USART_InitStructure.USART_WordLength = USART_WordLength_8b;     //8 位数据
    USART_InitStructure.USART_StopBits = USART_StopBits_1;          //1 位停止位
    USART_InitStructure.USART_Parity = USART_Parity_No;             //无奇偶校验
    USART_InitStructure.USART_HardwareFlowControl=USART_HardwareFlowControl_None;//无硬件流控
    USART_InitStructure.USART_Mode = USART_Mode_Rx | USART_Mode_Tx;
    //允许接收和发送
    USART_Init(USARTx, &USART_InitStructure);                       //初始化
    USART_Cmd(USARTx, ENABLE);                                      //使能 USARTx
    //USART_GetFlagStatus(USARTx,USART_FLAG_TC);                    //发送完成标志
    //上面这语句解决第 1 字节发不出去的问题，根据需要选用
}

//1ms 延时函数（@72M）
void delay_nms(u16 time)
{
    u16 i=0;
    while(time--)
    {
        i=12000;
        while(i--) ;
    }
}

//查询法发送一字节函数
//参数：串口 1，2，3，待发送字节
//返回：枚举 ERR，或者 OK
```

```c
//发送寄存器为空标志 USART_FLAG_TXE
TXRXstat Send1Byte(USART_TypeDef * USARTx,u8 dat)
{
    vu32 cnt=0;                                                     //超时计时器
    USART_SendData(USARTx, dat);                                    //发送
    while(USART_GetFlagStatus(USARTx, USART_FLAG_TXE) == RESET)
    {
        cnt++;
        if(cnt>100000) return ERR;                                  //发送超时，返回 ERR
    }                                                               //等待发送完成
    return OK;
}


//查询法接收一字节函数
//参数：串口 1，2，3
//返回值：接收到的字节
u8 Receive1Byte(USART_TypeDef * USARTx)
{
    while(USART_GetFlagStatus(USARTx, USART_FLAG_RXNE) == RESET){}
    //等待接收完成
    return (USART_ReceiveData(USARTx));                             //接收数据并返回
}


//接收一帧数据函数
//参数：USARTx，x=1，2，3
//返回值：1=ON，2=OFF，0=无效
u8 ReceiveOk(USART_TypeDef * USARTx)
{
    vu32 cnt=0;
    while(1)
    {
        RxBuffer[RxCount++]=Receive1Byte(USARTx);
        if(strstr((char *)RxBuffer,"ON")!=NULL)                     //接收字符串中查找 ON
        {
            RxCount=0;           //为下次接收指令做好准备，否则会导致下一条指令无响应
            return 1;
        }
        else
            if(strstr((char *)RxBuffer,"OFF")!=NULL)
            {
                RxCount=0;
                return 2;
            }
            else
                if(RxCount>3)
                    //如果接收到 3 字节了但没有收到有效指令，则归零，重新接收
                    //注意，此处的 3 要根据发送的长度来定，因为本例最长是 OFF
```

```c
                    RxCount=0;
            cnt++;
            if(cnt>100000)          //如果超时则直接返回 0
                return 0;
    }
}

//发送一帧数据
//参数：USARTx，x=1，2，3，待发送的多字节数据（字节末尾以'\0'结束）
//返回值：无
void SendString(USART_TypeDef * USARTx,u8 *Message)
{
    // vu8 i;
    while(*Message!='\0')
        Send1Byte(USARTx,*Message++);
}

//清空缓冲区函数
void EmptyRxBuffer(u8 len)
{
    u8 i;
    for(i=0;i<len;i++)
        RxBuffer[i]=0;
}
//主函数
int main(void)
{
    u8 kcnt=0;
    SystemInit();           //配置系统时钟为 72M，这个可以省略，在 V3.50 中默认就是 72M
    GPIO_Led_Config();      //LED 时钟和引脚配置
    GPIO_USARTX_Config(USARTmy);        //串口时钟配置
    USART_Configuration(USARTmy);       //串口的设置
    while(1)
    {
        SendString(USARTmy,(u8 *)("Welcome to mycontroller V1.0!\n"));

        switch(ReceiveOk(USARTmy))          //根据接收到的数据帧，执行相应的动作
        {
            case 1:
                if(GPIO_ReadInputDataBit(GPIOC,GPIO_Pin_8)==RESET)
                    //如果 D2 已经被点亮，则提示 D2 已是亮的
                    SendString(USARTmy,(u8 *)("D2 in STM32 has been on!\n"));
                else
                {
                    D2_ON;
                    //否则则点亮并提示
                    SendString(USARTmy,(u8 *)("D2 in STM32 has been turn on!\n"));
```

```
                }
                break;
            case 2:
                if(GPIO_ReadInputDataBit(GPIOC,GPIO_Pin_8)!=RESET)
                    //如果已是关的，则提示 D2 已关
                    SendString(USARTmy,(u8 *)("D2 in STM32 has been off!\n"));
                else
                {
                    D2_OFF;
                    //否则，关闭 D2 并提示已关闭
                    SendString(USARTmy,(u8 *)("D2 in STM32 has been turn off!\n"));
                }
                break;
            case 0:
                SendString(USARTmy,(u8 *)("Command is error!\n"));
                break;
        }
        EmptyRxBuffer(Max);
    }
}
```

5.2.4　USART 应用的有关事项

1．USART 涉及的功能部件的时钟配置

串行通信目前使用最广泛的是三线制方式，即 RXD、TXD、GND，对应发送引脚、接收引脚和信号地。本项目涉及串口为 USART1、USART2、USART3，这 3 个串口的相应引脚在不同的 GPIO 口上，因此，要开发 USART 串口程序，必须正确配置引脚对应的 GPIO 口的时钟、USART 本身的时钟。

由于 USART1 在 APB2 总线桥，而 USART2、USART3 等均在 APB1 总线桥。PA、PB、PC 等 GPIO 均在 APB2 总线桥，因此在进行时钟配置时要充分注意这些特性，才能正确完成时钟配置。时钟配置不正确，串行通信口就不可能正常工作。

2．通用性和规范化设计

在上述 main.c 源程序中可以看出，程序设计过程中充分考虑了通用性和规范性。主要表现在以下几点。

（1）所有函数均使用串口 USARTx 参数，这样做的好处在于，如果要使用不同的串口，只要正确使用函数参数即可，不需要调整函数的代码。

（2）通过宏定义#define USARTmy USARTx，使得程序适应能力更强，如果要更换不同的串口，只要调整这一行预处理指令即可。例如，#define USARTmy USART2，就表示本程序使用串口 2。

（3）通信程序中往往要考虑通信死锁问题，即通信失败后无法正常接收和发送问题。

这里的接收和发送函数，初步考虑了超时处理。

3. 串口通信协议

由于本项目功能比较简单，因此串口通信协议也就比较简单，简单归纳如下。

1）PC 发起通信

PC 发送"ON"，STM32 实验系统收到此指令后，则控制 D2 点亮，并回送已被点亮的信息；如果已经是点亮状态，则直接回送 D2 已处于点亮状态。

PC 发送"OFF"，STM32 实验系统收到此指令后，则控制 D2 关闭，并回送已被关闭信息；如果已经是关闭状态，则直接回送 D2 已处于关闭状态。

PC 如果发送的是除上述指令以外的无效指令，STM32 实验系统做无效指令处理，直到接收到有效指令。

2）指令的容错性设计

本例中，STM32 实验系统对指令的处理比较简单，指令必须为"ON"、"OFF"，如果对程序做一些调整，使之能适应大小写，则程序的人机友好性会更好。

例 如， strstr(RxBuffer,"ON") 可 以 改 为 strstr(RxBuffer,"ON")|| strstr(RxBuffer,"on")|| strstr(RxBuffer,"On")|| strstr(RxBuffer,"oN")。当然，这只是其中的一种修改方法。

5.3 一个 USART 的通信实现（STM32 与 PC）——中断法

5.3.1 功能要求及通信协议设计

通过 PC 控制控制 STM32 的最小系统上的 LED（D2）。采用中断接收法，当串口接收到数据即进入中断函数，接收该数据。接收和发送的数据帧长度可变，但不超过 255 字节。

通信协议设计如下。

1. PC 端

（1）数据帧头为 0xEA，数据帧尾为 0x55。

（2）如果数据帧中间为数据 0x0a000000,0x0100,0xyyyy，表示要点亮 D2。其中，yyyy 可任意，预留为点亮时间（即慢慢点亮）。0x0100 为点亮命令。

（3）如果数据帧中间为数据 0x0a000000,0x0200,0xzzzz，表示要关闭 D2。其中，zzzz 可任意，预留为关闭时间（即慢慢关闭，灯光慢慢减弱）。0x0200 为关闭命令。

（2）和（3）所涉及的 LED 亮度调节和熄灭速度控制，在本项目中并没有实现，请参照 PWM 部分自行实现。

2. STM32 实验系统端

（1）正确点亮 D2，则 STM32 回发："D2 in STM32 has been turn on!"，否则回送："D2 in STM32 has been on!"

（2）正确关闭 D2，则 STM32 回送："D2 in STM32 has been turn off"，否则回送："D2 in STM32 has been off!"

5.3.2 程序算法

1. 算法设计

上位机（这里采用 PC）按通信协议要求发送一帧数据给 STM32 实验系统（下位机），下位机以中断方式接收数据帧，如果是有效数据帧则设置标志，否则清除标志；如果接收到有效数据帧，STM32 实验系统（下位机）对数据帧进行分析并进行相应处理。如果是命令 0x0100，则按后一个字的数据要求（亮度等级）点亮 LED；如果是 0x0200，则按后一个字的数据要求（熄灭速度）逐渐关闭 LED。

LED 亮度控制通常采用 PWM 实现，即通过控制 LED 的压降调节其电流，从而控制其亮度。

熄灭的过程也是这样，只不过是逆向调节亮度。

2. 程序框架

由于采用中断方式，因此工程模板中的两个中断相关文件均必须被使用：stm32f10x_it.h 和 stm32f10x_it.c，前者主要是进行全局变量说明、中断函数说明，后者主要是中断函数的定义。另外，涉及的文件是：main.c, stm32f10x_conf.h，前者是主函数所在文件，后者是功能模块头文件设置文件。因此，本例涉及工程模板中的文件有 4 个，分别是：

（1）stm32f10x_it.h；
（2）stm32f10x_it.c；
（3）stm32f10x_conf.h；
（4）main.c。

5.3.3 本例的源程序

1. 文件 1——stm32f10x_it.h

在模板提供的文档中，加入加注释部分内容：

```
/* Exported types ----------------------------------------------------*/
//串口中断需要使用的全局外部变量说明，被增加的部分++++++++
extern u8 RxBuffer[];
extern vu8 RxCount;           //接收发送字节数
extern vu8 RxHeader;          //接收数据帧头
```

```
extern vu8 RxOK;                    //接收一帧有效数据标志，=1 表示接收到了
extern vu8 RxLen;                   //接收到的数据帧的长度


/* Exported constants ------------------------------------------------*/
/* Exported macro ----------------------------------------------------*/
/* Exported functions ------------------------------------------------*/

void NMI_Handler(void);
void HardFault_Handler(void);
void MemManage_Handler(void);
void BusFault_Handler(void);
void UsageFault_Handler(void);
void SVC_Handler(void);
void DebugMon_Handler(void);
void PendSV_Handler(void);
void SysTick_Handler(void);

//3 个串口中断函数说明，被增加的部分++++++++
void USART1_IRQHandler(void);
void USART2_IRQHandler(void);
void USART3_IRQHandler(void);
```

2. 文件 2——stm32f10x_it.c 的内容

在模板提供的文档的尾部，加入以下内容，也即 3 个串口的中断函数。之所以要分开写，是因为 3 个串口的中断响应是不一样的。

```
//USART1 中断函数
void USART1_IRQHandler(void)
{
    if(USART_GetITStatus(USART1,USART_IT_RXNE) != RESET)      //接收中断
    {
        USART_ClearITPendingBit(USART1,USART_IT_RXNE);        //清除接收中断标志

        RxBuffer[RxCount] = USART_ReceiveData(USART1);        //接收并存入缓冲区
        RxCount++;                                            //缓冲区指针下移
        RxCount &= 0xFF;
    }
    if(RxBuffer[RxCount-1] == 0xEA)                           //数据帧头
        RxHeader = RxCount-1;                                 //记录帧头位置
    if((RxBuffer[RxHeader] ==0xEA)&&(RxBuffer[RxCount-1] == 0x55))
    // RxCount-1 为刚接收的字节（因为"RxCount++;"所以要退回一字节）
    //检测到头的情况下检测到尾
    {
        RxLen = RxCount -1- RxHeader;                         //数据帧长度（字节数）
        RxOK=1;                                               //接收到数据帧标志
    }
```

```c
    if(USART_GetFlagStatus(USART1,USART_FLAG_ORE) == SET)    //溢出处理
    {
        USART_ClearFlag(USART1,USART_FLAG_ORE);              //读 SR
        USART_ReceiveData(USART1);                           //读 DR
    }
}

//USART2 中断函数
void USART2_IRQHandler(void)
{
    if(USART_GetITStatus(USART2,USART_IT_RXNE) != RESET)     //接收中断
    {
        USART_ClearITPendingBit(USART2,USART_IT_RXNE);       //清除接收中断标志

        RxBuffer[RxCount] = USART_ReceiveData(USART2);
        RxCount++;
        RxCount &= 0xFF;
    }
    if(RxBuffer[RxCount-1] == 0xEA)                          //数据帧头
        RxHeader = RxCount-1;
    if((RxBuffer[RxHeader] ==0xEA)&&(RxBuffer[RxCount-1] == 0x55))
    //检测到头的情况下检测到尾
    {
        RxLen = RxCount -1- RxHeader;                        //数据帧长度（字节数）
        RxOK=1;                                              //接收到数据帧标志
    }
    if(USART_GetFlagStatus(USART2,USART_FLAG_ORE) == SET)    //溢出处理
    {
        USART_ClearFlag(USART2,USART_FLAG_ORE);              //读 SR
        USART_ReceiveData(USART2);                           //读 DR
    }
}

//USART3 中断函数
void USART3_IRQHandler(void)
{
    if(USART_GetITStatus(USART3,USART_IT_RXNE) != RESET)     //接收中断
    {
        USART_ClearITPendingBit(USART3,USART_IT_RXNE);       //清除接收中断标志

        RxBuffer[RxCount] = USART_ReceiveData(USART3);
        RxCount++;
        RxCount &= 0xFF;
    }
    if(RxBuffer[RxCount-1] == 0xEA)                          //数据帧头
        RxHeader = RxCount-1;
    if((RxBuffer[RxHeader] ==0xEA)&&(RxBuffer[RxCount-1] == 0x55))
```

```
            //检测到头的情况下检测到尾
            {
                RxLen = RxCount -1- RxHeader;                    //数据帧长度（字节数）
                RxOK=1;                                          //接收到数据帧标志
            }
            if(USART_GetFlagStatus(USART3,USART_FLAG_ORE) == SET)  //溢出处理
            {
                USART_ClearFlag(USART3,USART_FLAG_ORE);          //读 SR
                USART_ReceiveData(USART3);                       //读 DR
            }
        }
```

3. 文件 3——stm32f10x_conf.h 的源程序

在模板提供的文档中，将相关的 4 个头文件的注释符去掉，即使用这 4 个头文件。这是因为系统必须使用中断系统（NVIC）、GPIO 系统、USART 系统、复位和时钟控制系统（RCC）。

```
#include "stm32f10x_gpio.h"
//#include "stm32f10x_i2c.h"
//#include "stm32f10x_iwdg.h"
//#include "stm32f10x_pwr.h"
#include "stm32f10x_rcc.h"
//#include "stm32f10x_rtc.h"
//#include "stm32f10x_sdio.h"
//#include "stm32f10x_spi.h"
//#include "stm32f10x_tim.h"
#include "stm32f10x_usart.h"
//#include "stm32f10x_wwdg.h"
#include "misc.h" /* High level functions for NVIC and SysTick (add-on to CMSIS functions) */
```

4. 文件 4——main.c 的源程序

该文件是主文件，主要定义全局变量、除中断函数以外的其他函数。其中，亮度控制和渐灭控制在项目中并没有实现。请参阅 PWM 部分内容，自行实现。

该文件继续沿用规范性和通用性原则，因此，其中的大部分函数可以很方便地被移植到其他应用系统中。

```
//基于最小系统板
//库文件：V3.50
//功能：PC 发指令帧去控制 D2——中断方式
//2015 年 7 月 10 日

#include <stm32f10x.h>
#include <string.h>                                          //用到字符串函数
#include <stdio.h>                                           //用到 printf()
```

```c
#define USARTmy USART2                          //用户串口宏定义,要改串口号,只要改此处

//D2 开关宏语句
#define D2_ON GPIO_ResetBits(GPIOC, GPIO_Pin_8)
#define D2_OFF GPIO_SetBits(GPIOC, GPIO_Pin_8)

//通信缓冲区定义
#define Max 255
u8 RxBuffer[Max];
u8 TxBuffer[Max];
vu8 RxCount=0;                                  //接受发送字节数
vu8 TxCount=0;
vu8 RxHeader=0;                                 //接收数据帧头
vu8 RxOK=0;                                     //接收一帧有效数据标志,=1 表示接收到了
vu8 RxLen=0;                                    //接收到的数据帧的长度

//枚举类型定义
typedef enum {ERR=0,OK=!ERR}TXRXstat;

//LED 对应的 GPIO 口配置
void GPIO_Led_Config(void)
{
    GPIO_InitTypeDef GPIO_InitStructure;
    RCC_APB2PeriphClockCmd( RCC_APB2Periph_GPIOC, ENABLE);    //使能 PC 端口时钟
    GPIO_InitStructure.GPIO_Pin = GPIO_Pin_8;      //选择对应的引脚
    GPIO_InitStructure.GPIO_Mode = GPIO_Mode_Out_PP;
    GPIO_InitStructure.GPIO_Speed = GPIO_Speed_50MHz;
    GPIO_Init(GPIOC, &GPIO_InitStructure);         //初始化 PC 端口
    GPIO_SetBits(GPIOC, GPIO_Pin_8 );              //关闭 LED
}
//串口涉及的 GPIO 及其时钟初始化
//注意:该函数使用默认的 3 个串口的 TX\RX 引脚
//如果要重定义引脚,必须加以修改(没有使用复用功能重映射)
//注意:USART1 在 APB2 桥,USART2、USART3 在 APB1 桥
//参数:USARTx,即 USART1,2,3
void GPIO_USARTX_Config(USART_TypeDef * USARTx)
{
    GPIO_InitTypeDef GPIO_InitStructure;
    if(USARTx==USART1)
    {
        //相关时钟必须要使能,USART1 对应的引脚在 PA,两者都要使能,否则无法通信
        RCC_APB2PeriphClockCmd(RCC_APB2Periph_GPIOA|RCC_APB2Periph_USART1, ENABLE);
        //使能 PA\USART1 端口时钟,在 APB2 桥

        GPIO_InitStructure.GPIO_Pin = GPIO_Pin_9;            //USART1 的 TX
        GPIO_InitStructure.GPIO_Mode = GPIO_Mode_AF_PP;      //复用推挽输出
        GPIO_InitStructure.GPIO_Speed = GPIO_Speed_50MHz;    //可不用,默认值就行
```

```c
        GPIO_Init(GPIOA, &GPIO_InitStructure);

        GPIO_InitStructure.GPIO_Pin = GPIO_Pin_10;             //USART1 的 RX
        GPIO_InitStructure.GPIO_Mode = GPIO_Mode_IN_FLOATING;  //浮空输入
        GPIO_Init(GPIOA, &GPIO_InitStructure);
    }
    if(USARTx==USART2)
    {
        //相关时钟必须要使能，USART2 对应的引脚在 PA，两者都要使能，否则无法通信
        RCC_APB2PeriphClockCmd(RCC_APB2Periph_GPIOA, ENABLE);
        //使能 PA 端口时钟
        RCC_APB1PeriphClockCmd(RCC_APB1Periph_USART2, ENABLE);
        //使能 USART2 端口时钟，USART2 在 APB1 桥

        GPIO_InitStructure.GPIO_Pin = GPIO_Pin_2;              //USART2 的 TX
        GPIO_InitStructure.GPIO_Mode = GPIO_Mode_AF_PP;        //复用推挽输出
        GPIO_InitStructure.GPIO_Speed = GPIO_Speed_50MHz;      //可不用，默认值就行
        GPIO_Init(GPIOA, &GPIO_InitStructure);

        GPIO_InitStructure.GPIO_Pin = GPIO_Pin_3;              //USART2 的 RX
        GPIO_InitStructure.GPIO_Mode = GPIO_Mode_IN_FLOATING;  //浮空输入
        GPIO_Init(GPIOA, &GPIO_InitStructure);
    }
    if(USARTx==USART3)
    {
        //相关时钟必须要使能，USART3 对应的引脚在 PB，两者都要使能，否则无法通信
        RCC_APB2PeriphClockCmd(RCC_APB2Periph_GPIOB, ENABLE);
        //使能 PB 端口时钟
        RCC_APB1PeriphClockCmd(RCC_APB1Periph_USART3, ENABLE);
        //使能 USART3 端口时钟

        GPIO_InitStructure.GPIO_Pin = GPIO_Pin_10;             //USART3 的 TX
        GPIO_InitStructure.GPIO_Mode = GPIO_Mode_AF_PP;        //复用推挽输出
        GPIO_InitStructure.GPIO_Speed = GPIO_Speed_50MHz;      //可不用，默认值就行
        GPIO_Init(GPIOB, &GPIO_InitStructure);
        GPIO_InitStructure.GPIO_Pin = GPIO_Pin_11;             //USART3 的 RX
        GPIO_InitStructure.GPIO_Mode = GPIO_Mode_IN_FLOATING;  //浮空输入
        GPIO_Init(GPIOB, &GPIO_InitStructure);
    }
}

//USARTx 串口初始化函数
//参数：USARTx，x=1，2，3
void USART_Configuration(USART_TypeDef * USARTx)
{
    //初始化结构
    USART_InitTypeDef USART_InitStructure;
```

```c
    USART_InitStructure.USART_BaudRate = 115200;                              //115200
    USART_InitStructure.USART_WordLength = USART_WordLength_8b;               //8 位数据
    USART_InitStructure.USART_StopBits = USART_StopBits_1;                    //1 位停止位
    USART_InitStructure.USART_Parity = USART_Parity_No;                       //无奇偶校验
    USART_InitStructure.USART_HardwareFlowControl = USART_HardwareFlowControl_None;//无硬件流控
    USART_InitStructure.USART_Mode = USART_Mode_Rx | USART_Mode_Tx;
    //允许接收和发送
    USART_Init(USARTx, &USART_InitStructure);                                 //初始化
    USART_Cmd(USARTx, ENABLE);                                                //使能 USARTx
    //USART_GetFlagStatus(USARTx,USART_FLAG_TC);
    //解决第 1 字节发不出去的问题,建议使用,否则第 1 字节往往接收不到
}

//1ms 延时函数(@72M)
void delay_nms(u16 time)
{
    u16 i=0;
    while(time--)
    {
        i=12000;
        while(i--) ;
    }
}

//查询法发送一字节
//参数:串口 1,2,3,待发送字节
//返回:枚举 Err,或者 OK
//发送成功标志 USART_FLAG_TXE
TXRXstat Send1Byte(USART_TypeDef * USARTx,u8 dat)
{
    vu32 cnt=0;                                                               //超时计时器
    USART_SendData(USARTx, dat);                                              //发送
    while(USART_GetFlagStatus(USARTx, USART_FLAG_TXE) == RESET)
    {
        cnt++;
        if(cnt>100000) return ERR;                                            //发送超时,返回 Err
    }                                                                         //等待发送完成
    return OK;
}
//发送一帧数据
//参数:USARTx, x=1,2,3,待发送的多字节数据(字节末尾以'\0'结束)
//返回值:无
void SendString(USART_TypeDef * USARTx,u8 *Message)
{
    // vu8 i;
    while(*Message!='\0')
        Send1Byte(USARTx,*Message++);
```

```c
}
void EmptyRxBuffer(u8 len)
{
    u8 i;
    for(i=0;i<len;i++)
        RxBuffer[i]=0;
}
//串口中断初始化
//接收中断使能
//参数：串口 USART1、USART2、USART3 之一
void NVIC_Configuration(USART_TypeDef * USARTx)
{
    NVIC_InitTypeDef NVIC_InitStructure;
    if(USARTx==USART1)                                              //串口1
    {
        NVIC_InitStructure.NVIC_IRQChannel=USART1_IRQn;             //USART1 中断号
        NVIC_InitStructure.NVIC_IRQChannelPreemptionPriority=0;     //中断占先等级0
        NVIC_InitStructure.NVIC_IRQChannelSubPriority=0;            //中断响应优先级0
        NVIC_InitStructure.NVIC_IRQChannelCmd=ENABLE;               //中断使能
        NVIC_Init(&NVIC_InitStructure);                             //初始化
        USART_ITConfig(USART1,USART_IT_RXNE,ENABLE);                //接收中断使能
    }
    if(USARTx==USART2)                                              //串口2
    {
        NVIC_InitStructure.NVIC_IRQChannel=USART2_IRQn;             //USART2 中断号
        NVIC_InitStructure.NVIC_IRQChannelPreemptionPriority=0;     //中断占先等级0
        NVIC_InitStructure.NVIC_IRQChannelSubPriority=0;            //中断响应优先级0
        NVIC_InitStructure.NVIC_IRQChannelCmd=ENABLE;               //中断使能
        NVIC_Init(&NVIC_InitStructure);                             //初始化
        USART_ITConfig(USART2,USART_IT_RXNE,ENABLE);                //接收中断使能
    }
    if(USARTx==USART3)                                              //串口3
    {
        NVIC_InitStructure.NVIC_IRQChannel=USART3_IRQn;             //USART3 中断号
        NVIC_InitStructure.NVIC_IRQChannelPreemptionPriority=0;     //中断占先等级0
        NVIC_InitStructure.NVIC_IRQChannelSubPriority=0;            //中断响应优先级0
        NVIC_InitStructure.NVIC_IRQChannelCmd=ENABLE;               //中断使能
        NVIC_Init(&NVIC_InitStructure);                             //初始化
        USART_ITConfig(USART3,USART_IT_RXNE,ENABLE);                //接收中断使能
    }
}
//主函数
int main(void)
{
    u8 kcnt=0;
```

```c
    u8 cmd1,cmd2;              //命令字节 1（开或者关），命令字节 2（亮度或关闭速度）
    SystemInit();              //配置系统时钟为 72M，这个可以省略，在 V3.50 中默认就是 72M
    GPIO_Led_Config();         //LED 时钟和引脚配置
    GPIO_USARTX_Config(USARTmy);                    //串口时钟配置
    USART_Configuration(USARTmy);                   //串口的设置
    NVIC_Configuration(USARTmy);                    //串口中断初始化

    EmptyRxBuffer(Max);
    SendString(USARTmy,(u8 *)("Welcome to mycontroller V1.0!\n"));

    while(1)
    {
        if(RxOK)
        {
            cmd1=RxBuffer[5];
            cmd2=RxBuffer[7];
            switch(cmd1)
            {
                case 0x01:   D2_ON;
                //目前是直接点亮 LED，亮度控制在协议中已预留，请自行实现
                    RxOK=0;
                    RxCount=0;
                    EmptyRxBuffer(Max);
                    break;
                case 0x02:   D2_OFF;
                //目前是直接关闭 LED，渐灭控制在协议中已预留，可自行实现
                    RxOK=0;
                    RxCount=0;
                    EmptyRxBuffer(Max);
                    break;
            }
        }
    }
}
```

5.4　两个 USART 的通信实现

5.4.1　功能要求与通信协议

1. 功能要求

本例利用 STM32 的两个 USART 模块，实现多机串口通信的目的：STM32 与 PC，STM32 与 GSM 模块。

具体处理流程是：上位机（PC）通过一个串口向下位机［STM32 最小系统（实验系

统）] 发送指令，下位机（STM32 最小系统）通过另一个串口控制 GSM 模块发送短信，该模块接收应答短信后又通过下位机向上位机（PC）回送信息。

接收数据均采用中断法，以提高响应的实时性。

使用 STM32 系统的两个串口：USART3 和 USART1。

2. 通信协议

两个串口均为查询发送、中断接收。

USART3 的优先级为 0（高），USART1 的优先级为 1（低）。

通信协议的具体内容如下。

1）PC 端

数据帧长度可变（总长不超过 255 字节）。

数据帧头为 0xEA，数据帧尾为 0x55。

数据帧中间为数据 0x0a000000，0x0100，0x0000，表示要求远程 GSM 模块报送其目前状态信息。

2）STM32 实验系统端

STM32 通过 GSM 模块向指定的远端 GSM 模块或手机（GSM 客户端）发送短信："PC call you,please report!"

远端 GSM 回送短信 "I am OK"，本地 GSM 将接收的短信送 STM32 系统处理，如果是有效的 "I am OK" 短信，则 STM32 回送 PC："001 is OK!"。

5.4.2 接口设计

1. STM32 实验系统中的 USART3 与 GSM 模块通信

1）硬件接口

GSM 模块采用常用的 SIM800L 模块。不同型号和品牌的性能非常接近，可任意选用。

STM32 的 USART3 的 TX、RX、GND 分别与 SIM800L 模块的 RXD、TXD、GND 以 3 线制形式连接，如图 5.2 所示。由于 STM32 采用 3.8～4.2V 电源，而本例使用的 SIM800L 模块的电源电压为 4V，不能超过 4.2V，否则会烧毁模块，因此要做相应的处理。

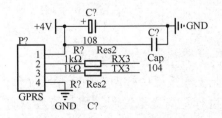

图 5.2　USART3 与 GSM 通信模块的接口图

2）通信方式及其数据接收

该串口采用查询发送、中断接收的方式。在中断函数中，将接收数据存入该串口相应的接收缓冲区。接收缓冲区存满后，则从头继续存放（环形缓冲区），即先进先被覆盖的 FIFO 的缓冲区方式。缓冲区极限长度被设定为 255 字节，但是本系统只使用了 200 字节。

2. STM32 实验系统中的 USART1 与 PC 通信

1）硬件接口

STM32 实验系统上的 USART1 的 TX、RX、GND 以及 3.3V 电源输出分别与 USB 转串口（TTL 电平）模块的 RXD、TXD、GND 通过杜邦线相连。USB 转串口（TTL 电平）模块在淘宝网上有很多，价格 3~5 元一个，这里使用的是 D-SUN 牌。STM32 实验系统由于要使用 GSM 模块，考虑 GSM 工作电流较大的特点，因此最好不要使用 USB 转串口（TTL）模块提供的 3.3V 电源（电流不够大），而采用外部电源独立供电的方式，以确保 GSM 通信的稳定性，因为 GSM 模块工作时的峰值电流通常在 1A 左右。实验系统各部分的连接关系如图 5.3 所示。

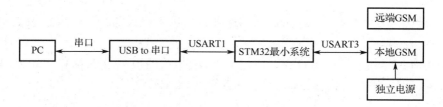

图 5.3　本例实验各部分的连接示意图

2）通信方式

USART1 亦采用查询发送、中断接收的方式。在中断函数中，将接收数据存入该串口对应的接收缓冲区。与 USART3 中断函数所不同的是，该中断接收函数在接收存储过程中，会实时判断是不是接收到了有效数据帧，即帧头 0xEA、帧尾 0x55 已经出现，如是，则设置接收到标志 RxOK。该标志被其他程序判断使用。

5.4.3　程序实现

1. 程序涉及的有关文件

由于采用中断方式，因此工程模板中的两个中断相关文件均有涉及：stm32f10x_it.h 和 stm32f10x_it.c，前者主要是进行全局变量说明、中断函数说明，后者主要是中断函数的定义。另外，涉及的文件是：main.c，stm32f10x_conf.h，前者是主函数所在文件，后者是功能模块头文件设置文件。上述 4 个文件的具体内容参见源程序部分。

2. 主函数与 GSM 模块相关函数的流程图

GSM 相关函数主要有：①初始化 GSM 模块；②短信发送；③短信接收处理（这部分被包含在主函数中）。

1）初始化 GSM 模块的流程图

STM32 通过 USART3 向本地 GSM 模块发送初始化指令，初始化程序的流程图如图 5.4 所示。

```
┌─────────────────────────────────────────────┐
│  间隔1s两次发送ATE0（关闭命令回显功能）      │
├─────────────────────────────────────────────┤
│  清空接收缓冲区及接收计数器                  │
├─────────────────────────────────────────────┤
│  发送握手指令AT                              │
├─────────────────────────────────────────────┤
│  等待回送应答OK                              │
├─────────────────────────────────────────────┤
│  清空接收缓冲区及接收计数器                  │
├─────────────────────────────────────────────┤
│  发送短信提示指令AT+CNMI=2,2（来时直接发送至串口）│
├─────────────────────────────────────────────┤
│  等待回送应答OK                              │
├─────────────────────────────────────────────┤
│  清空接收缓冲区及接收计数器                  │
├─────────────────────────────────────────────┤
│  发送文本短信方式指令AT+CMGF=1（TEXT方式）   │
├─────────────────────────────────────────────┤
│  等待回送应答OK                              │
└─────────────────────────────────────────────┘
```

图 5.4 初始化 GSM 模块的流程图

2）短信发送的流程图

流程图如图 5.5 所示。

```
┌─────────────────────────────────────────────┐
│  初始化                                      │
├─────────────────────────────────────────────┤
│  清空接收缓冲区及接收计数器                  │
├─────────────────────────────────────────────┤
│  发送接收方手机号指令AT+CMGS="对方号码"      │
├─────────────────────────────────────────────┤
│  等待回送应答符>                             │
├─────────────────────────────────────────────┤
│  清空接收缓冲区及接收计数器                  │
├─────────────────────────────────────────────┤
│  发送短信并以Ctrl+Z结束                      │
├─────────────────────────────────────────────┤
│  等待回送应答OK                              │
└─────────────────────────────────────────────┘
```

图 5.5 短信发送的流程图

3）短信接收处理的流程

由于短信的接收与处理被包含在主函数中，所以该部分程序的流程图不单独给出，请结合主函数的流程图自行分析。

4）主函数的流程图

流程图如图 5.6 所示。

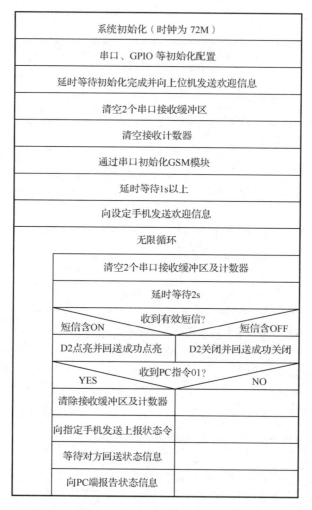

图 5.6　主函数的流程图

3. 源程序清单

（1）文件 1——stm32f10x_conf.h 的内容与上一个项目完全一样，其主要内容如下。

```
/* Includes ------------------------------------------------------------------*/
/* Uncomment/Comment the line below to enable/disable peripheral header file inclusion */
//#include "stm32f10x_adc.h"
```

```
//#include "stm32f10x_bkp.h"
//#include "stm32f10x_can.h"
//#include "stm32f10x_cec.h"
//#include "stm32f10x_crc.h"
//#include "stm32f10x_dac.h"
//#include "stm32f10x_dbgmcu.h"
//#include "stm32f10x_dma.h"
//#include "stm32f10x_exti.h"
//#include "stm32f10x_flash.h"
//#include "stm32f10x_fsmc.h"
#include "stm32f10x_gpio.h"            //使用
//#include "stm32f10x_i2c.h"
//#include "stm32f10x_iwdg.h"
//#include "stm32f10x_pwr.h"
#include "stm32f10x_rcc.h"             //使用
//#include "stm32f10x_rtc.h"
//#include "stm32f10x_sdio.h"
//#include "stm32f10x_spi.h"
//#include "stm32f10x_tim.h"
#include "stm32f10x_usart.h"           //使用
//#include "stm32f10x_wwdg.h"
#include "misc.h"                      //使用
```

（2）文件 2——stm32f10x_it.h 的主要内容如下，与上一个项目的同名文件相比，多了一个 USART3 的缓冲区外部变量说明部分。

```
/* Exported types -------------------------------------------------*/
//串口中断需要使用的全局外部变量说明
//USART1 的缓冲区外部变量说明
extern u8 RxBuffer[];
extern vu8 RxCount;                    //接收发送字节数
extern vu8 RxHeader;                   //接收数据帧头
extern vu8 RxOK;                       //接收一帧有效数据标志，=1 表示接收到了
extern vu8 RxLen;                      //接收到的数据帧的长度

//USART3 的缓冲区外部变量说明
extern u8 RxBuffer2[];
extern vu8 RxCount2;                   //接收发送字节数
extern vu8 RxHeader2;                  //接收数据帧头
extern vu8 RxOK2;                      //接收一帧有效数据标志，=1 表示接收到了
extern vu8 RxLen2;                     //接收到的数据帧的长度

/* Exported constants ---------------------------------------------*/
/* Exported macro -------------------------------------------------*/
/* Exported functions --------------------------------------------- */

void NMI_Handler(void);
void HardFault_Handler(void);
```

```c
void MemManage_Handler(void);
void BusFault_Handler(void);
void UsageFault_Handler(void);
void SVC_Handler(void);
void DebugMon_Handler(void);
void PendSV_Handler(void);
void SysTick_Handler(void);

//3 个串口中断函数说明
void USART1_IRQHandler(void);
void USART2_IRQHandler(void);
void USART3_IRQHandler(void);
```

（3）文件 3——stm32f10x_it.c 的主要内容如下，与上一个项目相比，USART3 的中断函数有所调整。

```c
//USART1 中断函数
void USART1_IRQHandler(void)
{
    if(USART_GetITStatus(USART1,USART_IT_RXNE) != RESET)        //接收中断
    {
        USART_ClearITPendingBit(USART1,USART_IT_RXNE);          //清除接收中断标志

        RxBuffer[RxCount] = USART_ReceiveData(USART1);
        RxCount++;
        RxCount &= 0xFF;
    }
    if(RxBuffer[RxCount-1] == 0xEA)                             //数据帧头
        RxHeader = RxCount-1;
    if((RxBuffer[RxHeader] ==0xEA)&&(RxBuffer[RxCount-1] == 0x55))
    //检测到头的情况下检测到尾
    {
        RxLen = RxCount -1- RxHeader;                           //数据帧长度（字节数）
        RxOK=1;                                                 //接收到数据帧标志
    }
    if(USART_GetFlagStatus(USART1,USART_FLAG_ORE) == SET)       //溢出处理
    {
        USART_ClearFlag(USART1,USART_FLAG_ORE);                 //读 SR
        USART_ReceiveData(USART1);                              //读 DR
    }
}

//USART2 中断函数
void USART2_IRQHandler(void)
{
    if(USART_GetITStatus(USART2,USART_IT_RXNE) != RESET)        //接收中断
    {
        USART_ClearITPendingBit(USART2,USART_IT_RXNE);          //清除接收中断标志
```

```c
        RxBuffer[RxCount] = USART_ReceiveData(USART2);
        RxCount++;
        RxCount &= 0xFF;
    }
    if(RxBuffer[RxCount-1] == 0xEA)                              //数据帧头
        RxHeader = RxCount-1;
    if((RxBuffer[RxHeader] ==0xEA)&&(RxBuffer[RxCount-1] == 0x55))
    //检测到头的情况下检测到尾
    {
        RxLen = RxCount -1- RxHeader;                            //数据帧长度(字节数)
        RxOK=1;                                                  //接收到数据帧标志
    }
    if(USART_GetFlagStatus(USART2,USART_FLAG_ORE) == SET)        //溢出
    {
        USART_ClearFlag(USART2,USART_FLAG_ORE);                  //读 SR
        USART_ReceiveData(USART2);                               //读 DR
    }
}

//USART3 中断函数
//使用与 USART1 不同的缓冲区和标志
void USART3_IRQHandler(void)
{
/*
    if(USART_GetITStatus(USART3,USART_IT_RXNE) != RESET)         //接收中断
    {
        USART_ClearITPendingBit(USART3,USART_IT_RXNE);           //清除接收中断标志

        RxBuffer2[RxCount2] = USART_ReceiveData(USART3);
        RxCount2++;
        RxCount2 &= 0xFF;
    }
    if(RxBuffer2[RxCount2-1] == 0xEA)                            //数据帧头
        RxHeader2 = RxCount2-1;
    if((RxBuffer2[RxHeader2] ==0xEA)&&(RxBuffer2[RxCount2-1] == 0x55))
    //检测到头的情况下检测到尾
    {
        RxLen2 = RxCount2 -1- RxHeader2;                         //数据帧长度(字节数)
        RxOK2=1;                                                 //接收到数据帧标志
    }
*/
    if(USART_GetITStatus(USART3,USART_IT_RXNE) != RESET)         //接收中断
    {
        USART_ClearITPendingBit(USART3,USART_IT_RXNE);           //清除接收中断标志

        RxBuffer2[RxCount2] = USART_ReceiveData(USART3);
```

```
            RxCount2++;
        //  RxCount2 &= 0xFF;                                   //到 255 自动为 0
            if(RxCount2>=200) RxCount2=0;                       //只能接受 200 字节
        }

        if(USART_GetFlagStatus(USART3,USART_FLAG_ORE) == SET)   //溢出则必须清零
        {
            USART_ClearFlag(USART3,USART_FLAG_ORE);             //读 SR
            USART_ReceiveData(USART3);                          //读 DR
        }
}
```

（4）文件 4——主函数所在的 main.c 的完整内容如下。

```
//基于最小系统板
//库文件：V3.50
//功能：双串口实验，USART1 与 PC，USART3 与 GSM，均为查询发送\中断接收
//2015 年 7 月 24 日

#include <stm32f10x.h>
#include <string.h>                                 //用到字符串函数

#define USARTmy1 USART1                             //用户串口宏定义，要改串口号，只要改此处
#define USARTmy2 USART3                             //用户串口宏定义，要改串口号，只要改此处

//D2 开关宏语句
#define D2_ON GPIO_ResetBits(GPIOC, GPIO_Pin_8)
#define D2_OFF GPIO_SetBits(GPIOC, GPIO_Pin_8)

//短信 AT 指令字符串
#define DXFS "AT+CMGF=1\r"                          //短信文本方式
#define DXFSHM "AT+CMGS=\"18989550748\"\r"          //号码根据需要修改

//通信缓冲区定义
//USART1
#define Max 255
u8 RxBuffer[Max];
u8 TxBuffer[Max];
vu8 RxCount=0;                                      //接收发送字节数
vu8 TxCount=0;
vu8 RxHeader=0;                                     //接收数据帧头
vu8 RxOK=0;                                         //接收一帧有效数据标志，=1 表示接收到了
vu8 RxLen=0;                                        //接收到的数据帧的长度
//USART3
u8 RxBuffer2[Max];
u8 TxBuffer2[Max];
vu8 RxCount2=0;                                     //接收发送字节数
vu8 TxCount2=0;
```

```c
    vu8 RxHeader2=0;                                    //接收数据帧头
    vu8 RxOK2=0;                                        //接收一帧有效数据标志,=1表示接收到了
    vu8 RxLen2=0;                                       //接收到的数据帧的长度

//枚举类型定义
typedef enum {ERR=0,OK=!ERR}TXRXstat;

//LED 对应的 GPIO 口配置
void GPIO_Led_Config(void)
{
    GPIO_InitTypeDef GPIO_InitStructure;
    RCC_APB2PeriphClockCmd( RCC_APB2Periph_GPIOC, ENABLE);   //使能 PC 端口时钟
    GPIO_InitStructure.GPIO_Pin = GPIO_Pin_8;                //选择对应的引脚
    GPIO_InitStructure.GPIO_Mode = GPIO_Mode_Out_PP;
    GPIO_InitStructure.GPIO_Speed = GPIO_Speed_50MHz;
    GPIO_Init(GPIOC, &GPIO_InitStructure);                   //初始化 PC 端口
    GPIO_SetBits(GPIOC, GPIO_Pin_8 );                        //关闭所有 LED
}

//串口涉及的 GPIO 及其时钟初始化
//注意:该函数使用默认的 3 个串口的 TX\RX 引脚
//如果要重定义引脚,必须加以修改(没有使用复用功能重映射)
//注意:USART1 在 APB2 桥,USART2、USART3 在 APB1 桥
//参数:USARTx,即 USART1,2,3
void GPIO_USARTX_Config(USART_TypeDef * USARTx)
{
    GPIO_InitTypeDef GPIO_InitStructure;
    if(USARTx==USART1)
    {
        //相关的时钟必须要使能,USART1 对应的引脚在 PA,两者都要使能
        RCC_APB2PeriphClockCmd(RCC_APB2Periph_GPIOA|RCC_APB2Periph_USART1, ENABLE);
        //使能 PA\USART1 端口时钟,在 APB2 桥

        GPIO_InitStructure.GPIO_Pin = GPIO_Pin_9;           //USART1 的 TX
        GPIO_InitStructure.GPIO_Mode = GPIO_Mode_AF_PP;     //复用推挽输出
        GPIO_InitStructure.GPIO_Speed = GPIO_Speed_50MHz;   //可不用,默认值就行
        GPIO_Init(GPIOA, &GPIO_InitStructure);

        GPIO_InitStructure.GPIO_Pin = GPIO_Pin_10;          //USART1 的 RX
        GPIO_InitStructure.GPIO_Mode = GPIO_Mode_IN_FLOATING;  //浮空输入
        GPIO_Init(GPIOA, &GPIO_InitStructure);
    }
    if(USARTx==USART2)
    {
        //相关时钟必须要使能,USART2 对应的引脚在 PA,所以两者都要使能
        RCC_APB2PeriphClockCmd(RCC_APB2Periph_GPIOA, ENABLE);
        //使能 PA 端口时钟
```

```c
            RCC_APB1PeriphClockCmd(RCC_APB1Periph_USART2, ENABLE);
            //使能USART2端口时钟，USART2在 APB1桥

            GPIO_InitStructure.GPIO_Pin = GPIO_Pin_2;                   //USART2的TX
            GPIO_InitStructure.GPIO_Mode = GPIO_Mode_AF_PP;             //复用推挽输出
            GPIO_InitStructure.GPIO_Speed = GPIO_Speed_50MHz;           //可不用，默认值就行
            GPIO_Init(GPIOA, &GPIO_InitStructure);

            GPIO_InitStructure.GPIO_Pin = GPIO_Pin_3;                   //USART2的RX
            GPIO_InitStructure.GPIO_Mode = GPIO_Mode_IN_FLOATING;       //浮空输入
            GPIO_Init(GPIOA, &GPIO_InitStructure);
        }

        if(USARTx==USART3)
        {
            //相关时钟必须要使能，USART3对应的引脚在PB，所以两者都要使能
            RCC_APB2PeriphClockCmd(RCC_APB2Periph_GPIOB, ENABLE);
            //使能PB端口时钟
            RCC_APB1PeriphClockCmd(RCC_APB1Periph_USART3, ENABLE);
            //使能USART3端口时钟

            GPIO_InitStructure.GPIO_Pin = GPIO_Pin_10;                  //USART3的TX
            GPIO_InitStructure.GPIO_Mode = GPIO_Mode_AF_PP;             //复用推挽输出
            GPIO_InitStructure.GPIO_Speed = GPIO_Speed_50MHz;           //可不用，默认值就行
            GPIO_Init(GPIOB, &GPIO_InitStructure);

            GPIO_InitStructure.GPIO_Pin = GPIO_Pin_11;                  //USART3的RX
            GPIO_InitStructure.GPIO_Mode = GPIO_Mode_IN_FLOATING;       //浮空输入
            GPIO_Init(GPIOB, &GPIO_InitStructure);
        }
}

//USARTx串口初始化函数
//参数：USARTx，x=1，2，3
void USART_Configuration(USART_TypeDef * USARTx)
{
    //初始化结构
    USART_InitTypeDef USART_InitStructure;
    USART_InitStructure.USART_BaudRate = 115200;                        //115200
    USART_InitStructure.USART_WordLength = USART_WordLength_8b;         //8位数据
    USART_InitStructure.USART_StopBits = USART_StopBits_1;              //1位停止位
    USART_InitStructure.USART_Parity = USART_Parity_No;                 //无奇偶校验
    USART_InitStructure.USART_HardwareFlowControl =
    USART_HardwareFlowControl_None;                                     //无硬件流控
    USART_InitStructure.USART_Mode = USART_Mode_Rx | USART_Mode_Tx;
    //允许接收和发送
    USART_Init(USARTx, &USART_InitStructure);                           //初始化
```

```
        USART_Cmd(USARTx, ENABLE);                              //使能 USARTx
        USART_GetFlagStatus(USARTx,USART_FLAG_TC);              //解决第 1 字节发不出去的问题
}

//1ms 延时函数（@72M）
void delay_nms(u16 time)
{
    u16 i=0;
    while(time--)
    {
        i=12000;
        while(i--) ;
    }
}

//查询法发送一字节
//参数：串口 1，2，3，待发送字节
//返回：枚举 Err，或者 OK
//发送成功标志 USART_FLAG_TXE
TXRXstat Send1Byte(USART_TypeDef * USARTx,u8 dat)
{
    vu32 cnt=0;                                                 //超时计时器
    USART_SendData(USARTx, dat);                                //发送
    while(USART_GetFlagStatus(USARTx, USART_FLAG_TXE) == RESET)
    {
        cnt++;
        if(cnt>100000) return ERR;                              //发送超时，返回 Err
    }                                                           //等待发送完成
    return OK;
}

//发送一帧数据
//参数：USARTx, x=1，2，3，待发送的多字节数据（字节末尾以'\0'结束）
//返回值：无
void SendString(USART_TypeDef * USARTx,u8 *Message)
{
    // vu8 i;
    while(*Message!='\0')
        Send1Byte(USARTx,*Message++);
}

void EmptyRxBuffer(u8 len)
{
    u8 i;
    for(i=0;i<len;i++)
        RxBuffer[i]=0;
}
```

```c
void EmptyRxBuffer2(u8 len)
{
    u8 i;
    for(i=0;i<len;i++)
        RxBuffer2[i]=0;
}
```

//*****************判断缓存中是否含有指定的字符串函数******************
//函数名称：hand
//函数功能：判断缓存中是否含有指定的字符串
//输入参数：源字符串 rec_buf，目标字符串 unsigned char *a 指定的字符串
//输出参数：1=含有   0=不含有
//调用模块：无
//***

```c
u8 hand(u8 *rec_buf,u8 *a)
{
    if(strstr((char *)rec_buf,(char *)a)!=NULL)                 //!=不等于
        return 1;
    else
        return 0;
}
```

//串口中断初始化
//接收中断使能
//参数：串口 USART1、USART2、USART3 之一
//注意：中断相应等级为 0，1，2

```c
void NVIC_Configuration(USART_TypeDef * USARTx)
{
    NVIC_InitTypeDef NVIC_InitStructure;
    if(USARTx==USART1)                                          //串口1，优先级为1
    {
        NVIC_InitStructure.NVIC_IRQChannel=USART1_IRQn;         //USART1 中断号
        NVIC_InitStructure.NVIC_IRQChannelPreemptionPriority=0; //中断占先等级0
        NVIC_InitStructure.NVIC_IRQChannelSubPriority=1;        //中断响应优先级1
        NVIC_InitStructure.NVIC_IRQChannelCmd=ENABLE;           //中断使能
        NVIC_Init(&NVIC_InitStructure);                         //初始化
        USART_ITConfig(USART1,USART_IT_RXNE,ENABLE);            //接收中断使能
    }
    if(USARTx==USART2)                                          //串口2，优先级为2
    {
        NVIC_InitStructure.NVIC_IRQChannel=USART2_IRQn;         //USART2 中断号
        NVIC_InitStructure.NVIC_IRQChannelPreemptionPriority=0; //中断占先等级0
        NVIC_InitStructure.NVIC_IRQChannelSubPriority=2;        //中断响应优先级2
        NVIC_InitStructure.NVIC_IRQChannelCmd=ENABLE;           //中断使能
        NVIC_Init(&NVIC_InitStructure);                         //初始化
        USART_ITConfig(USART2,USART_IT_RXNE,ENABLE);            //接收中断使能
```

```c
        }
        if(USARTx==USART3)                                              //串口3，优先级为0
        {
            NVIC_InitStructure.NVIC_IRQChannel=USART3_IRQn;             //USART3 中断号
            NVIC_InitStructure.NVIC_IRQChannelPreemptionPriority=0;     //中断占先等级 0
            NVIC_InitStructure.NVIC_IRQChannelSubPriority=0;            //中断响应优先级 0
            NVIC_InitStructure.NVIC_IRQChannelCmd=ENABLE;               //中断使能
            NVIC_Init(&NVIC_InitStructure);                             //初始化
            USART_ITConfig(USART3,USART_IT_RXNE,ENABLE);                //接收中断使能
        }
}

//GSM 模块短信接收发送初始化
//参数：发送方的电话号码
void GSM_SMSInit(void)
{
    SendString(USARTmy2,(u8 *)("ATE0\r"));                              //关闭回显，否则会回送发的 AT 指令
    delay_nms(1000);
    SendString(USARTmy2,(u8 *)("ATE0\r"));
    delay_nms(1000);

    RxCount2=0;                                                         //清除，等待接收新的应答
    EmptyRxBuffer2(Max);
    SendString(USARTmy2,(u8 *)("AT\r"));                                //发送握手
    while(hand(RxBuffer2,(u8 *)("OK"))!=1);                             //等待应答

    //("AT+CNMI=2,1\r";                                                 //新消息来时送出脉冲，否则不知道
                                                                        //新消息来否

    RxCount2=0;
    EmptyRxBuffer2(Max);
    SendString(USARTmy2,(u8 *)("AT+CNMI=2,2\r"));                       //新消息来时直接发送到串口
    while(hand(RxBuffer2,(u8 *)("OK"))!=1);                             //等待应答

    RxCount2=0;
    EmptyRxBuffer2(Max);
    SendString(USARTmy2,(u8 *)(DXFS));                                  //发送短信方式：TEXT 文本方式
    while(hand(RxBuffer2,(u8 *)("OK"))!=1);                             //等待应答
}

//发送短信函数
//参数为对方号码（长号 11 位），发送的内容
//返回值：成功=1，失败=0
u8 SMSSend(u8 *num,u8 *text)
{
    u8 cmgs[30]="AT+CMGS=\"11111111111\"\r";                            //发送设置接收方手机号码指令
```

```c
    u8 i;
    for(i=9;i<20;i++)                                    //填入实际的11位长号
        cmgs[i]=*num++;
    RxCount2=0;
    EmptyRxBuffer2(Max);
    SendString(USARTmy2,(u8 *)(cmgs));                   //发送该指令
    while(hand(RxBuffer2,(u8 *)(">"))!=1);               //等待应答

    for(i=0;*text!='\0';i++)                             //设置要发送的TEXT短信
    {
        TxBuffer2[i]=*text++;
    }
    TxBuffer2[i]='\x1a';                                 //Ctrl+Z
    i++;
    TxBuffer2[i]='\0';                                   //字符串结束

    RxCount2=0;
    EmptyRxBuffer2(Max);
    SendString(USARTmy2,(u8 *)(TxBuffer2));              //发送该指令
    delay_nms(1000);
    while(hand(RxBuffer2,(u8 *)("OK"))!=1);              //等待应答
    return 1;
}

//提取应答中的对方手机号码11位
//这里采用绝对地址抽取的方式，最好采用查找特征子串的方式
//参数：rec为应答字符串，buf为存储抽取的电话号码
void DFHM(u8 *rec,u8 *buf)
{
    u8 i;
    for(i=12;i<23;i++,buf++)
        *buf=rec[i];
}
//主函数
int main(void)
{
    u8 kcnt=0;
    u32 i;
    u8 buf[12];
    u8 cmd1,cmd2;               //命令字节1（开或者关），命令字节2（亮度或关闭速度）
    SystemInit();               //配置系统时钟为72MHz，这个可以省略，在V3.50中默认就是72MHz
    GPIO_Led_Config();          //LED时钟和引脚配置
    GPIO_USARTX_Config(USARTmy1);                        //串口时钟配置
    GPIO_USARTX_Config(USARTmy2);                        //串口时钟配置

    USART_Configuration(USARTmy1);                       //串口的设置
    USART_Configuration(USARTmy2);                       //串口的设置
```

```c
NVIC_Configuration(USARTmy1);                           //串口中断初始化
NVIC_Configuration(USARTmy2);                           //串口中断初始化

EmptyRxBuffer(Max);
EmptyRxBuffer2(Max);

for(kcnt=0;kcnt<30;kcnt++)
    delay_nms(1000);
SendString(USARTmy1,(u8 *)("Welcome to mycontroller V1.1!\n"));

GSM_SMSInit();                                          //GSM 模块短信初始化
delay_nms(1000);                                        //延时
SMSSend((u8 *)"18989550748",(u8 *)"welcome to mycontroller V1.1\n");  //发送欢迎短信

while(1)
{
    //手机端控制,这里没有设置有效用户限制,即只有指定的手机号才能发送指令
    //如果要加手机号限定,只需要再加 hand(RxBuffer2,(u8 *)("指定号码"))==1
    RxCount2=0;
    EmptyRxBuffer2(Max);
    delay_nms(2000);
    if(hand(RxBuffer2,(u8 *)("ON"))==1)
    {
        D2_ON;
        DFHM(RxBuffer2,buf);                            //提取应答中的对方号码
        SMSSend(buf,(u8 *)("Your command is executed,D2 has been ON now!"));
        //向对方回送短信
    }
    if(hand(RxBuffer2,(u8 *)("OFF"))==1)
    {
        D2_OFF;
        DFHM(RxBuffer2,buf);
        SMSSend(buf,(u8 *)("Your command is executed,D2 has been OFF now!"));
        //向对方回送短信
    }

    //PC 端控制
    //PC 通过串口 1 发送指令数据帧,STM32 系统处理并通过串口 1 回送相应信息
    //0xEA,0x0a000000,0x0100,0x0000,0x55 0x01 表示要求远程回送信息
    //(远程为指定的 GSM 客户端)
    //STM32 系统通过本地 GSM 收到远程 GSM 客户端回送的信息后
    //则回送 PC 端, "001 is OK!"
    if(RxOK)
    {
        cmd1=RxBuffer[5];                               //目前只有该字节有用
        cmd2=RxBuffer[7];
```

```
            switch(cmd1)
            {
                case 0x01:
                            RxOK=0;
                            RxCount=0;
                            EmptyRxBuffer(Max);

                            //向远端 GSM 用户发送指令
                            SMSSend((u8 *)"18989550748",(u8 *)"PC call you,please report!\n");
                            //发送欢迎短信
                            while(hand(RxBuffer2,(u8 *)("I am OK"))!=1);
                            //等待远端回送短信
                            SendString(USARTmy1,(u8 *)("001 is OK!\n"));
                            break;
            }
        }
    }
}
```

5.5　USART 应用小结

1. 中断的概念及其优先级

中断对于嵌入式系统来说是十分重要的。在传统的 51 单片机中，通常只有 5 个中断，其中，2 个外部中断，2 个定时/计数器中断和 1 个串口中断。但是在 STM32 中，中断数量大大增加，而且中断的设置也更加复杂。

Coetex-M3 内核共支持 256 个中断，其中，16 个内部中断，240 个外部中断和可编程的 256 级中断优先级设置。STM32 目前支持的中断共 84 个（16 个内部+68 个外部），还有 16 级可编程的中断优先级设置，仅使用中断优先级设置 8bit 中的高 4 位。

STM32 可支持 68 个外部中断通道，已经固定分配给相应的外部设备，每个中断通道都具备自己的中断优先级控制字节 PRI_n（8 位，但是 STM32 中只使用 4 位，高 4 位有效），每 4 个通道的 8 位中断优先级控制字构成一个 32 位的优先级寄存器。68 个通道的优先级控制字则至少需要 17 个 32 位的优先级寄存器。

4bit 的中断优先级可以分成两组，从高位看，前面定义的是抢占式优先级，后面是响应式优先级。按照这种分组，4bit 一共被分成 5 组，具体可查阅 STM32 手册。

STM32 的中断通道可被配置各自的响应式优先级和抢占式优先级。

优先级冲突处理：

（1）具有高抢占式优先级的中断可以在具有低抢占式优先级的中断处理过程中被响应，即中断的嵌套，或者说高抢占式优先级的中断可以嵌套低抢占式优先级的中断。

（2）当两个中断源的抢占式优先级相同时，这两个中断将没有嵌套关系。当一个中断到来后，如果正在处理另一个中断，这个后到来的中断就要等到前一个中断处理完之后才能被处理。

（3）如果上述两个中断同时到达，则中断控制器会根据它们的响应优先级的高低来决定先处理哪一个；如果它们的抢占式优先级和响应式优先级都相等，则根据它们在中断表中的排位顺序决定先处理哪一个。

为了配置优先级，仅需要对中断优先级结构体变量进行相应的设置，然后调用中断初始化函数进行初始化 NVIC_Init(&NVIC_initstructure)。具体如下：

```
typedef struct
{
    uint8_t  NVIC_IRQChannel
    uint8_t  NVIC_IRQChannelPreemptionPriority;
    uint8_t  NVIC_IRQChannelSubPriority;
    FunctionalState  NVIC_IRQChannelCmd;
} NVIC_InitTypeDef;                                  //中断优先级结构体
void NVIC_TIM2_config(void)
{
    NVIC_InitTypeDef NVIC_initstructure;
    NVIC_PriorityGroupConfig(NVIC_PriorityGroup_0);  //中断优先级分组，此处分组为 0 组
    NVIC_initstructure.NVIC_IRQChannel=TIM2_IRQn;
    NVIC_initstructure.NVIC_IRQChannelCmd=ENABLE;
    NVIC_initstructure.NVIC_IRQChannelPreemptionPriority=0;  //设置中断抢占式优先级级别
    VIC_initstructure.NVIC_IRQChannelSubPriority=1;          //设置中断响应式优先级级别
    NVIC_Init(&NVIC_initstructure);
}
```

关于 STM32 的中断优先级，有两点不得不说：

第一点，如果指定的抢占式优先级别或响应式优先级别超出了选定的优先级分组所限定的范围，将可能得到意想不到的结果。

第二点，数值越小，优先级级别越高。

就本例而言，如果 USART1、USART2、USART3 三个串口均采用中断方式接收的话，必须正确理解并设置中断：中断优先级分组、设置中断抢占式优先级级别、设置中断响应式优先级级别。

2. 串口溢出

串口状态寄存器（USART_SR）中的位 3 为 ORE，即溢出错误（overrun error）。0 表示没有溢出错误，1 表示检测到溢出错误。

在 RXNE=1 的条件下，也就是上次数据还没有读走，串口接收寄存器又接收了一字节的数据并准备往 RDR 寄存器转移的时候，会由硬件将这个位置 1。如果向 USART_ICR 寄存器的 ORECF 位写 1，可以清除这个标志。如果 USART_CR1 寄存器中的 RXNEIE 位或 EIE 位是 1，就会产生中断请求。

（1）当这个位被置 1，RDR 寄存器中的数据不会丢，但移位寄存器中的数据（那个新的）就会被丢弃。如果在多缓冲区通信时 EIE 位是 1，并且 ORE 标志被置 1 的话，就会同步引起一个中断请求。

（2）如果 USART_CR3 寄存器中的 OVRDIS 位是 1，那么 ORE 这个位就会被长期强制

为零（即取消溢出检测功能）。

3. GSM 的 AT 指令

GSM 的 AT 指令较多，而且有不同的版本。但是大多数 GSM 模块均支持最基本的 AT 指令。在程序设计中，要注意 AT 指令的有效性和兼容性问题。

本例在短信接收处理时，采用直接送串口方式，可以简化处理流程。

4. STM32 的 USART 和 UART

UART 与 USART 都是单片机上的串口通信，其含义分别是：

UART：Universal Asynchronous Receiver and Transmitter（通用异步接收/发送器）。

USART：Universal Synchronous Asynchronous Receiver and Transmitter（通用同步/异步接收/发送器）。

从名字上可以看出，USART 是在 UART 基础上增加了同步功能，即 USART 是 UART 的增强型，事实也确实如此。但是具体增强了什么呢？

其实，当我们使用 USART 在异步通信的时候，它与 UART 没有什么区别，但是用于同步通信的时候，区别就很明显了：因为同步通信需要时钟来触发数据传输，也就是说，USART 相对于 UART 的区别之一就是能提供主动时钟。例如，STM32 的 USART 可以提供时钟支持 ISO7816 的智能卡接口。

STM32 中的串口是有 USART 和 UART 之分的。例如 STM32F103，通常有 5 个串口，前三个为 USART，后两个则为 UART，即 USART1、USART2、USART3 以及 UART4 和 UART5。这一点在应用时要加以注意。

5. 串口与串口的连接

通常采用三线制，即串口只要 3 个引脚：甲方的发送与乙方的接收相连，甲方的接收与乙方的发送相连，然后是甲方和乙方的信号地相连。

串口通信可以直接通过 TTL 电平方式，即甲方和乙方的串口均为 TTL 电平，此时只要按照三线制的连接要求正确接口，即可实现串行通信。

串口通信也可以采用 RS-232C 的电平方式，此时，甲乙双方的串口信号均必须通过类似 MAX232 接口芯片将 TTL 电平转换为 RS-232C 电平标准信号进行交叉连接并通信。

思考与扩展

5.1 简述 STM32 中串口通信的程序设计要点。

5.2 基于串口实现两个 STM32 系统之间的通信。要求：STM32 系统 1 发送指令"ON"或"OFF"给 STM32 系统 2，STM32 系统 2 收到"ON"后，点亮系统上的一个发光二极管，并回送"OK"；如果收到"OFF"后，则关闭该发光二极管，并回送"OK"。

5.3 利用 STM32 的串口 2 即 USART2，实现波特率 9600、8 位数据位、1 位停止位、无校验的串行通信，PC 发送"A"，STM32 系统回送"I am here!"。

第 6 章

人机界面——按键输入与液晶显示

本章导览

人机界面在应用系统中的地位十分重要，友好的人机界面是一个项目最重要的要求之一。人机交互中，需要通过键盘等输入信息，也需要通过显示界面输出信息。本章通过5个完整案例详细讨论了 STM32 应用中人机界面的设计问题。

- ➢ STM32 与液晶模块 12864 的接口实现——延时法、查询状态法两种方法。
- ➢ 基于液晶模块 12864 的菜单实现。
- ➢ 矩阵键盘的接口实现。
- ➢ 归纳与小结。

6.1 STM32 与液晶模块 12864 的接口实现

6.1.1 STM32 与液晶模块 12864 的接口实现——延时法

1. 接口程序的设计思想

液晶模块与其他功能模块一样，接口设计中最重要的是时序配合、读出写入时的应答处理。为解决时序配合问题，通常的做法有两种：

（1）延时法。就是按照时序要求通过延时函数加以实现，也就是通过延时以等待"忙"状态结束。

（2）查询状态法。通常情况下，功能模块大多会提供一个"忙"状态信号或引脚，可以随时获取液晶模块的当前状态。如果是"忙"状态，则不能对它进行写入操作，否则，可以进行写入操作。对 12864 液晶模块而言，可通过查询状态字的忙状态位的方式以获取"忙"状态信号。

本例是采用简单延时以等待模块结束"忙"状态的方式。

2. 硬件设计

本章使用的 12864 液晶模块具体型号为 HP12864F。该模块的控制器为 ST7920，因此指令系统与 ST7920 系列完全一致。该模块的电源电压范围较宽（3.0～7.0V），信号电压为 2.7～5.5V。因此，该模块适用于 5V 单片机系统和 3.3V 单片机系统。

该模块自带亮度调节电位器设计，可以自行焊接一个 10kΩ 的小型电位器，也可以采用在模块上预留位焊接 10kΩ 电位器的方式。但两者必须取其一，否则液晶屏无法正常显示。这是初学者往往忽视和头痛的一点。程序是对的，但无法显示，这时候可重点查查这个电位器是否被正常焊接或调整在合适的阻值上以选定合适的对比度，只有这样才能正常显示。

该模块的引脚与大多数 12864 模块的引脚完全兼容，具体引脚及其功能见表 6.1。

表 6.1　HP12864F 液晶模块的引脚及其功能一览表

引脚号	引脚名	功　能	引脚号	引脚名	功　能
1	VSS	电源地	11	DB4	数据总线 4 位
2	VDD	电源（+5V）	12	DB5	数据总线 5 位
3	V0	对比度调节电压（对地或 18 脚）	13	DB6	数据总线 6 位
4	D/I（RS）	指令/数据选择，0=指令，1=数据	14	DB7	数据总线 7 位
5	R/W	读写选择，0=写入，1=读出	15	PSB	串并选择，0=串行
6	E	使能信号	16	NC	空
7	DB0	数据总线 0 位	17	RST	复位，0=复位
8	DB1	数据总线 1 位	18	VEE	驱动电压，配合 3，常空
9	DB2	数据总线 2 位	19	A	背光电源+
10	DB3	数据总线 3 位	20	K	背光电源-

值得注意的是，大多数以 ST7920 为控制器的 12864 液晶模块，通常都具有并行接口方式和串行接口方式。在串行接口方式中，4、5、6 三脚的功能定义有所变化，分别是：

（1）4 脚——RS 对应 CS：片选信号。

（2）5 脚——RW 对应 SID：串行数据。

（3）6 脚——E 对应 SCLK：串行时钟。

本节使用的是串行接口方式。模块 4 脚与 STM32 单片机的 GPIOB 的 PB8 相连；模块 5 脚与 STM32 单片机的 GPIOB 的 PB9 相连；模块 6 脚与 STM32 单片机的 GPIOB 的 PB10 相连。模块的 PSB 脚在模块上直接焊接为低电平端（串行方式）。模块的 RST 脚可以不接。液晶模块的电源和背光使用+5V 电源。

3．程序实现

不查询液晶模块的"忙"状态信号，采用延时等待法，此法虽然简便，但可能会因单片机系统的主频时钟不一样、不稳定而出现失常现象。这一点，要引起关注，至少在出现不能正常显示时，应考虑这个因素。尤其是在程序移植时，要充分考虑系统的主频时钟。

本例采用"单文件"的开发方式。在工程模板的基础上，整个程序需要调整的文件只有两个：main.c 和 stm32f10x_conf.h，如图 6.1 中的两个方框所示。前者包含了液晶模块的基本接口函数和延时函数（粗略延时，不够精准，可根据需要调整为精准以μs 为单位的延时函数），后者则是涉及的 STM32 的外设模块的头文件。

图 6.1　本例的工程文件视图

上述两个文件的内容分别如下。

（1）文件 1——stm32f10x_conf.h 的相关部分内容如下，该文件的其余部分不需要做任何调整。

```
/* Includes ------------------------------------------------------------------*/
/* Uncomment/Comment the line below to enable/disable peripheral header file inclusion */
//#include "stm32f10x_adc.h"
//#include "stm32f10x_bkp.h"
//#include "stm32f10x_can.h"
//#include "stm32f10x_cec.h"
//#include "stm32f10x_crc.h"
//#include "stm32f10x_dac.h"
//#include "stm32f10x_dbgmcu.h"
//#include "stm32f10x_dma.h"
//#include "stm32f10x_exti.h"
//#include "stm32f10x_flash.h"
//#include "stm32f10x_fsmc.h"
#include "stm32f10x_gpio.h"        //使用 GPIO 头文件（PB 端口被使用）
//#include "stm32f10x_i2c.h"
//#include "stm32f10x_iwdg.h"
//#include "stm32f10x_pwr.h"
#include "stm32f10x_rcc.h"         //使用 RCC 头文件（系统时钟初始化函数）
//#include "stm32f10x_rtc.h"
//#include "stm32f10x_sdio.h"
//#include "stm32f10x_spi.h"
//#include "stm32f10x_tim.h"
//#include "stm32f10x_usart.h"
```

//#include "stm32f10x_wwdg.h"
//#include "misc.h" /* High level functions for NVIC and SysTick (add-on to CMSIS functions) */

（2）文件 2——main.c 的完整内容如下。12864 液晶模块显示程序——简易实现法：基于延时。

```
/***********************************************************************
 * 文件名称：ST12864.c
 * 模块名称：ST7920 驱动的 12864 液晶的串行工作方式驱动程序
 * CPU：stm32f103RCT6，主频：72MHz
 * 作者：SHW
 * 创建日期：2015-08-30
 ***********************************************************************/
#include <stm32f10x.h>
//实验使用模块：HP12864F
//引脚
//CS=RS:        片选
//RW=SID:       串行数据
//E=SCLK:       串行时钟
//PSB:          并行串行选择，H：并行，L：串行——必须串行
//RST:          复位，H：不复位，L：复位——可以不接

//固件库函数法定义引脚及其宏
#define DAT_128     GPIO_Pin_9
#define SID_H       GPIO_SetBits(GPIOB,DAT_128)
#define SID_L       GPIO_ResetBits(GPIOB,DAT_128)

#define CS_128      GPIO_Pin_8
#define CS_H        GPIO_SetBits(GPIOB,CS_128)
#define CS_L        GPIO_ResetBits(GPIOB,CS_128)

#define SCLK_128    GPIO_Pin_10
#define SCLK_H      GPIO_SetBits(GPIOB,SCLK_128)
#define SCLK_L      GPIO_ResetBits(GPIOB,SCLK_128)

//寄存器法定义引脚及其宏
/*
#define SID_H       GPIOB->BSRR=GPIO_Pin_9
#define SID_L       GPIOB->BRR=GPIO_Pin_9
#define CS_H        GPIOB->BSRR=GPIO_Pin_8
#define CS_L        GPIOB->BRR=GPIO_Pin_8
#define SCLK_H      GPIOB->BSRR=GPIO_Pin_10
#define SCLK_L      GPIOB->BRR=GPIO_Pin_10
*/
//液晶屏的相关参数
#define x1          0x80
```

```c
#define x2      0x88
#define y       0x80
#define comm    0
#define dat     1

/************************************************************************
* 函数名称：Lcds_Config
* 功能描述：初始化 LCD 对应的 GPIO
************************************************************************/
void Lcds_Config(void)
{
    GPIO_InitTypeDef GPIO_InitStructure;
    RCC_APB2PeriphClockCmd(RCC_APB2Periph_GPIOB,ENABLE);
    //使能 PB 端口时钟，在 APB2 桥
    GPIO_InitStructure.GPIO_Pin = GPIO_Pin_8|GPIO_Pin_9|GPIO_Pin_10;
    GPIO_InitStructure.GPIO_Speed = GPIO_Speed_50MHz;
    GPIO_InitStructure.GPIO_Mode = GPIO_Mode_Out_PP;
    GPIO_Init(GPIOB, &GPIO_InitStructure);
}

/************************************************************************
* 函数名称：Delaynms
* 功能描述：延时，不精准，要根据系统时钟适当调整
************************************************************************/
void Delaynms(u16 di)
{
    u16 da,db;
    for(da=0;da<di;da++)
        for(db=0;db<10;db++);
}

/************************************************************************
* 函数名称：Send_byte
* 功能描述：发送一字节
* 参数：待发送的字节
* 返回值：无
************************************************************************/
void Send_Byte(u8 bbyte)
{
    u8 i,t;
    for(i=0;i<8;i++)
    {
        if((bbyte)&0x80)
            SID_H;                          //取出最高位
        else
```

```
            SID_L;
        SCLK_H;
        t = 0x10;
        while(t--) ;                          //延时 lcd 写入数据   (时序需要)
        SCLK_L;
        bbyte <<= 1;                          //左移
    }
}

/**********************************************************************
* 函数名称：Write_char
* 功能描述：写指令或数据
* 参数：start，0：指令，1：数据，ddata：待写字节
* 返回值：无
**********************************************************************/
void Write_Char(u8 start, u8 ddata)
{
    u8 start_data,Hdata,Ldata;
    if(start==0)
        start_data=0xf8;                      //写指令
    else
        start_data=0xfa;                      //写数据
    Hdata=ddata&0xf0;                         //取高四位
    Ldata=(ddata<<4)&0xf0;                    //取低四位
    Send_Byte(start_data);                    //发送起始信号
    Delaynms(10);                             //必要延时
    Send_Byte(Hdata);                         //发送高四位
    Delaynms(5);
    Send_Byte(Ldata);                         //发送低四位
    Delaynms(5);
}


/**********************************************************************
* 函数名称：Lcd_Init
* 功能描述：初始化 LCD
* 参数：无
* 返回值：无
**********************************************************************/
void Lcd_Init(void)
{
    Delaynms(50);                             //启动等待，等待 LCM 进入工作状态
    CS_H;
    Write_Char(0,0x30);                       //8 位接口，基本指令集
    Write_Char(0,0x0c);                       //显示打开，光标关，反白关
    Write_Char(0,0x01);                       //清屏
```

```c
    Write_Char(0,0x02);          //清屏，将DDRAM的地址计数器归零
    Write_Char(0,0x80);          //清屏，将DDRAM的地址计数器归零
    Delaynms(50);
}

/*************************************************************************
* 函数名称：Clr_Scr
* 功能描述：清屏函数
* 参数：无
* 返回值：
**************************************************************************/
void Clr_Scr(void)//清屏函数
{
    Write_Char(0,0x01);
    Delaynms(50);
}

/*************************************************************************
* 函数名称：LCD_Set_XY
* 功能描述：设置LCD显示的起始位置，X为行，Y为列
* 参数：X行（0～4），Y列（0～16）
* 返回值：无
**************************************************************************/
void LCD_Set_XY( u8 X, u8 Y )
{
    u8 address;
    switch(X)
    {
        case 0:
                address = 0x80 + Y;
                break;
        case 1:
                address = 0x90 + Y;
                break;
        case 2:
                address = 0x88 + Y;
                break;
        case 3:
                address = 0x98 + Y;
                break;
        default:
                address = 0x80 + Y;
                break;
    }
    Write_Char(0, address);
```

}
/**
* 函数名称：LCD_Write_String
* 功能描述：中英文字符串显示函数
* 参数：用内码表示的汉字、ASCII 码表示的字符组成的数组
* 返回值：无
**/
void LCD_Write_String(u8 X,u8 Y,uc8 *s)
{
    LCD_Set_XY(X, Y);
    while (*s)
    {
        Write_Char(1, *s);
        s ++;
        Delaynms(1);
    }
}
/**
* 函数名称：img_disp
* 功能描述：显示图形
* 参数：图形数据数组
* 返回值：无
**/
void Display_Img(u8 const *img)
{
    u8 i,j;
    for(j=0;j<32;j++)
    {
        for(i=0;i<8;i++)
        {
            Write_Char(comm,0x34);   //扩展指令，图形必须在扩展指令模式下
            Delaynms(10);   //这里的延时都可以调整，甚至取消
            Write_Char(comm,y+j);
            Delaynms(10);
            Write_Char(comm,x1+i);
            Delaynms(10);
            Write_Char(comm,0x30);
            Delaynms(10);
            Write_Char(dat,img[j*16+i*2]);
            Delaynms(10);
            Write_Char(dat,img[j*16+i*2+1]);
            Delaynms(10);
        }
    }

```c
        for(j=32;j<64;j++)
        {
            for(i=0;i<8;i++)
            {
                Write_Char(comm,0x34);
                Delaynms(10);
                Write_Char(comm,y+j-32);
                Delaynms(10);
                Write_Char(comm,x2+i);
                Delaynms(10);
                Write_Char(comm,0x30);
                Delaynms(10);
                Write_Char(dat,img[j*16+i*2]);
                Delaynms(10);
                Write_Char(dat,img[j*16+i*2+1]);
                Delaynms(10);
            }
        }
        Delaynms(10);
        Write_Char(comm,0x36);                          //打开图形指令
}
//示例图片数据：BMP 格式
u8 BMP1[]={
0x00,0x00,0x00,0x00,0x00,0x00,0x00,0x00,0x00,0x00,0x00,0x00,0x00,0x00,0x00,0x00,
0x00,0x00,0x00,0x00,0x00,0x00,0x00,0x00,0x00,0x00,0x00,0x00,0x00,0x00,0x00,0x00,
0x00,0x00,0x00,0x00,0x00,0x00,0x00,0x00,0x00,0x00,0x00,0x00,0x00,0x00,0x00,0x00,
0x00,0x00,0x00,0x00,0x00,0x00,0x00,0x00,0x00,0x00,0x00,0x00,0x00,0x00,0x80,0x18,
0x00,0x00,0x00,0x00,0x00,0x00,0x00,0x00,0x00,0x00,0x00,0x00,0x00,0x00,0xE0,0x78,
0x00,0x00,0x00,0x00,0x00,0x00,0x00,0x00,0x00,0x00,0x00,0x00,0x00,0x00,0xF3,0xF8,
0x00,0x00,0x00,0x00,0x00,0x00,0x00,0x00,0x00,0x00,0x00,0x00,0x00,0x00,0x1F,0xC0,
0x00,0x00,0x00,0x00,0x00,0x00,0x00,0x00,0x00,0x00,0x00,0x00,0x00,0x00,0x07,0x00,
0x00,0x00,0x00,0x00,0x00,0x00,0x00,0x00,0x00,0x00,0x00,0x00,0x00,0x00,0xFF,0xF8,
0x00,0x00,0x00,0x00,0x00,0x00,0x00,0x00,0x00,0x00,0x00,0x00,0x00,0x00,0xFF,0xF8,
0x00,0x00,0x00,0x00,0x00,0x00,0x00,0x00,0x00,0x00,0x00,0x00,0x00,0x00,0xC0,0x18,
0x00,0x00,0x00,0x00,0x00,0x00,0x00,0x00,0x00,0x00,0x00,0x00,0x00,0x00,0x00,0xC0,
0x00,0x00,0x00,0x00,0x00,0x00,0x00,0x00,0x00,0x00,0x00,0x00,0x00,0x00,0xF0,0x78,
0x00,0x00,0x00,0x0F,0xFF,0xFF,0xFF,0xFF,0x00,0x00,0x00,0x00,0x00,0x00,0xC0,0x18,
0x00,0x00,0x00,0x01,0xFF,0xFF,0xFF,0xFF,0xF8,0x00,0x00,0x00,0x00,0x00,0xCF,0x98,
0x00,0x00,0x00,0x1F,0xFF,0xFF,0xFF,0xFF,0x00,0x00,0x00,0x00,0x00,0x00,0xC6,0x18,
0x00,0x00,0x00,0x7F,0xFF,0xFF,0xFF,0xFF,0x01,0xFF,0xF0,0x00,0x00,0x00,0xFF,0xF8,
0x00,0x00,0x01,0xFF,0xFF,0xFF,0xFF,0xFE,0x00,0x1F,0xFE,0x00,0x00,0x00,0xFF,0xF8,
0x00,0x00,0x07,0xFF,0xFF,0xFF,0xFF,0xFE,0x00,0x03,0xFF,0xC0,0x00,0x00,0x80,0x08,
0x00,0x00,0x1F,0xFF,0xFF,0xFF,0xFF,0xFF,0x00,0x00,0xFF,0xF8,0x00,0x00,0x78,0x00,
0x00,0x00,0x7F,0xFF,0xFF,0xFF,0xFF,0xFF,0x80,0x00,0x3F,0xFF,0x00,0x00,0xE0,0x00,
0x00,0x00,0xFF,0xFF,0xFF,0xFF,0xFF,0xFF,0xC0,0x00,0x0F,0xFF,0xC0,0x00,0xC0,0x18,
```

```
0x03,0xFF,0xFF,0xFF,0xFF,0xFF,0xFF,0xE0,0x00,0x07,0xFF,0xF8,0x00,0x00,0xFF,0xF8,
0x07,0xFF,0xFF,0xFF,0xFF,0xFF,0xFF,0xF8,0x00,0x01,0xFF,0xFE,0x00,0x00,0xFF,0xF8,
0x0F,0xFF,0xFF,0xFF,0xFF,0xFF,0xFF,0xFE,0x00,0x00,0xFF,0xFF,0x80,0x00,0xC0,0x18,
0x1F,0xFF,0xFF,0xFF,0xFF,0xFF,0xFF,0xFF,0xC0,0x00,0x7F,0xFF,0xE0,0x00,0xF8,0x00,
0x3F,0xFF,0xFF,0xFF,0xFF,0xFF,0xFF,0xF0,0x00,0x3F,0xFF,0xF8,0x00,0x00,0x00,
0x3F,0xFF,0xFF,0xFF,0xFF,0xFF,0xFF,0xFF,0x00,0x1F,0xFF,0xFC,0x00,0xFF,0xF8,
0x7F,0xFF,0xFF,0xFF,0xFF,0xFF,0xFF,0xFF,0xF0,0x1F,0xFF,0xFF,0x00,0xFF,0xF8,
0x7F,0xFF,0xFF,0xFF,0xFF,0xFF,0xFF,0xFF,0xFF,0xFF,0xFF,0x80,0x87,0xE0,
0xFF,0xFF,0xFF,0xFF,0xFF,0xFF,0xFF,0xFF,0xFF,0xFF,0xFF,0xC0,0x7E,0x00,
0xFF,0xFF,0xFF,0xFF,0xFF,0xFF,0xFF,0xFF,0xFF,0xFF,0xE0,0xF8,0x18,
0xFF,0xFF,0xFF,0xFF,0xFF,0xFF,0xFF,0xFF,0xFF,0xFF,0xE0,0xFF,0xF8,
0xFF,0xFF,0xFF,0xFF,0xFF,0xFF,0xFF,0xFF,0xFF,0xFF,0xFF,0xC0,0x80,0x08,
0x7F,0xFF,0xFF,0xFF,0xFF,0xFF,0xFF,0xFF,0xFF,0xFF,0xFF,0x80,0x10,0xE0,
0x7F,0xFF,0xFF,0xFF,0xFF,0xFF,0xFF,0xFF,0xF0,0x1F,0xFF,0xFF,0x00,0xF0,0x38,
0x3F,0xFF,0xFF,0xFF,0xFF,0xFF,0xFF,0xFF,0x00,0x1F,0xFF,0xFE,0x00,0xCF,0x98,
0x3F,0xFF,0xFF,0xFF,0xFF,0xFF,0xFF,0xF0,0x00,0x3F,0xFF,0xF8,0x00,0xC6,0x18,
0x1F,0xFF,0xFF,0xFF,0xFF,0xFF,0xFF,0xC0,0x00,0x7F,0xFF,0xE0,0x00,0xC6,0x18,
0x0F,0xFF,0xFF,0xFF,0xFF,0xFF,0xFE,0x00,0x00,0x7F,0xFF,0x80,0x00,0xFF,0xF8,
0x07,0xFF,0xFF,0xFF,0xFF,0xFF,0xF8,0x00,0x01,0xFF,0xFE,0x00,0x00,0xC0,0x18,
0x03,0xFF,0xFF,0xFF,0xFF,0xFF,0xE0,0x00,0x03,0xFF,0xF0,0x00,0x00,0x00,0x00,
0x00,0xFF,0xFF,0xFF,0xFF,0xFF,0xC0,0x00,0x0F,0xFF,0xC0,0x00,0x00,0xC0,0x18,
0x00,0x7F,0xFF,0xFF,0xFF,0xFF,0x80,0x00,0x3F,0xFE,0x00,0x00,0x00,0xFF,0xF8,
0x00,0x1F,0xFF,0xFF,0xFF,0xFF,0x00,0x00,0xFF,0xF0,0x00,0x00,0x00,0xFF,0xF8,
0x00,0x07,0xFF,0xFF,0xFF,0xFE,0x00,0x03,0xFF,0xC0,0x00,0x00,0x00,0xC0,0x18,
0x00,0x03,0xFF,0xFF,0xFF,0xFE,0x00,0x3F,0xFC,0x00,0x00,0x00,0x00,0xF0,
0x00,0x00,0x7F,0xFF,0xFF,0xFF,0x03,0xFF,0xF0,0x00,0x00,0x00,0x00,0x38,
0x00,0x00,0x1F,0xFF,0xFF,0xFF,0xFF,0x00,0x00,0x00,0x00,0x00,0x00,0x18,
0x00,0x00,0x01,0xFF,0xFF,0xFF,0xFF,0xF0,0x00,0x00,0x00,0x00,0x00,0xC0,0x18,
0x00,0x00,0x00,0x0F,0xFF,0xFF,0xFE,0x00,0x00,0x00,0x00,0x00,0x00,0xFF,0xF8,
0x00,0x00,0x00,0x00,0x00,0x00,0x00,0x00,0x00,0x00,0x00,0x00,0x00,0xC0,0x18,
0x00,0x00,0x00,0x00,0x00,0x00,0x00,0x00,0x00,0x00,0x00,0x00,0x00,0x00,0x08,
0x00,0x00,0x00,0x00,0x00,0x00,0x00,0x00,0x00,0x00,0x00,0x00,0x00,0x00,0x38,
0x00,0x00,0x00,0x00,0x00,0x00,0x00,0x00,0x00,0x00,0x00,0x00,0x00,0x07,0xF8,
0x00,0x00,0x00,0x00,0x00,0x00,0x00,0x00,0x00,0x00,0x00,0x00,0x00,0xFF,0xD8,
0x00,0x00,0x00,0x00,0x00,0x00,0x00,0x00,0x00,0x00,0x00,0x00,0x00,0xF1,0x80,
0x00,0x00,0x00,0x00,0x00,0x00,0x00,0x00,0x00,0x00,0x00,0x00,0x00,0x7F,0x88,
0x00,0x00,0x00,0x00,0x00,0x00,0x00,0x00,0x00,0x00,0x00,0x00,0x00,0x03,0xF8,
0x00,0x00,0x00,0x00,0x00,0x00,0x00,0x00,0x00,0x00,0x00,0x00,0x00,0x00,0x18,
0x00,0x00,0x00,0x00,0x00,0x00,0x00,0x00,0x00,0x00,0x00,0x00,0x00,0x00,0x00,
0x00,0x00,0x00,0x00,0x00,0x00,0x00,0x00,0x00,0x00,0x00,0x00,0x00,0x00,0x00,
0x00,0x00,0x00,0x00,0x00,0x00,0x00,0x00,0x00,0x00,0x00,0x00,0x00,0x00,0x00,
0x00,0x00,0x00,0x00,0x00,0x00,0x00,0x00,0x00,0x00,0x00,0x00,0x00,0x00,0x00
};

//主函数
```

```
int main(void)
{
    u32 i;
    u8    Table0[]="我爱你中国！";
    SystemInit();              //系统默认时钟 72M，如果要改变，则请阅读本程序结束后的说明部分
    Lcds_Config();             //液晶模块使用的 GPIO 口初始化
    Delaynms(5000);            //延时以等待液晶模块复位完成
    Delaynms(5000);
    Delaynms(5000);
    Delaynms(5000);
    Lcd_Init();                //液晶模块初始化
    Delaynms(5000);
    Delaynms(5000);
    Delaynms(5000);
    Delaynms(5000);
//    Clr_Scr();
    Delaynms(5000);
    Delaynms(5000);
    Delaynms(5000);
    Delaynms(5000);
    Delaynms(5000);
//    Write_Char(0,0x30);
//    Write_Char(0,0x01);
//    Delaynms(5000);
//    Write_Char(0,0x80);                        //AC 归起始位
    Delaynms(5000);
    LCD_Write_String(0,0,Table0);               //显示第 0 行文字
    Delaynms(50000);
    LCD_Write_String(1,0,Table0);
    Delaynms(50000);
    LCD_Write_String(2,0,Table0);
    Delaynms(50000);
    LCD_Write_String(3,0,Table0);
    LCD_Write_String(2,0,"我的疙瘩，甜心");
    Delaynms(50000);
//    while(1);
//    LCD_Write_Number(1);
    i=200;
    while(i--)
        Delaynms(50000);
    Clr_Scr();                                   //延时后清屏
    Delaynms(5000);
    Display_Img(BMP1);                           //显示图片
    i=200;
    while(i--)
```

```
        Delaynms(50000);
    Write_Char(0,0x30);                      //打开基本指令
    Clr_Scr();                                //清屏
    Delaynms(5000);
    while(1);
}
```

4. 关于系统默认时钟及其更改问题的说明

如果调用固件库函数 SystemInit()，则系统默认时钟 72M。如果要调整该值，则只要调整工程模板文件 system_stm32f10x.c 中的相关部分：

```
#if defined (STM32F10X_LD_VL) || (defined STM32F10X_MD_VL) || (defined STM32F10X_HD_VL)
/* #define SYSCLK_FREQ_HSE    HSE_VALUE */
 #define SYSCLK_FREQ_24MHz   24000000
#else
/* #define SYSCLK_FREQ_HSE    HSE_VALUE */
/* #define SYSCLK_FREQ_24MHz   24000000 */
/* #define SYSCLK_FREQ_36MHz   36000000 */
/* #define SYSCLK_FREQ_48MHz   48000000 */
/* #define SYSCLK_FREQ_56MHz   56000000 */
#define SYSCLK_FREQ_72MHz   72000000
#endif
```

综上所述，只要更改#define SYSCLK_FREQ_72MHz   72000000 这个类似的宏定义语句即可实现系统频率的改变。

5. 程序演示

图 6.2 是程序运行后的第 1 个显示画面，图 6.3 是第 2 个显示画面（也是最后一个）。

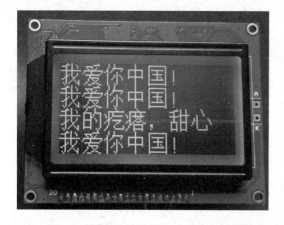

图 6.2　程序运行后的第 1 个显示画面

图 6.3　第 2 个显示画面

6.1.2 STM32 与液晶模块 12864 的接口实现——查询"忙"状态

1. 程序设计思想

12864 液晶模块对外提供状态信号，可以通过读取状态字来获得液晶模块的当前状态，其中最主要的是"忙"状态信息。通过查询"忙"状态信息，然后再对液晶模块进行写入操作，可以确保万无一失。因此，这种实现的方法往往被推荐使用。

本节的程序实现中，还特别考虑了延时的精确性问题。为了解决延时的精确性，使用 STM32 内部的 SysTick 的普通计数模式对延迟进行管理。这样，一方面确保了在接口函数中为保证时序配合的精准性而使用延时的需要；另一方面，绝大多数项目中，通常也需要使用延时功能。因此，增加延时函数是合理的。

为了增加程序的可维护性，本节的接口程序还采用了模块化方式，将延时、液晶模块接口、主函数等分文件实现。模块化是程序设计的主流方向。

2. 硬件设计

液晶模块与 STM32 单片机系统的硬件接口与上例相同，具体的连接关系可通过参阅程序中的注释得到。

3. 接口程序

程序采用与上一例相同的工程模板，其视图和涉及需要修改调整的文件如图 6.4 所示。

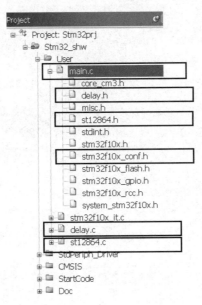

图 6.4 本例的工程文件视图

根据图 6.4 所示，本例涉及需要调整、设计的文件有 6 个，它们分别是：
（1）main.c——主函数所在文件；

(2) stm32f10x_conf.h——功能外设头文件配置的头文件；

(3) st12864.c——液晶模块接口函数库文件；

(4) st12864.h——液晶模块接口函数头文件；

(5) delay.c——延时函数文件；

(6) delay.h——延时函数头文件。

系统初始化不再直接使用 SystemInit()函数，而采用另行设计的一个自定义函数，即 Stm32_Clock_Init(l)，这也可以提高系统时钟调整的灵活性。该函数的原型为：

```
void Stm32_Clock_Init(u8 pll)
```

其中的参数 pll 就是外部晶振的倍频系数，例如，使用 8M 的外部晶振，如果该参数为 9，则系统的时钟为 72MHz。

以下是各文件的具体内容。

1）文件 1——stm32f10x_conf.h 的主要内容

```
/* Includes ----------------------------------------------------------*/
/* Uncomment/Comment the line below to enable/disable peripheral header file inclusion */
//#include "stm32f10x_adc.h"
//#include "stm32f10x_bkp.h"
//#include "stm32f10x_can.h"
//#include "stm32f10x_cec.h"
//#include "stm32f10x_crc.h"
//#include "stm32f10x_dac.h"
//#include "stm32f10x_dbgmcu.h"
//#include "stm32f10x_dma.h"
//#include "stm32f10x_exti.h"
#include "stm32f10x_flash.h"            //初始化函数涉及 Flash，所以要使用它
//#include "stm32f10x_fsmc.h"
#include "stm32f10x_gpio.h"             //与液晶模块的接口，所以要使用它
//#include "stm32f10x_i2c.h"
//#include "stm32f10x_iwdg.h"
//#include "stm32f10x_pwr.h"
#include "stm32f10x_rcc.h"              //外设和系统时钟，所以要使用它
//#include "stm32f10x_rtc.h"
//#include "stm32f10x_sdio.h"
//#include "stm32f10x_spi.h"
//#include "stm32f10x_tim.h"
//#include "stm32f10x_usart.h"
//#include "stm32f10x_wwdg.h"
#include "misc.h" /* High level functions for NVIC and SysTick (add-on to CMSIS functions) */
//正如英文注释，因为使用 SysTick 功能，所以要使用它
```

2）文件 2——delay.h 的内容

```
#ifndef __DELAY_H                       //为防止头文件被重复包含，必须这样
#define __DELAY_H
```

```
#include <stm32f10x.h>
//使用 SysTick 的普通计数模式对延迟进行管理
//包括 delay_us,delay_ms
void delay_init(u8 SYSCLK);
void delay_ms(u16 nms);
void delay_us(u32 nus);
#endif
```

3）文件 3——delay.c 的内容

```
#include <stm32f10x.h>
#include "delay.h"
//使用 SysTick 的普通计数模式对延迟进行管理
//包括 delay_us,delay_ms
static u8   fac_us=0;                          //us 延时倍乘数
static u16  fac_ms=0;                          //ms 延时倍乘数
//初始化延迟函数
//SysTick 的时钟固定为 HCLK 时钟的 1/8
//SYSCLK：系统时钟
void delay_init(u8 SYSCLK)
{
    SysTick->CTRL&=0xfffffffb;                 //bit2 清空，选择外部时钟  HCLK/8
    fac_us=SYSCLK/8;
    fac_ms=(u16)fac_us*1000;
}
//延时 nms
//注意 nms 的范围
//SysTick->LOAD 为 24 位寄存器，所以，最大延时为
//nms<=0xffffff*8*1000/SYSCLK
//SYSCLK 单位为 Hz，nms 单位为 ms
//对 72M 条件下，nms<=1864
void delay_ms(u16 nms)
{
    u32 temp;
    SysTick->LOAD=(u32)nms*fac_ms;             //时间加载（SysTick->LOAD 为 24bit）
    SysTick->VAL =0x00;                        //清空计数器
    SysTick->CTRL=0x01 ;                       //开始倒数
    do
    {
        temp=SysTick->CTRL;
    }
    while(temp&0x01&&!(temp&(1<<16)));         //等待时间到达
    SysTick->CTRL=0x00;                        //关闭计数器
    SysTick->VAL =0X00;                        //清空计数器
}
//延时 nus
//nus 为要延时的 us 数
```

```c
void delay_us(u32 nus)
{
    u32 temp;
    SysTick->LOAD=nus*fac_us;              //时间加载
    SysTick->VAL=0x00;                     //清空计数器
    SysTick->CTRL=0x01 ;                   //开始倒数
    do
    {
        temp=SysTick->CTRL;
    }
    while(temp&0x01&&!(temp&(1<<16)));     //等待时间到达
    SysTick->CTRL=0x00;                    //关闭计数器
    SysTick->VAL =0X00;                    //清空计数器
}
```

4）文件 4——st12864.h 的内容

```c
/***********************************************
函数名：st12864.h
功能：驱动 12864 液晶（带字库，串行方式），基于 ST7290 驱动器
注意：液晶模块上有硬件设置开关或调针的，则直接设置为串行，否则必须通过程序将
      PSB 引脚设置为低电平的方式，设置液晶模块为串行方式
时间：2016/03/03
作者：沈红卫，绍兴文理学院 机械与电气工程学院
***********************************************/
#ifndef __12864_H                          //为了防止本文件内容被重复包含，必须这样
#define __12864_H

#include <stm32f10x.h>

//HJ1864M-1
//引脚
//CS=RS：      片选
//RW=SID：     串行数据
//E=SCLK：     串行时钟
//PSB：        并行串行选择，H：并行，L：串行
//             ====如果液晶模块不可硬件设置，则必须在程序中设置其为低电平
//RST：        复位，H：不复位，L：复位

//液晶屏的串行引脚电平设置宏定义（寄存器编程、固件库函数两种方式可选）
//固件库方式
#define DAT_128        GPIO_Pin_9
#define SID_H          GPIO_SetBits(GPIOB,DAT_128)
#define SID_L          GPIO_ResetBits(GPIOB,DAT_128)
#define CS_128         GPIO_Pin_8
#define CS_H           GPIO_SetBits(GPIOB,CS_128)
#define CS_L           GPIO_ResetBits(GPIOB,CS_128)
```

```
#define SCLK_128        GPIO_Pin_10
#define SCLK_H          GPIO_SetBits(GPIOB,SCLK_128)
#define SCLK_L          GPIO_ResetBits(GPIOB,SCLK_128)
//寄存器模式
/*
#define SID_H           GPIOB->BSRR=GPIO_Pin_9
#define SID_L           GPIOB->BRR=GPIO_Pin_9
#define CS_H            GPIOB->BSRR=GPIO_Pin_8
#define CS_L            GPIOB->BRR=GPIO_Pin_8
#define SCLK_H          GPIOB->BSRR=GPIO_Pin_10
#define SCLK_L          GPIOB->BRR=GPIO_Pin_10
*/

//液晶模块接口函数声明
void Send_Byte(u8 zdata);
u8 Receive_Byte(void);
void Check_Busy(void);
void Write_LCD_Command(u8 cmdcode);
void Write_LCD_Data(u8 Dispdata);
u8 Read_Data(void);
void LCD_Clear_TXT( void );
void LCD_Clear_BMP( void );
void Display_LCD_Pos(u8 x,u8 y);
void Disp_HZ(u8 X,const u8 * pt,u8 num);
void Display_LCD_String(u8 x,u8 *p,u8 time);
void PutBMP(u8 *puts);
void Draw_Dots(u8 x, u8 y, u8 color);
void Draw_Update(void);
void Draw_Clear(void);
void Draw_Char4x5(u8 x, u8 y, u8 value);
void Draw_Char4x5Line(u8 x, u8 y, u8 *value, u8 len);
void LCD12864_Init(void);
#endif
```

5）文件 5——st12864.c 的内容

```
/*********************************************
函数名：st12864.c
功   能：驱动 12864 液晶（带字库，串行方式），PSB 必须为低电平
时   间：2016/03/03
作   者：沈红卫，绍兴文理学院 机械与电气工程学院
*********************************************/
//STM32 的 ST7920 的 12864 液晶模块显示程序——基于查询液晶模块的忙状态法
//2015 年 8 月 31 日
//本 ST7290 液晶函数库使用须知
//必须是串行方式，注意正确设置 PSB 的电平，使之保持低电平
//必须连同 st12864.h 头文件一起使用，那里定义了串行接口的引脚
```

```
#include <stm32f10x.h>
#include "delay.h"                    //延时函数的头文件
#include "st12864.h"                  //液晶模块接口函数的头文件

/************************************************************
函数名：Send_Byte()
参  数：待写字节
返回值：无
功  能：写数据到LCD
*************************************************************/
void Send_Byte(u8 zdata)
{
    u16 i;
    for(i=0; i<8; i++)
    {
        if((zdata << i) & 0x80)
            SID_H;
        else
            SID_L;
        SCLK_H;
        SCLK_L;
    }
}


/************************************************************
函数名：Receive_Byte()
返回值：读入的字节
功  能：读LCD数据
*************************************************************/
u8 Receive_Byte(void)
{
    u8 i,temp1,temp2,value;
    temp1=0;
    temp2=0;
    for(i=0;i<8;i++)
    {
        temp1=temp1<<1;
        SCLK_L;
        SCLK_H;
        SCLK_L;
        //if(GPIO_ReadInputDataBit(GPIOB,GPIO_Pin_9))
        if(GPIO_ReadInputDataBit(GPIOB,DAT_128))
        {
            temp1++;
        }
    }
```

```c
    for(i=0;i<8;i++)
    {
        temp2=temp2<<1;
        SCLK_L;
        SCLK_H;
        SCLK_L;
        //if(GPIO_ReadInputDataBit(GPIOB,GPIO_Pin_9))
        if(GPIO_ReadInputDataBit(GPIOB,DAT_128))
        {
            temp2++;
        }
    }
    temp1=0xf0&temp1;                            //两次传送的数据拼装成一字节数据
    temp2=0x0f&temp2;
    value=temp1+temp2;
    return    value ;
}

/**********************************************************
函数名：Check_Busy()
返回值：无
功　　能：LCD 忙检查
**********************************************************/
void Check_Busy(void)
{
    do
        Send_Byte(0xfc);                         //11111，RW(1)，RS(0)，0
    while(0x80&Receive_Byte());
}

//以下为延时等待，也可以
/*
void Check_Busy(void)
{
    delay_us(100);
}
*/


/**********************************************************
函数名：Write_LCD_Command()
返回值：无
功　　能：写命令到 LCD
**********************************************************/
void Write_LCD_Command(u8 cmdcode)
{
    CS_H;
    Check_Busy();
```

```c
        Send_Byte(0xf8);
        Send_Byte(cmdcode & 0xf0);              //高 4 位
        Send_Byte((cmdcode << 4) & 0xf0);       //低 4 位
        delay_ms(2);
        CS_L;
}

/**********************************************************
函数名：Write_LCD_Data()
返回值：无
功　能：写显示内容到 LCD
**********************************************************/
void Write_LCD_Data(u8 Dispdata)
{
        CS_H;
        Check_Busy();
        Send_Byte(0xfa);                        //11111，RW(0)，RS(1)，0
        Send_Byte(Dispdata & 0xf0);
        Send_Byte((Dispdata << 4) & 0xf0);
        delay_ms(2);
        CS_L;
}

/**********************************************************
函数名：Read_LCD_Data()
返回值：LCD 收到的数据
功　能：读取 LCD 显示内容
**********************************************************/
u8 Read_Data(void)
{
        Check_Busy();
        Send_Byte(0xfe);                        //11111，RW(1)，RS(1)，0 LCD->MCU
        return Receive_Byte();
}

/**********************************************************
函数名：LCD_Clear_Txt
返回值：无
功　能：文本区清除
**********************************************************/
void LCD_Clear_TXT( void )
{
        u8 i;
        Write_LCD_Command(0x30);                //8BitMCU，基本指令集合
        Write_LCD_Command(0x80);                //AC 归起始位
        for(i=0;i<64;i++)
        {
```

```
            Write_LCD_Data(0x20);              //空格
    }
}

/************************************************************
函数名：LCD_Clear_BMP
返回值：无
功　能：图片区清除
*************************************************************/
void LCD_Clear_BMP( void )
{
    u8 i,j;
    Write_LCD_Command(0x34);              //8Bit 扩充指令集，即使是 36H 也要写两次
    Write_LCD_Command(0x36);              //绘图 ON，基本指令集里面 36H 不能打开绘图
    for(i=0;i<32;i++)                     //12864 实际为 256×32
    {
        Write_LCD_Command(0x80|i);        //行位置
        Write_LCD_Command(0x80);          //列位置
        for(j=0;j<32;j++)                 //256/8=32 byte
            Write_LCD_Data(0);            //图形数据为 0（不显示，清空）
    }
}
/************************************************************
函数名：Display_LCD_Pos
返回值：无
功　能：设置显示位置
*************************************************************/
void Display_LCD_Pos(u8 x,u8 y)
{
    u8 pos;
    switch(x)
    {
        case 0: x=0x80;break;
        case 1: x=0x90;break;
        case 2: x=0x88;break;
        case 3: x=0x98;break;
    }
    pos=x+y;
    Write_LCD_Command(pos);
}

/*******************************************
函数名称：Disp_HZ
功　能：控制液晶显示汉字
参　数：addr——显示位置的首地址
        pt——指向显示数据的指针
        num——显示的汉字个数
```

返回值：无
**/
void Disp_HZ(u8 X,const u8 * pt,u8 num)
{
    u8 i,addr;
    if (X==0)
    {addr=0x80;}
    else
        if (X==1) {addr=0x90;}
        else
            if (X==2) {addr=0x88;}
            else
                if (X==3) {addr=0x98;}
    Write_LCD_Command(addr);
    for(i = 0;i < (num*2);i++)   //每个汉字 2 字节
    Write_LCD_Data(*(pt++));
}

/***
函数名：Display_LCD_String()
返回值：无
功　能：显示字符串
***/
void Display_LCD_String(u8 x,u8 *p,u8 time)
{
    u8 i,addr,num;
    num=sizeof(p);   //num=4，这里计算得到的是 4，即地址是 4 字节
    switch(x)
    {
        case 0: addr=0x80;break;
        case 1: addr=0x90;break;
        case 2: addr=0x88;break;
        case 3: addr=0x98;break;
    }
    Write_LCD_Command(addr);
    for(i=0;i<(num*4);i++)   //nmu*4 其实就是 16，也就是 8 个汉字，每个汉字 2 字节
    {
        Write_LCD_Data(*(p++));
        //所以，这个函数，p 必须指向 16 字节的数组，如果不足 16 字节，则填充空格
        delay_ms(time);
    }
}

/***
* 函数名称：PutBMP
***/
void PutBMP(u8 *puts)

```c
{
    u16 x=0;
    u8 i,j;
    Write_LCD_Command(0x34);              //8Bit 扩充指令集,即使是 36H 也要写两次
    Write_LCD_Command(0x36);              //绘图 ON,基本指令集里面 36H 不能打开绘图
    for(i=0;i<32;i++)                     //12864 实际为 256×32
    {
        Write_LCD_Command(0x80|i);        //行位置
        Write_LCD_Command(0x80);          //列位置
        for(j=0;j<16;j++)                 //256/8=32 byte
        {                                 //列位置每行自动增加
            Write_LCD_Data(puts[x]);
            x++;
        }
    }
    for(i=0;i<32;i++)                     //12864 实际为 256x32
    {
        Write_LCD_Command(0x80|i);        //行位置
        Write_LCD_Command(0x88);          //列位置
        for(j=0;j<16;j++)                 //256/8=32 byte
        {                                 //列位置每行自动增加
            Write_LCD_Data(puts[x]);
            x++;
        }
    }
}

/*--------------------------------------------
  LCD 显示缓存
--------------------------------------------*/
u16 LCD12864_Buffer[64][16] = {0};
const u8 m_ch4x5[][6] =
{
    {0x06,0x09,0x09,0x09,0x06,5},         // 0,字符宽度 5 点阵
    {0x02,0x06,0x02,0x02,0x07,5},         // 1
    {0x06,0x09,0x02,0x04,0x0F,5},         // 2
    {0x06,0x09,0x02,0x09,0x06,5},         // 3
    {0x02,0x06,0x0A,0x0F,0x02,5},         // 4
    {0x0E,0x08,0x0E,0x01,0x0E,5},         // 5
    {0x06,0x08,0x0E,0x09,0x06,5},         // 6
    {0x0F,0x01,0x02,0x04,0x04,5},         // 7
    {0x06,0x09,0x06,0x09,0x06,5},         // 8
    {0x06,0x09,0x07,0x01,0x06,5},         // 9
    {0x00,0x00,0x00,0x00,0x01,2},         // .
    {0x00,0x01,0x00,0x01,0x00,2},         // :
    {0x00,0x00,0x00,0x00,0x00,5},         // 空格
};
```

```c
/*----------------------------------------------------------------
功能：画点
参数：
       x：横坐标
       y：纵坐标
       color：颜色，0 不显示，1 显示
----------------------------------------------------------------*/
const u16 DrawDotsTable[] = {0x8000, 0x4000, 0x2000, 0x1000, 0x0800, 0x0400, 0x0200, 0x0100, 0x0080,
0x0040, 0x0020, 0x0010, 0x0008, 0x0004, 0x0002, 0x0001};
void Draw_Dots(u8 x, u8 y, u8 color)
{
    u8 i0, y0;
    u16 value;
    // 获得坐标
    if ( y >= 32 )
    {
        y0 = y-32;
        i0 = x/16+8;
    }
    else
    {
        y0 = y;
        i0 = x/16;
    }
    value = DrawDotsTable[x%16];
    if (color == 0)
    {
        LCD12864_Buffer[y0][i0] &= ~value;
    }
    else
    {
        LCD12864_Buffer[y0][i0] |= value;
    }
}

/*----------------------------------------------------------------
功能：刷新显示
----------------------------------------------------------------*/
void Draw_Update(void)
{
    u8 x, y;
    for (y=0; y<64; y++)
    {
        Write_LCD_Command(0x80|y);
        Write_LCD_Command(0x80);
        for (x=0; x<16; x++)
```

```c
            {
                Write_LCD_Data(LCD12864_Buffer[y][x]>>8);
                Write_LCD_Data(LCD12864_Buffer[y][x]);
            }
        }
}


/*-------------------------------------------------------------------
功能：显示清屏
-------------------------------------------------------------------*/
void Draw_Clear(void)
{
    u8 x, y;
    for (y=0; y<64; y++)
        for (x=0; x<16; x++)
            LCD12864_Buffer[y][x] = 0;
}


/*-------------------------------------------------------------------
功能：显示 4*5 字符
参数：
    x：写出横坐标
    y：写出纵坐标
    value：字符
-------------------------------------------------------------------*/
void Draw_Char4x5(u8 x, u8 y, u8 value)
{
    u8 i, j, p, z, a;
    a = m_ch4x5[value][5];
    for (i=0; i<5; i++)
    {
        p = 0x10>>(5-a);
        for (j=0; j<a; j ++)
        {
            z = m_ch4x5[value][i];
            if ( z & p )
            {
                Draw_Dots(j+x, i+y, 1);
            }
            p >>= 1;
        }
    }
}


/*-------------------------------------------------------------------
功能：显示一行 4*5 字符
参数：
```

```
        x：写出横坐标
        y：写出纵坐标
        value：字符串
        len：长度
----------------------------------------------------*/
void Draw_Char4x5Line(u8 x, u8 y, u8 *value, u8 len)
{
    u8 i;
    for (i=0; i<len; i++)
    {
        Draw_Char4x5(x, y, value[i]);
        x += m_ch4x5[value[i]][5];
    }
}

void LCD12864_Init(void)
{
    GPIO_InitTypeDef GPIO_InitStructure;
    RCC_APB2PeriphClockCmd(RCC_APB2Periph_GPIOB,ENABLE);
    // 使能 PB 端口时钟，在 APB2 桥
    GPIO_InitStructure.GPIO_Pin = GPIO_Pin_8|GPIO_Pin_9|GPIO_Pin_10;
    GPIO_InitStructure.GPIO_Speed = GPIO_Speed_50MHz;
    GPIO_InitStructure.GPIO_Mode = GPIO_Mode_Out_PP;
    GPIO_Init(GPIOB, &GPIO_InitStructure);
/*---------------------LCD 基本指令---------------------*/
    delay_ms(2);
    Write_LCD_Command(0x30);              //30—基本指令动作
    delay_ms(5);
    Write_LCD_Command(0x0c);              //光标右移画面不动
    delay_ms(5);
    Write_LCD_Command(0x01);              //清屏
    delay_ms(5);                          //清屏时间较长
    Write_LCD_Command(0x06);              //显示打开，光标开，反白关
    delay_ms(5);
    Write_LCD_Command(0x02);              //清屏，将 DDRAM 的地址计数器归零
    Write_LCD_Command(0x80);
//  Write_LCD_Command(0x34);              //扩充指令
//  Write_LCD_Command(0x36);              //打开绘图指令
    Draw_Clear();                         //清屏
    //Draw_Update();
}
```

6）文件 6——main.c 的内容

```
/************************************************
函数名：main.c
功  能：12864 液晶模块演示范例——基于查询忙状态实现
```

```
时    间：2016/03/08
作    者：沈红卫，绍兴文理学院   机械与电气工程学院
*********************************************/
#include <stm32f10x.h>
#include "delay.h"                              //延时函数的头文件
#include "st12864.h"                            //液晶模块接口函数的头文件
/*----------------待显示的字符串----------------------*/
//由于 KEIL 对中文支持的 bug，导致扩展 ASCII 码不能正确被识别，所以直接使用内码
//使用内码查询软件可以查询每个汉字的内码
//例如，"你好"的内码为 0xC4,0xE3,0xBA,0xC3
//以下为"你好串口实"的内码
u8    Table0[]={0xC4,0xE3,0xBA,0xC3,0xB4,0xAE,0xBF,0xDA,0xCA,0xB5,0x20,0x20,
0x20,0x20,0x20,0x20};
//u8    Table0[]={0xC4,0xE3,0xBA,0xC3,0xB4,0xAE,0xBF,0xDA,0xCA,0xB5};
u8    Table1[]={0xC4,0xE3,0xBA,0xC3,0xB4,0xAE,0xBF,0xDA,0xCA,0xB5,0x11,0x20,
0x20,0x20,0x20,0x20};
u8    Table2[]={0xC4,0xE3,0xBA,0xC3,0xB4,0xAE,0xBF,0xDA,0xCA,0xB5,0x20,0x20,
0x20,0x20,0x20,0x20};
u8    Table3[]={0xC4,0xE3,0xBA,0xC3,0xB4,0xAE,0xBF,0xDA,0xCA,0xB5,0x20,0x20,
0x20,0x20,0x20,0x20};
u8    Table4[]={0xC4,0xE3,0xBA,0xC3,0xB4,0xAE,0xBF,0xDA,0xCA,0xB5,0x20,0x20,
0x20,0x20,0x20,0x20};
u8    Table5[]={0xC4,0xE3,0xBA,0xC3,0xB4,0xAE,0xBF,0xDA,0xCA,0xB5,0x20,0x20,
0x20,0x20,0x20,0x20};
u8    Table6[]={0xC4,0xE3,0xBA,0xC3,0xB4,0xAE,0xBF,0xDA,0xCA,0xB5,0x20,0x20,
0x20,0x20,0x20,0x20};
u8    Table7[]={0xC4,0xE3,0xBA,0xC3,0xB4,0xAE,0xBF,0xDA,0xCA,0xB5,0x20,0x20,
0x20,0x20,0x20,0x20};
u8    value []={0,1,2,3,4,5,6,8,9};
//范例演示用 BMP 图片数据
u8 BMP1[]={
0x00,0x00,0x00,0x00,0x00,0x00,0x00,0x00,0x00,0x00,0x00,0x00,0x00,0x00,0x00,0x00,
0x00,0x00,0x00,0x00,0x00,0x00,0x00,0x00,0x00,0x00,0x00,0x00,0x00,0x00,0x00,0x00,
0x00,0x00,0x00,0x00,0x00,0x00,0x00,0x00,0x00,0x00,0x00,0x00,0x00,0x00,0x00,0x00,
0x00,0x00,0x00,0x00,0x00,0x00,0x00,0x00,0x00,0x00,0x00,0x00,0x00,0x00,0x80,0x18,
0x00,0x00,0x00,0x00,0x00,0x00,0x00,0x00,0x00,0x00,0x00,0x00,0x00,0x00,0xE0,0x78,
0x00,0x00,0x00,0x00,0x00,0x00,0x00,0x00,0x00,0x00,0x00,0x00,0x00,0x00,0xF3,0xF8,
0x00,0x00,0x00,0x00,0x00,0x00,0x00,0x00,0x00,0x00,0x00,0x00,0x00,0x00,0x1F,0xC0,
0x00,0x00,0x00,0x00,0x00,0x00,0x00,0x00,0x00,0x00,0x00,0x00,0x00,0x00,0x07,0x00,
0x00,0x00,0x00,0x00,0x00,0x00,0x00,0x00,0x00,0x00,0x00,0x00,0x00,0x00,0xFF,0xF8,
0x00,0x00,0x00,0x00,0x00,0x00,0x00,0x00,0x00,0x00,0x00,0x00,0x00,0x00,0xFF,0xF8,
0x00,0x00,0x00,0x00,0x00,0x00,0x00,0x00,0x00,0x00,0x00,0x00,0x00,0x00,0xC0,0x18,
0x00,0x00,0x00,0x00,0x00,0x00,0x00,0x00,0x00,0x00,0x00,0x00,0x00,0x00,0x00,0xC0,
0x00,0x00,0x00,0x00,0x00,0x00,0x00,0x00,0x00,0x00,0x00,0x00,0x00,0x00,0xF0,0x78,
0x00,0x00,0x00,0x00,0x0F,0xFF,0xFF,0xFF,0x00,0x00,0x00,0x00,0x00,0x00,0xC0,0x18,
0x00,0x00,0x00,0x01,0xFF,0xFF,0xFF,0xFF,0xF8,0x00,0x00,0x00,0x00,0x00,0xCF,0x98,
```

0x00,0x00,0x1F,0xFF,0xFF,0xFF,0xFF,0xFF,0x00,0x00,0x00,0x00,0x00,0xC6,0x18,
0x00,0x00,0x7F,0xFF,0xFF,0xFF,0xFF,0x01,0xFF,0xF0,0x00,0x00,0x00,0x00,0xFF,0xF8,
0x00,0x01,0xFF,0xFF,0xFF,0xFF,0xFE,0x00,0x1F,0xFE,0x00,0x00,0x00,0x00,0xFF,0xF8,
0x00,0x07,0xFF,0xFF,0xFF,0xFF,0xFE,0x00,0x03,0xFF,0xC0,0x00,0x00,0x00,0x80,0x08,
0x00,0x1F,0xFF,0xFF,0xFF,0xFF,0xFF,0x00,0x00,0xFF,0xF8,0x00,0x00,0x00,0x78,0x00,
0x00,0x7F,0xFF,0xFF,0xFF,0xFF,0xFF,0x80,0x00,0x3F,0xFF,0x00,0x00,0x00,0xE0,0x00,
0x00,0xFF,0xFF,0xFF,0xFF,0xFF,0xFF,0xC0,0x00,0x0F,0xFF,0xC0,0x00,0x00,0xC0,0x18,
0x03,0xFF,0xFF,0xFF,0xFF,0xFF,0xFF,0xE0,0x00,0x07,0xFF,0xF8,0x00,0x00,0xFF,0xF8,
0x07,0xFF,0xFF,0xFF,0xFF,0xFF,0xFF,0xF8,0x00,0x01,0xFF,0xFE,0x00,0x00,0xFF,0xF8,
0x0F,0xFF,0xFF,0xFF,0xFF,0xFF,0xFF,0xFE,0x00,0x00,0xFF,0xFF,0x80,0x00,0xC0,0x18,
0x1F,0xFF,0xFF,0xFF,0xFF,0xFF,0xFF,0xFF,0xC0,0x00,0x7F,0xFF,0xE0,0x00,0xF8,0x00,
0x3F,0xFF,0xFF,0xFF,0xFF,0xFF,0xFF,0xFF,0xF0,0x00,0x3F,0xFF,0xF8,0x00,0x00,0x00,
0x3F,0xFF,0xFF,0xFF,0xFF,0xFF,0xFF,0xFF,0x00,0x1F,0xFF,0xFC,0x00,0xFF,0xF8,
0x7F,0xFF,0xFF,0xFF,0xFF,0xFF,0xFF,0xFF,0xF0,0x1F,0xFF,0xFF,0x00,0xFF,0xF8,
0x7F,0xFF,0xFF,0xFF,0xFF,0xFF,0xFF,0xFF,0xFF,0xFF,0xFF,0xFF,0x80,0x87,0xE0,
0xFF,0xFF,0xFF,0xFF,0xFF,0xFF,0x7E,0xFF,0xFF,0xFF,0xFF,0xFF,0xC0,0x7E,0x00,
0xFF,0xFF,0xFF,0xFF,0xFF,0xFF,0xFF,0xFF,0xFF,0xFF,0xFF,0xFF,0xE0,0xF8,0x18,
0xFF,0xFF,0xFF,0xFF,0xFF,0xFF,0xFF,0xFF,0xFF,0xFF,0xFF,0xFF,0xE0,0xFF,0xF8,
0xFF,0xFF,0xFF,0xFF,0xFF,0xFF,0xFF,0xFF,0xFF,0xFF,0xFF,0xFF,0xC0,0x80,0x08,
0x7F,0xFF,0xFF,0xFF,0xFF,0xFF,0xFF,0xFF,0xFF,0xFF,0xFF,0xFF,0x80,0x10,0xE0,
0x7F,0xFF,0xFF,0xFF,0xFF,0xFF,0xFF,0xFF,0xF0,0x1F,0xFF,0xFF,0x00,0xF0,0x38,
0x3F,0xFF,0xFF,0xFF,0xFF,0xFF,0xFF,0xFF,0x00,0x1F,0xFF,0xFE,0x00,0xCF,0x98,
0x3F,0xFF,0xFF,0xFF,0xFF,0xFF,0xFF,0xF0,0x00,0x3F,0xFF,0xF8,0x00,0xC6,0x18,
0x1F,0xFF,0xFF,0xFF,0xFF,0xFF,0xFF,0xC0,0x00,0x7F,0xFF,0xE0,0x00,0xC6,0x18,
0x0F,0xFF,0xFF,0xFF,0xFF,0xFF,0xFE,0x00,0x00,0x7F,0xFF,0x80,0x00,0xFF,0xF8,
0x07,0xFF,0xFF,0xFF,0xFF,0xFF,0xF8,0x00,0x01,0xFF,0xFE,0x00,0x00,0xC0,0x18,
0x03,0xFF,0xFF,0xFF,0xFF,0xFF,0xFF,0xE0,0x00,0x03,0xFF,0xF0,0x00,0x00,0x00,0x00,
0x00,0xFF,0xFF,0xFF,0xFF,0xFF,0xFF,0xC0,0x00,0x0F,0xFF,0xC0,0x00,0x00,0xC0,0x18,
0x00,0x7F,0xFF,0xFF,0xFF,0xFF,0xFF,0x80,0x00,0x3F,0xFE,0x00,0x00,0x00,0xFF,0xF8,
0x00,0x1F,0xFF,0xFF,0xFF,0xFF,0x00,0x00,0xFF,0xF0,0x00,0x00,0x00,0xFF,0xF8,
0x00,0x07,0xFF,0xFF,0xFF,0xFF,0xFE,0x00,0x03,0xFF,0xC0,0x00,0x00,0x00,0xC0,0x18,
0x00,0x03,0xFF,0xFF,0xFF,0xFF,0xFE,0x00,0x3F,0xFC,0x00,0x00,0x00,0x00,0x00,0xF0,
0x00,0x00,0x7F,0xFF,0xFF,0xFF,0xFF,0x03,0xFF,0xF0,0x00,0x00,0x00,0x00,0x00,0x38,
0x00,0x00,0x1F,0xFF,0xFF,0xFF,0xFF,0xFF,0x00,0x00,0x00,0x00,0x00,0x00,0x18,
0x00,0x00,0x01,0xFF,0xFF,0xFF,0xFF,0xFF,0xF0,0x00,0x00,0x00,0x00,0x00,0xC0,0x18,
0x00,0x00,0x00,0x0F,0xFF,0xFF,0xFF,0xFE,0x00,0x00,0x00,0x00,0x00,0x00,0xFF,0xF8,
0x00,0x00,0x00,0x00,0x00,0x00,0x00,0x00,0x00,0x00,0x00,0x00,0x00,0x00,0xC0,0x18,
0x00,0x00,0x00,0x00,0x00,0x00,0x00,0x00,0x00,0x00,0x00,0x00,0x00,0x00,0x08,
0x00,0x00,0x00,0x00,0x00,0x00,0x00,0x00,0x00,0x00,0x00,0x00,0x00,0x00,0x38,
0x00,0x00,0x00,0x00,0x00,0x00,0x00,0x00,0x00,0x00,0x00,0x00,0x00,0x07,0xF8,
0x00,0x00,0x00,0x00,0x00,0x00,0x00,0x00,0x00,0x00,0x00,0x00,0x00,0xFF,0xD8,
0x00,0x00,0x00,0x00,0x00,0x00,0x00,0x00,0x00,0x00,0x00,0x00,0x00,0xF1,0x80,
0x00,0x00,0x00,0x00,0x00,0x00,0x00,0x00,0x00,0x00,0x00,0x00,0x00,0x7F,0x88,
0x00,0x00,0x00,0x00,0x00,0x00,0x00,0x00,0x00,0x00,0x00,0x00,0x00,0x03,0xF8,
0x00,0x00,0x00,0x00,0x00,0x00,0x00,0x00,0x00,0x00,0x00,0x00,0x00,0x00,0x18,
0x00,0x00,0x00,0x00,0x00,0x00,0x00,0x00,0x00,0x00,0x00,0x00,0x00,0x00,0x00,

```
0x00,0x00,0x00,0x00,0x00,0x00,0x00,0x00,0x00,0x00,0x00,0x00,0x00,0x00,0x00,0x00,
0x00,0x00,0x00,0x00,0x00,0x00,0x00,0x00,0x00,0x00,0x00,0x00,0x00,0x00,0x00,0x00,
0x00,0x00,0x00,0x00,0x00,0x00,0x00,0x00,0x00,0x00,0x00,0x00,0x00,0x00,0x00,0x00
};
//系统时钟初始化函数
//采用固件库函数方式编程
//pll：选择的倍频数，从 2 开始，最大值为 16（这里最大为 9）
/************************************************************************
* Function Name : Stm32_Clock_Init
* Description   : RCC 配置（使用外部 8MHz 晶振）
* Input         : uint32_t，PLL 的倍频系数，例如 9 就是 9*8=72M
* Output        : 无
* Return        : 无
*************************************************************************/
void Stm32_Clock_Init(u8 pll)
{
    ErrorStatus HSEStartUpStatus;
    /*将外设 RCC 寄存器重设为默认值*/
    RCC_DeInit();

    /*设置外部高速晶振（HSE）*/
    RCC_HSEConfig(RCC_HSE_ON);                    //RCC_HSE_ON——HSE 晶振打开（ON）

    /*等待 HSE 起振*/
    HSEStartUpStatus = RCC_WaitForHSEStartUp();

    if(HSEStartUpStatus == SUCCESS)                //SUCCESS：HSE 晶振稳定且就绪
    {
        /*设置 AHB 时钟（HCLK）*/
        RCC_HCLKConfig(RCC_SYSCLK_Div1);
        //RCC_SYSCLK_Div1——AHB 时钟=系统时钟
        /* 设置高速 AHB 时钟（PCLK2）*/
        RCC_PCLK2Config(RCC_HCLK_Div1);
        //RCC_HCLK_Div1——APB2 时钟= HCLK

        /*设置低速 AHB 时钟（PCLK1）*/
        RCC_PCLK1Config(RCC_HCLK_Div2);
        //RCC_HCLK_Div2——APB1 时钟= HCLK / 2
        /*设置 Flash 存储器延时时钟周期数*/
        FLASH_SetLatency(FLASH_ACR_LATENCY_2);     //2 延时周期
        /*选择 Flash 预取指缓存的模式*/
        FLASH_PrefetchBufferCmd(FLASH_PrefetchBuffer_Enable);  //预取指缓存使能

        /*设置 PLL 时钟源及倍频系数*/
        //RCC_PLLConfig(RCC_PLLSource_HSE_Div1, RCC_PLLMul_9);
        // PLL 的输入时钟= HSE 时钟频率；RCC_PLLMul_9——PLL 输入时钟 x 9
```

```c
        switch(pll)
        {
            case 2: RCC_PLLConfig(RCC_PLLSource_HSE_Div1, RCC_PLLMul_2);
                    break;
            case 3: RCC_PLLConfig(RCC_PLLSource_HSE_Div1, RCC_PLLMul_3);
                    break;
            case 4: RCC_PLLConfig(RCC_PLLSource_HSE_Div1, RCC_PLLMul_4);
                    break;
            case 5: RCC_PLLConfig(RCC_PLLSource_HSE_Div1, RCC_PLLMul_5);
                    break;
            case 6: RCC_PLLConfig(RCC_PLLSource_HSE_Div1, RCC_PLLMul_6);
                    break;
            case 7: RCC_PLLConfig(RCC_PLLSource_HSE_Div1, RCC_PLLMul_7);
                    break;
            case 8: RCC_PLLConfig(RCC_PLLSource_HSE_Div1, RCC_PLLMul_8);
                    break;
            case 9: RCC_PLLConfig(RCC_PLLSource_HSE_Div1, RCC_PLLMul_9);
                    break;
            default:
                    RCC_PLLConfig(RCC_PLLSource_HSE_Div1, RCC_PLLMul_2);
                    break;
        }
        /*使能 PLL */
        RCC_PLLCmd(ENABLE);
         /*检查指定的 RCC 标志位（PLL 准备好标志）设置与否*/
         while(RCC_GetFlagStatus(RCC_FLAG_PLLRDY) == RESET)
         {
         }
          /*设置系统时钟（SYSCLK）*/
         RCC_SYSCLKConfig(RCC_SYSCLKSource_PLLCLK);
         //RCC_SYSCLKSource_PLLCLK——选择 PLL 作为系统时钟
          /* PLL 返回用作系统时钟的时钟源*/
         while(RCC_GetSYSCLKSource() != 0x08)         //0x08：PLL 作为系统时钟
         {
         }
    }
}

//主函数
int main(void)
{
    u8 len,t,i,time=50;
    Stm32_Clock_Init(9);                //系统时钟设置
    delay_init(72);                     //延时初始化
    delay_ms(1000);
    LCD12864_Init();                    //12864 初始化
```

```
        Disp_HZ(0,Table0,5);                    //指定汉字显示的个数
        delay_ms(100);
//      Display_LCD_String(1 , Table1,time);
        Disp_HZ(1,Table1,5);
        delay_ms(100);
//      Display_LCD_String(2 , Table2,time);
        Disp_HZ(2,Table2,5);
        delay_ms(100);
        Display_LCD_String(3 , Table3,time);    //8 个汉字或 16 字节字符显示
        delay_ms(1500);
        Write_LCD_Command(0x01);                //清屏
        LCD_Clear_TXT();
        delay_ms(50);

        /*----------------显示 3 张图片--------------------*/
        PutBMP(BMP1);                           //外星人
        delay_ms(1500);
        LCD_Clear_BMP();                        //清除图片
        PutBMP(BMP1);
        delay_ms(1500);
        LCD_Clear_BMP();                        //清除图片
        PutBMP(BMP1);
        delay_ms(1500);
        LCD_Clear_BMP();                        //清除图片
        /*--------------------显示字符串------------------*/
        Write_LCD_Command(0x30);                //必须再次打开基本指令，因为绘图打开了扩充指令
        Display_LCD_String(1 , Table4,time);
        delay_ms(100);
        Display_LCD_String(2 , Table5,time);
        delay_ms(100);
        Display_LCD_String(3, Table6,time);
        delay_ms(100);
        /*--------------------显示自定义字符----------------*/
        Write_LCD_Command(0x34);                //要用到画图功能，必须打开扩充指令
        Write_LCD_Command(0x36);
        Draw_Char4x5Line(30,5,value,10) ;       //显示自定义字符 0～9
        Draw_Update();                          //更新显示
        Write_LCD_Command(0x30);                //再次打开基本指令，后面用到
        delay_ms(1500);
        LCD_Clear_TXT();
        delay_ms(50);
        Display_LCD_String(3, Table7,time);
//      LCD_Clear_BMP();
        Draw_Clear();
        while(1);
}
```

4. 程序演示

上述程序运行后,实际的屏幕显示效果如图 6.5 和图 6.6 所示。

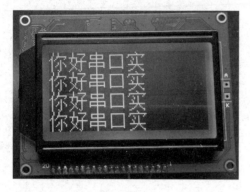

图 6.5　开机后的第一个屏幕效果图　　　　图 6.6　程序运行的最后一个屏幕效果图

6.2 基于液晶模块 12864 的菜单实现

6.2.1 程序中菜单的种类与菜单化程序的优势

程序的实现方式通常有两种:一种是基于命令行方式,即通过输入指令驱动程序实现相应的功能;二是基于菜单方式,即通过选择不同的菜单实现程序的不同功能。前者的最大缺点是必须精确掌握指令,对操作者而言,它不是十分方便;后者,则只要通过选择不同的菜单项,就可以实现不同的功能,因此,它便于操作,成为程序实现的主流方式。

菜单(英文:"menu")已经被广泛应用于各种程序中。可以毫不夸张地说,几乎所有程序都使用菜单驱动方式。因而,掌握基于菜单的程序开发是十分必要的。

程序中使用的菜单种类繁多,常见的有:弹出菜单、下拉菜单、图标菜单、多级菜单等,界面形式也五花八门。

本节讨论的是一个在嵌入式系统中常用的光标菜单。作为一个演示范例,只讨论了一级菜单形式,在此基础上,完全可以仿照着继续写出二级菜单、三级菜单,以适应各种复杂的要求。

6.2.2 基于液晶模块 12864 的菜单实现实例

1. 菜单设计

图 6.7 是菜单的设计效果图。

通过一个按键控制箭头上下移动,即该键相当于上下移动光标控制键;通过另外一个按键选中当前菜单项,该键相当于

→点亮LED1
　点亮LED2
　同时点亮

图 6.7　本项目菜单的设计图

回车确认键。

在第 2 章所述的实验系统上的两个按键，按键 1 用于实现光标移动功能（箭头上下移动），按键 2 用于实现选择确认（回车键）功能。

2．实现思路

菜单的实现方式有多种。就上述菜单而言，可以通过以下方法实现。

（1）首先，显示上述初始画面。

（2）然后，不停地捕捉按键 1 或按键 2。如果是按键 1，则首先清屏，然后将箭头放在菜单的第二项位置，整个菜单显示出来，这样感觉是光标下移了；如果光标已经位于最后一个菜单项，则移到第一个菜单项。如果是按键 2，则表示选中光标所在的菜单项，则执行对应的功能。不难看出，菜单的切换其实与动画的原理有点类似。

3．硬件电路

本例的硬件部分非常简单，只涉及两个按键、两个 LED。按照所使用的实验板的原理图，对应的引脚关系为：

（1）WK_UP 与引脚 PA0 相连，对应系统板上标号为 KEY2 的按键，它是高电平有效，注意 GPIO 的正确配置——下拉输入。

（2）KEY0 与引脚 PE4 相连，对应系统板上标号为 KEY3 的按键，它是低电平有效，注意 GPIO 的正确配置——上拉输入。

（3）LED0 与引脚 PE6 相连，对应程序中的 LED2。

（4）LED1 与引脚 PE5 相连，对应程序中的 LED1。

它们的电路图如图 6.8 所示。

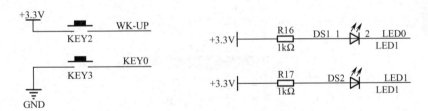

图 6.8　按键与发光二极管的电路图

4．具体程序

1）程序功能

运行后显示菜单，如图 6.9 所示。

按 KEY2 键可以移动菜单左侧的光标。按 KEY3 键选中该菜单项，执行相应的功能：点亮/熄灭相应的 LED。

图 6.10 是某一次按了 KEY3 键点亮两个 LED 的运行效果示意图（两个绿色 LED 点亮）。

图 6.9 项目实物及其菜单界面图

图 6.10 点亮两个 LED 的运行效果示意图

2)文件视图

基于工程模板,本项目文件视图如图 6.11 所示。

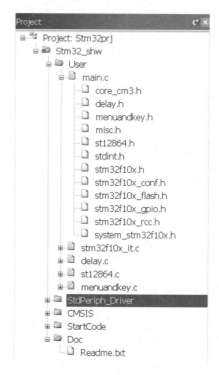

图 6.11 项目文件视图

从文件视图中可以看出,本项目涉及的文件较多,符合模块化设计思想,程序的后续维护会比较方便。

3)需要调整和设计的文件

需要新建或者修改调整的文件有:delay.c,delay.h,menuandkey.c,menuandkey.h,st12864.c,st12864.h,stm32f10x_conf.h,main.c 8 个源程序文件。

(1)delay.c,delay.h——两个文件:主要是延时函数的定义和说明。

(2)menuandkey.c,menuandkey.h——两个文件:主要是按键和发光二极管接口函数的定义和说明。

（3）stl2864.c，stl2864.h——两个文件：主要是液晶模块的接口函数的定义和说明。

（4）stm32f10x_conf.h——1个文件：主要是STM32所使用的外设的头文件的配置。

（5）main.c——1个文件：主要是程序的主函数、系统时钟等初始化的函数。

从上述文件的分析中可以看出，该例采用了模块化实现的思想。

4）项目源程序

各文件的具体内容分别列写如下。

（1）文件1——delay.c：与上一节的例子的同名文件完全一致。

（2）文件2——delay.h：与上一节的例子的同名文件完全一致。

（3）文件3——stl2864.c：与上一节的例子的同名文件完全一致。

（4）文件4——stl2864.h：与上一节的例子的同名文件完全一致。

（5）文件5——menuandkey.c的具体内容如下。

```c
//menuandkey.c
#include "stm32f10x.h"
#include <menuandkey.h>                    //包含按键和菜单函数的头文件
//菜单定义
u8 MenuItem_0[]={" Select:            "};
u8 MenuItem_1[]={"    light led1      "};
u8 MenuItem_2[]={"    light led2      "};
u8 MenuItem_3[]={"    light two led  "};

//显示菜单函数
//参数：为光标所在项的序号，1表示第1项，依此类推
//函数值：无
void DisplayMenu(u8 cur)
{
    Display_LCD_String(0,MenuItem_0,1);
    switch(cur)
    {
        case 1:
                    MenuItem_1[1]=26;          //字符->的ASCII码
                    MenuItem_2[1]=0x20;        //空格
                    MenuItem_3[1]=0x20;
                    Display_LCD_String(1,MenuItem_1,1);
                    Display_LCD_String(2,MenuItem_2,1);
                    Display_LCD_String(3,MenuItem_3,1);
                    break;
        case 2:
                    MenuItem_1[1]=0x20;        //字符->的ASCII码
                    MenuItem_2[1]=26;          //空格
                    MenuItem_3[1]=0x20;
                    Display_LCD_String(1,MenuItem_1,1);
                    Display_LCD_String(2,MenuItem_2,1);
```

```c
                        Display_LCD_String(3,MenuItem_3,1);
                        break;
            case 3:
                        MenuItem_1[1]=0x20;         //字符->的 ASCII 码
                        MenuItem_2[1]=0x20;         //空格
                        MenuItem_3[1]=26;
                        Display_LCD_String(1,MenuItem_1,1);
                        Display_LCD_String(2,MenuItem_2,1);
                        Display_LCD_String(3,MenuItem_3,1);
                        break;
    }
}

//回车键扫描
//返回 1 表示按下（必须释放）
//返回 0 表示没按下或者没释放
u8 KEY0_Scan(void)
{
    static u8 key_up0=0;                            //按键按松开标志
    if(KEY0==0)
    {
        /*延时去抖动  */
        delay_ms(10);                               //10ms 延时去抖动

        if(KEY0==0)
        {
            key_up0=1;
        }
    }
    if(KEY0==1&&key_up0==1)
    {
        key_up0=0;
        return 1;
    }
    return 0;
}

//光标下移动键扫描
//返回 1 表示按下（必须释放）
//返回 0 表示没按下或者没释放
u8 KEY2_Scan(void)
{
    static u8 key_up2=0;                            //按键按松开标志
    if(KEY2==1)
    {
        /*延时去抖动  */
        delay_ms(10);
```

```c
            if(KEY2==1)
            {
                key_up2=1;
            }
        }
        if(KEY2==0&&key_up2==1)
        {
            key_up2=0;
            return 1;
        }
        return 0;
}
/******************************************************
* 函数名：Key_Scan
* 描  述：检测是否有按键按下
* 输  入：无
* 输  出：返回按键值 2 代表回车键，3 代表下移键
******************************************************/
u8 KEY_Scan(void)
{
    u8 key_code;
    if(KEY0_Scan()==1)key_code=2;                //key3
    else if(KEY2_Scan()==1)key_code=3;           //key2
    else key_code=0;
    return key_code;
}

//配置两个按键和两个 LED 用到的 I/O 口
void KeyAndLed_GPIO(void )
{
    GPIO_InitTypeDef GPIO_InitStructure;
    /*开启按键端口（PE4）的时钟，对应板上为 KEY3 键*/
    RCC_APB2PeriphClockCmd(RCC_APB2Periph_GPIOE,ENABLE);
    /*初始化 GPIOE.4 上拉输入*/
    GPIO_InitStructure.GPIO_Pin  = GPIO_Pin_4;
    GPIO_InitStructure.GPIO_Mode = GPIO_Mode_IPU;
    GPIO_Init(GPIOE, &GPIO_InitStructure);       //先设置 PE4 输入口
    //这一条语句必须有，不要遗漏了，否则会导致 PE4 没有被很好地配置
    //同一个 GPIO 口，有输入和输出，一般要分两次进行配置，这一点很容易出错
    //因为配置不正常，导致程序运行不正常

//  GPIO_InitStructure.GPIO_Mode=GPIO_Mode_IN_FLOATING;
    //两个 LED 对应的引脚 PE5\PE6
    GPIO_InitStructure.GPIO_Pin = GPIO_Pin_6|GPIO_Pin_5;

    /*设置引脚模式为通用推挽输出*/
```

```c
        GPIO_InitStructure.GPIO_Mode = GPIO_Mode_Out_PP;

        /*设置引脚速度为 50MHz */
        GPIO_InitStructure.GPIO_Speed = GPIO_Speed_50MHz;

        GPIO_Init(GPIOE, &GPIO_InitStructure);              //再设置 P5/P6 输出口

        /*开启按键端口（PA0）的时钟，对应板上为 KEY2 键*/
        RCC_APB2PeriphClockCmd(RCC_APB2Periph_GPIOA,ENABLE);
        /*初始化 WK_UP-->GPIOA.0  下拉输入*/
        GPIO_InitStructure.GPIO_Pin  = GPIO_Pin_0;
        GPIO_InitStructure.GPIO_Mode = GPIO_Mode_IPD;
        GPIO_Init(GPIOA, &GPIO_InitStructure);

        //LED1，LED2 高电平关闭
        GPIO_SetBits(GPIOE,GPIO_Pin_5);
        GPIO_SetBits(GPIOE,GPIO_Pin_6);
}

//回车键处理，执行相应的命令
void ExecuteFunction(u8 cur)
{
    static u8 s_led1=0,s_led2=0;                    //静态记住上一个显示状态
    switch(cur)
    {
        case 1:                                     //菜单项 1，点亮 LED1（切换状态）
            s_led1=!s_led1;                         //选择一次，切换一次
            if(s_led1)                              //为 1，则点亮
                LED1_ON
            else
                LED1_OFF

            //LED1_ON
            break;
        case 2:                                     //菜单项 2，点亮 LED2（切换状态）

            s_led2=!s_led2;
            if(s_led2)
                LED2_ON
            else
                LED2_OFF

            //LED2_ON
            break;
        case 3:                                     //菜单项 3，点亮 LED1 和 LED2（切换状态）

            s_led1=!s_led1;
```

```
                    s_led2=!s_led2;

                if(s_led1)
                    LED1_ON
                else
                    LED1_OFF
                if(s_led2)
                    LED2_ON
                else
                    LED2_OFF

                //LED1_OFF
                //LED2_OFF
                break;
    }
}

//按键扫描并处理
void KeyPressed(u8 cur)
{
    u8 flag=0;
    DisplayMenu(cur);
    while(1)
    {
        if(flag)
        {
            DisplayMenu(cur);
            flag=0;
        }
        switch(KEY_Scan())
        {
            case 0:   flag=0;                        //没有按键
                      break;

            case 2:   flag=0;                        //key3，Enter 回车键
                      ExecuteFunction(cur);          //执行相应的命令
                      break;

            case 3:   flag=1;                        //key2，Down 光标移动键
                      if(cur==3)
                          cur=1;                     //新的光标显示项
                      else
                          cur++;                     //新的光标显示项
                      break;
        }
    }
}
```

（6）文件 6——menuandkey.h 的具体内容如下

```c
//menuandkey.h
#ifndef __MENU
#define __MENU
#include "stm32f10x.h"
#include <st12864.h>
#include <delay.h>

//按键读入宏定义
#define KEY0 GPIO_ReadInputDataBit(GPIOE,GPIO_Pin_4)     //读 PE4
#define KEY2 GPIO_ReadInputDataBit(GPIOA,GPIO_Pin_0)     //读 PA0 WK_UP

//LED 宏定义
#define LED1_OFF GPIO_SetBits(GPIOE,GPIO_Pin_5);         //PE5 输出高电平
#define LED1_ON GPIO_ResetBits(GPIOE,GPIO_Pin_5);        //PE5 输出低电平
#define LED2_OFF GPIO_SetBits(GPIOE,GPIO_Pin_6);         //PE6 输出高电平
#define LED2_ON GPIO_ResetBits(GPIOE,GPIO_Pin_6);        //PE6 输出低电平

//函数说明
u8 KEY0_Scan(void);
u8 KEY2_Scan(void);
u8 KEY_Scan(void);
void KeyAndLed_GPIO(void );
void ExecuteFunction(u8 cur);
void KeyPressed(u8 cur);
void DisplayMenu(u8 cur);
#endif
```

（7）文件 7——stm32f10x_conf.h 的调整修改部分如下。

```c
/* Includes ------------------------------------------------------------------*/
/* Uncomment/Comment the line below to enable/disable peripheral header file inclusion */
//#include "stm32f10x_adc.h"
//#include "stm32f10x_bkp.h"
//#include "stm32f10x_can.h"
//#include "stm32f10x_cec.h"
//#include "stm32f10x_crc.h"
//#include "stm32f10x_dac.h"
//#include "stm32f10x_dbgmcu.h"
//#include "stm32f10x_dma.h"
//#include "stm32f10x_exti.h"
#include "stm32f10x_flash.h"                             //包含
//#include "stm32f10x_fsmc.h"
#include "stm32f10x_gpio.h"                              //包含
//#include "stm32f10x_i2c.h"
//#include "stm32f10x_iwdg.h"
//#include "stm32f10x_pwr.h"
```

```
#include "stm32f10x_rcc.h"                                                //包含
//#include "stm32f10x_rtc.h"
//#include "stm32f10x_sdio.h"
//#include "stm32f10x_spi.h"
//#include "stm32f10x_tim.h"
//#include "stm32f10x_usart.h"
//#include "stm32f10x_wwdg.h"
#include "misc.h" /* High level functions for NVIC and SysTick (add-on to CMSIS functions) */
//包含
```

（8）文件8——main.c的具体内容如下。

```
/***********************************************
函数名：main.c
功　能：12864液晶模块演示范例——基于查询忙状态实现
时　间：2016/03/08
作　者：沈红卫，绍兴文理学院 机械与电气工程学院
***********************************************/
#include <stm32f10x.h>
#include "delay.h"                              //延时函数的头文件
#include "st12864.h"                            //液晶模块接口函数的头文件

#include <menuandkey.h>
/*----------------待显示的字符串----------------------*/
//由于KEIL对中文支持的bug，导致扩展ASCII码不能被正确识别，所以直接使用内码
//使用内码查询软件可以查询每个汉字的内码
//例如，"你好"的内码为0xC4,0xE3,0xBA,0xC3
//以下为"你好串口实"的内码
u8   Table0[]={0xC4,0xE3,0xBA,0xC3,0xB4,0xAE,0xBF,0xDA,0xCA,0xB5,0x20,0x20,
0x20,0x20,0x20,0x20};
//u8   Table0[]={0xC4,0xE3,0xBA,0xC3,0xB4,0xAE,0xBF,0xDA,0xCA,0xB5};
u8   Table1[]={0xC4,0xE3,0xBA,0xC3,0xB4,0xAE,0xBF,0xDA,0xCA,0xB5,0x11,0x20,
0x20,0x20,0x20,0x20};
u8   Table2[]={0xC4,0xE3,0xBA,0xC3,0xB4,0xAE,0xBF,0xDA,0xCA,0xB5,0x20,0x20,
0x20,0x20,0x20,0x20};
u8   Table3[]={0xC4,0xE3,0xBA,0xC3,0xB4,0xAE,0xBF,0xDA,0xCA,0xB5,0x20,0x20,
0x20,0x20,0x20,0x20};
u8   Table4[]={0xC4,0xE3,0xBA,0xC3,0xB4,0xAE,0xBF,0xDA,0xCA,0xB5,0x20,0x20,
0x20,0x20,0x20,0x20};
u8   Table5[]={0xC4,0xE3,0xBA,0xC3,0xB4,0xAE,0xBF,0xDA,0xCA,0xB5,0x20,0x20,
0x20,0x20,0x20,0x20};
u8   Table6[]={0xC4,0xE3,0xBA,0xC3,0xB4,0xAE,0xBF,0xDA,0xCA,0xB5,0x20,0x20,
0x20,0x20,0x20,0x20};
u8   Table7[]={0xC4,0xE3,0xBA,0xC3,0xB4,0xAE,0xBF,0xDA,0xCA,0xB5,0x20,0x20,
0x20,0x20,0x20,0x20};
u8   value []={0,1,2,3,4,5,6,8,9};
```

```c
//范例演示用 BMP 图片数据
u8 BMP1[]={
0x00,0x00,0x00,0x00,0x00,0x00,0x00,0x00,0x00,0x00,0x00,0x00,0x00,0x00,0x00,0x00,
0x00,0x00,0x00,0x00,0x00,0x00,0x00,0x00,0x00,0x00,0x00,0x00,0x00,0x00,0x00,0x00,
0x00,0x00,0x00,0x00,0x00,0x00,0x00,0x00,0x00,0x00,0x00,0x00,0x00,0x00,0x00,0x00,
0x00,0x00,0x00,0x00,0x00,0x00,0x00,0x00,0x00,0x00,0x00,0x00,0x00,0x00,0x80,0x18,
0x00,0x00,0x00,0x00,0x00,0x00,0x00,0x00,0x00,0x00,0x00,0x00,0x00,0x00,0xE0,0x78,
0x00,0x00,0x00,0x00,0x00,0x00,0x00,0x00,0x00,0x00,0x00,0x00,0x00,0x00,0xF3,0xF8,
0x00,0x00,0x00,0x00,0x00,0x00,0x00,0x00,0x00,0x00,0x00,0x00,0x00,0x00,0x1F,0xC0,
0x00,0x00,0x00,0x00,0x00,0x00,0x00,0x00,0x00,0x00,0x00,0x00,0x00,0x00,0x07,0x00,
0x00,0x00,0x00,0x00,0x00,0x00,0x00,0x00,0x00,0x00,0x00,0x00,0x00,0x00,0xFF,0xF8,
0x00,0x00,0x00,0x00,0x00,0x00,0x00,0x00,0x00,0x00,0x00,0x00,0x00,0x00,0xFF,0xF8,
0x00,0x00,0x00,0x00,0x00,0x00,0x00,0x00,0x00,0x00,0x00,0x00,0x00,0x00,0xC0,0x18,
0x00,0x00,0x00,0x00,0x00,0x00,0x00,0x00,0x00,0x00,0x00,0x00,0x00,0x00,0x00,0xC0,
0x00,0x00,0x00,0x00,0x00,0x00,0x00,0x00,0x00,0x00,0x00,0x00,0x00,0x00,0xF0,0x78,
0x00,0x00,0x00,0x0F,0xFF,0xFF,0xFF,0xFF,0x00,0x00,0x00,0x00,0x00,0x00,0xC0,0x18,
0x00,0x00,0x01,0xFF,0xFF,0xFF,0xFF,0xF8,0x00,0x00,0x00,0x00,0x00,0x00,0xCF,0x98,
0x00,0x00,0x1F,0xFF,0xFF,0xFF,0xFF,0xFF,0x00,0x00,0x00,0x00,0x00,0x00,0xC6,0x18,
0x00,0x00,0x7F,0xFF,0xFF,0xFF,0xFF,0x01,0xFF,0xF0,0x00,0x00,0x00,0x00,0xFF,0xF8,
0x00,0x01,0xFF,0xFF,0xFF,0xFF,0xFE,0x00,0x1F,0xFE,0x00,0x00,0x00,0x00,0xFF,0xF8,
0x00,0x07,0xFF,0xFF,0xFF,0xFF,0xFE,0x00,0x03,0xFF,0xC0,0x00,0x00,0x00,0x80,0x08,
0x00,0x1F,0xFF,0xFF,0xFF,0xFF,0xFF,0x00,0x00,0xFF,0xF8,0x00,0x00,0x00,0x78,0x00,
0x00,0x7F,0xFF,0xFF,0xFF,0xFF,0xFF,0x80,0x00,0x3F,0xFF,0x00,0x00,0x00,0xE0,0x00,
0x00,0xFF,0xFF,0xFF,0xFF,0xFF,0xFF,0xC0,0x00,0x0F,0xFF,0xC0,0x00,0x00,0xC0,0x18,
0x03,0xFF,0xFF,0xFF,0xFF,0xFF,0xFF,0xE0,0x00,0x07,0xFF,0xF8,0x00,0x00,0xFF,0xF8,
0x07,0xFF,0xFF,0xFF,0xFF,0xFF,0xFF,0xF8,0x00,0x01,0xFF,0xFE,0x00,0x00,0xFF,0xF8,
0x0F,0xFF,0xFF,0xFF,0xFF,0xFF,0xFF,0xFE,0x00,0x00,0xFF,0xFF,0x80,0x00,0xC0,0x18,
0x1F,0xFF,0xFF,0xFF,0xFF,0xFF,0xFF,0xFF,0xC0,0x00,0x7F,0xFF,0xE0,0x00,0xF8,0x00,
0x3F,0xFF,0xFF,0xFF,0xFF,0xFF,0xFF,0xFF,0xF0,0x00,0x3F,0xFF,0xF8,0x00,0x00,0x00,
0x3F,0xFF,0xFF,0xFF,0xFF,0xFF,0xFF,0xFF,0xFF,0x00,0x1F,0xFF,0xFC,0x00,0xFF,0xF8,
0x7F,0xFF,0xFF,0xFF,0xFF,0xFF,0xFF,0xFF,0xFF,0xF0,0x1F,0xFF,0xFF,0x00,0xFF,0xF8,
0x7F,0xFF,0xFF,0xFF,0xFF,0xFF,0xFF,0xFF,0xFF,0xFF,0xFF,0xFF,0x80,0x87,0xE0,
0xFF,0xFF,0xFF,0xFF,0xFF,0xFF,0xFF,0xFF,0xFF,0xFF,0xFF,0xFF,0xC0,0x7E,0x00,
0xFF,0xFF,0xFF,0xFF,0xFF,0xFF,0xFF,0xFF,0xFF,0xFF,0xFF,0xFF,0xE0,0xF8,0x18,
0xFF,0xFF,0xFF,0xFF,0xFF,0xFF,0xFF,0xFF,0xFF,0xFF,0xFF,0xFF,0xE0,0xFF,0xF8,
0xFF,0xFF,0xFF,0xFF,0xFF,0xFF,0xFF,0xFF,0xFF,0xFF,0xFF,0xFF,0xC0,0x80,0x08,
0x7F,0xFF,0xFF,0xFF,0xFF,0xFF,0xFF,0xFF,0xFF,0xFF,0xFF,0xFF,0x80,0x10,0xE0,
0x7F,0xFF,0xFF,0xFF,0xFF,0xFF,0xFF,0xFF,0xF0,0x1F,0xFF,0xFF,0x00,0xF0,0x38,
0x3F,0xFF,0xFF,0xFF,0xFF,0xFF,0xFF,0xFF,0x00,0x1F,0xFF,0xFE,0x00,0xCF,0x98,
0x3F,0xFF,0xFF,0xFF,0xFF,0xFF,0xFF,0xF0,0x00,0x3F,0xFF,0xF8,0x00,0xC6,0x18,
0x1F,0xFF,0xFF,0xFF,0xFF,0xFF,0xFF,0xC0,0x00,0x7F,0xFF,0xE0,0x00,0xC6,0x18,
0x0F,0xFF,0xFF,0xFF,0xFF,0xFF,0xFE,0x00,0x00,0x7F,0xFF,0x80,0x00,0xFF,0xF8,
0x07,0xFF,0xFF,0xFF,0xFF,0xFF,0xF8,0x00,0x01,0xFF,0xFE,0x00,0x00,0xC0,0x18,
0x03,0xFF,0xFF,0xFF,0xFF,0xFF,0xE0,0x00,0x03,0xFF,0xF0,0x00,0x00,0x00,0x00,
0x00,0xFF,0xFF,0xFF,0xFF,0xFF,0xC0,0x00,0x0F,0xFF,0xC0,0x00,0x00,0xC0,0x18,
0x00,0x7F,0xFF,0xFF,0xFF,0xFF,0x80,0x00,0x3F,0xFE,0x00,0x00,0x00,0xFF,0xF8,
```

```
0x00,0x1F,0xFF,0xFF,0xFF,0xFF,0xFF,0x00,0x00,0xFF,0xF0,0x00,0x00,0x00,0xFF,0xF8,
0x00,0x07,0xFF,0xFF,0xFF,0xFF,0xFE,0x00,0x03,0xFF,0xC0,0x00,0x00,0x00,0xC0,0x18,
0x00,0x03,0xFF,0xFF,0xFF,0xFF,0xFE,0x00,0x3F,0xFC,0x00,0x00,0x00,0x00,0x00,0xF0,
0x00,0x00,0x7F,0xFF,0xFF,0xFF,0xFF,0x03,0xFF,0xF0,0x00,0x00,0x00,0x00,0x00,0x38,
0x00,0x00,0x1F,0xFF,0xFF,0xFF,0xFF,0xFF,0x00,0x00,0x00,0x00,0x00,0x00,0x00,0x18,
0x00,0x00,0x01,0xFF,0xFF,0xFF,0xFF,0xF0,0x00,0x00,0x00,0x00,0x00,0x00,0xC0,0x18,
0x00,0x00,0x00,0x0F,0xFF,0xFF,0xFF,0xFE,0x00,0x00,0x00,0x00,0x00,0x00,0xFF,0xF8,
0x00,0x00,0x00,0x00,0x00,0x00,0x00,0x00,0x00,0x00,0x00,0x00,0x00,0x00,0xC0,0x18,
0x00,0x00,0x00,0x00,0x00,0x00,0x00,0x00,0x00,0x00,0x00,0x00,0x00,0x00,0x00,0x08,
0x00,0x00,0x00,0x00,0x00,0x00,0x00,0x00,0x00,0x00,0x00,0x00,0x00,0x00,0x00,0x38,
0x00,0x00,0x00,0x00,0x00,0x00,0x00,0x00,0x00,0x00,0x00,0x00,0x00,0x00,0x07,0xF8,
0x00,0x00,0x00,0x00,0x00,0x00,0x00,0x00,0x00,0x00,0x00,0x00,0x00,0x00,0xFF,0xD8,
0x00,0x00,0x00,0x00,0x00,0x00,0x00,0x00,0x00,0x00,0x00,0x00,0x00,0x00,0xF1,0x80,
0x00,0x00,0x00,0x00,0x00,0x00,0x00,0x00,0x00,0x00,0x00,0x00,0x00,0x00,0x7F,0x88,
0x00,0x00,0x00,0x00,0x00,0x00,0x00,0x00,0x00,0x00,0x00,0x00,0x00,0x00,0x03,0xF8,
0x00,0x00,0x00,0x00,0x00,0x00,0x00,0x00,0x00,0x00,0x00,0x00,0x00,0x00,0x00,0x18,
0x00,0x00,0x00,0x00,0x00,0x00,0x00,0x00,0x00,0x00,0x00,0x00,0x00,0x00,0x00,0x00,
0x00,0x00,0x00,0x00,0x00,0x00,0x00,0x00,0x00,0x00,0x00,0x00,0x00,0x00,0x00,0x00,
0x00,0x00,0x00,0x00,0x00,0x00,0x00,0x00,0x00,0x00,0x00,0x00,0x00,0x00,0x00,0x00
};
```

```c
//系统时钟初始化函数
//采用固件库函数方式编程
//pll：选择的倍频数，从 2 开始，最大值为 16（这里最大为 9）
/*********************************************************************
* Function Name   : Rcc_Init
* Description     : RCC 配置（使用外部 8MHz 晶振）
* Input           : uint32_t，PLL 的倍频系数，例如 9 就是 9*8=72M
* Output          : 无
* Return          : 无
*********************************************************************/
void Stm32_Clock_Init(u8 pll)
{
    ErrorStatus HSEStartUpStatus;
    /*将外设 RCC 寄存器重设为默认值*/
    RCC_DeInit();

    /*设置外部高速晶振（HSE）*/
    RCC_HSEConfig(RCC_HSE_ON);                  //RCC_HSE_ON——HSE 晶振打开（ON）
    /*等待 HSE 起振*/
    HSEStartUpStatus = RCC_WaitForHSEStartUp();
    if(HSEStartUpStatus == SUCCESS)             //SUCCESS：HSE 晶振稳定且就绪
    {
        /*设置 AHB 时钟（HCLK）*/
        RCC_HCLKConfig(RCC_SYSCLK_Div1);
```

//RCC_SYSCLK_Div1——AHB 时钟=系统时钟
/*设置高速 AHB 时钟（PCLK2）*/
RCC_PCLK2Config(RCC_HCLK_Div1);
//RCC_HCLK_Div1——APB2 时钟= HCLK
/*设置低速 AHB 时钟（PCLK1）*/
RCC_PCLK1Config(RCC_HCLK_Div2);
//RCC_HCLK_Div2——APB1 时钟= HCLK / 2

/*设置 Flash 存储器延时时钟周期数*/
FLASH_SetLatency(FLASH_ACR_LATENCY_2);
//FLASH_Latency_2，2 延时周期
/*选择 Flash 预取指缓存的模式*/
FLASH_PrefetchBufferCmd(FLASH_PrefetchBuffer_Enable);   //预取指缓存使能
/*设置 PLL 时钟源及倍频系数*/
//RCC_PLLConfig(RCC_PLLSource_HSE_Div1, RCC_PLLMul_9);
// PLL 的输入时钟= HSE 时钟频率；RCC_PLLMul_9——PLL 输入时钟 x 9
switch(pll)
{
    case 2: RCC_PLLConfig(RCC_PLLSource_HSE_Div1, RCC_PLLMul_2);
            break;
    case 3: RCC_PLLConfig(RCC_PLLSource_HSE_Div1, RCC_PLLMul_3);
            break;
    case 4: RCC_PLLConfig(RCC_PLLSource_HSE_Div1, RCC_PLLMul_4);
            break;
    case 5: RCC_PLLConfig(RCC_PLLSource_HSE_Div1, RCC_PLLMul_5);
            break;
    case 6: RCC_PLLConfig(RCC_PLLSource_HSE_Div1, RCC_PLLMul_6);
            break;
    case 7: RCC_PLLConfig(RCC_PLLSource_HSE_Div1, RCC_PLLMul_7);
            break;
    case 8: RCC_PLLConfig(RCC_PLLSource_HSE_Div1, RCC_PLLMul_8);
            break;
    case 9: RCC_PLLConfig(RCC_PLLSource_HSE_Div1, RCC_PLLMul_9);
            break;
    default:
            RCC_PLLConfig(RCC_PLLSource_HSE_Div1, RCC_PLLMul_2);
            break;
}
/*使能 PLL */
RCC_PLLCmd(ENABLE);
/*检查指定的 RCC 标志位（PLL 准备好标志）设置与否*/
while(RCC_GetFlagStatus(RCC_FLAG_PLLRDY) == RESET) { }

/*设置系统时钟（SYSCLK）*/
RCC_SYSCLKConfig(RCC_SYSCLKSource_PLLCLK);
//RCC_SYSCLKSource_PLLCLK——选择 PLL 作为系统时钟

```
            /* PLL 返回用作系统时钟的时钟源*/
            while(RCC_GetSYSCLKSource() != 0x08)        //0x08：PLL 作为系统时钟
            {
            }
        }
}

//主函数
int main(void)
{
    u8 time=50;
    Stm32_Clock_Init(9);                                //系统时钟设置

    delay_init(72);                                     //延时初始化
    delay_ms(1000);
    LCD12864_Init();                                    //12864 初始化
    KeyAndLed_GPIO();

    KeyPressed(1);                                      //调用按键扫描和处理函数
    while(1);
}
```

6.3 矩阵键盘的接口实现

6.3.1 矩阵键盘的应用与程序设计思想

1. 什么是矩阵键盘

一般的应用系统通常只需要少量的按键，这时可以通过独立按键的形式实现，即一个 GPIO 引脚连接一个按键。但是，有的应用系统可能需要的按键较多，例如，既需要 10 个数字键，也需要其他多个功能按键的系统。显然，在这种情况下，如果继续采用独立按键的形式，GPIO 口线会显得很紧张、不够用，这时候使用矩阵键盘就比较合适了。按键越多，矩阵键盘能节省口线的效果越明显。例如，4×4 矩阵键盘可以有 16 个按键，而只使用了 4+4=8 条 GPIO 口线。

2. 矩阵键盘的程序设计

矩阵键盘采用行列结构，在行列相交的地方，安排一个按键。
程序设计的核心是动态扫描和捕捉。
具体思想是：逐行输出低电平，然后逐列判断是否为低电平，如果某列为低电平，则表明该行该列对应的那个按键被按下，按键被捕捉，键码（键值，即对应哪个键的代号）被识别。
根据识别的键码，执行相应的操作。
上述过程是一个循环过程。

6.3.2 4×4 矩阵键盘的硬件设计

以 4×4 矩阵键盘为例，该键盘具有 16 个按键，分布在 4 行 4 列 16 个交叉节点上，如图 6.12 所示。其中，KEY0～KEY3 为行，KEY4～KEY7 为列，每个按键的两个引脚分别与行和列相连。8 个电阻为上拉电阻，与 STM32 的 VCC 相连，以确保行和列的所有口线默认状态为高电平。当然由于 STM32 具有可配置的 GPIO 口线，可以方便地将 4 条输入口线（列线）配置为上拉输入（即默认为高电平），而扫描输出用的 4 条口线（行线）的默认输出状态也可以很方便地设置为高电平，因此图中的上拉电阻均可以省略。

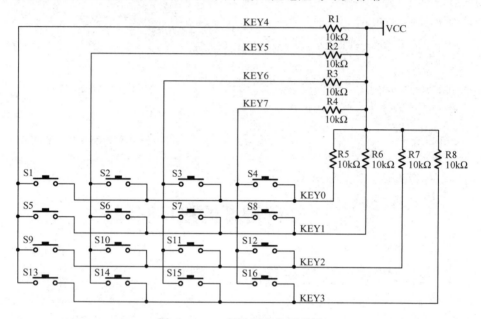

图 6.12　4×4 矩阵键盘的原理图

动态扫描的基本思想是：每次 4 条行线中只有一条是低电平，此时通过巡查 4 条列线的高低电平状态即可获知该行上对应的 4 个按键的按下状态，按下的那个按键对应的列线为低电平，而其余均为高电平。

6.3.3 演示程序

1. 设计要求

捕捉并识别 4×4 矩阵按键。16 个按键的标号见图 6.12 所示，分别为 S1～S16。
作为演示，本例仅取部分按键作为演示按键，其余按键没有被赋予相应的功能。
（1）按键 S1 被按一次，则点亮 LED1。
（2）按键 S2 被按一次，则点亮 LED2。
（3）按键 S5 被按一次，则关闭 LED1。

（4）按键 S6 被按一次，则关闭 LED2。
（5）按键 S9 被按一次，则点亮 LED1、LED2。
（6）按键 S13 被按一次，则关闭 LED1、LED2。

2. 工程模板及其文件视图

基于工程模板，本例的工程文件视图如图 6.13 所示。

在工程模板的基础上，需要增加和修改的主要文件为：main.c，delay.c，delay.h，mykey.c，mykey.h，stm32f10x_conf.h 共 6 个文件。

stm32f10x_conf.h 主要是将程序涉及的 GPIO、Flash、RCC、MISC 外设的 4 个头文件包含进来，其余部分均为默认内容，其要调整的内容主要是：

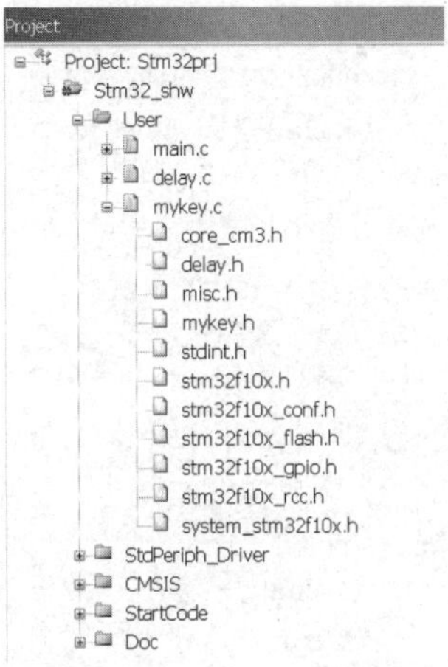

图 6.13　演示程序的文件视

```
#include "stm32f10x_flash.h"
#include "stm32f10x_gpio.h"
#include "stm32f10x_rcc.h"
#include "misc.h" /* High level functions for NVIC and SysTick (add-on to CMSIS functions) */
```

delay.c 和 delay.h 与上一节所讨论的菜单演示程序中的同名文件完全相同，在实验时请使用上一节的这两个同名文件。

mykey.c 和 mykey.h 则为矩阵键盘接口函数的源程序和头文件。

3. 具体程序

（1）文件 1——stm32f10x_conf.h，见上述。
（2）文件 2——delay.c，具体内容同上例。
（3）文件 3——delay.h，具体内容同上例。
（4）文件 4——main.c 的全部内容。

```
/**********************************************
函数名：main.c
功    能：矩阵键盘演示程序
时    间：2016/04/28
作    者：沈红卫，绍兴文理学院 机械与电气工程学院
**********************************************/
//程序思路
//扫描按键并识别按键
//S1 则点亮 LED1
//S2 则点亮 LED2
//S5 则关闭 LED1
//S6 则关闭 LED2
//S9 则点亮 LED1、LED2
//S13 则关闭 LED1、LED2
//按键去抖动用延时，延时采用精确延时函数
```

```c
#include <stm32f10x.h>
#include "delay.h"                              //延时函数的头文件
#include <mykey.h>


//系统时钟初始化函数
//采用固件库函数方式编程
//pll：选择的倍频数，从 2 开始，最大值为 16（这里最大为 9）
/************************************************************************
* Function Name    : Rcc_Init
* Description      : RCC 配置（使用外部 8MHz 晶振）
* Input            : uint32_t，PLL 的倍频系数，例如 9 就是 9*8=72M
* Output           : 无
* Return           : 无
************************************************************************/
void Stm32_Clock_Init(u8 pll)
{
    ErrorStatus HSEStartUpStatus;
    /*将外设 RCC 寄存器重设为默认值*/
    RCC_DeInit();

    /*设置外部高速晶振（HSE）*/
    RCC_HSEConfig(RCC_HSE_ON);                  //RCC_HSE_ON——HSE 晶振打开（ON）

    /*等待 HSE 起振*/
    HSEStartUpStatus = RCC_WaitForHSEStartUp();

    if(HSEStartUpStatus == SUCCESS)             //SUCCESS：HSE 晶振稳定且就绪
    {
        /*设置 AHB 时钟（HCLK）*/
        RCC_HCLKConfig(RCC_SYSCLK_Div1);
        //RCC_SYSCLK_Div1——AHB 时钟= 系统时钟
        /* 设置高速 AHB 时钟（PCLK2）*/
        RCC_PCLK2Config(RCC_HCLK_Div1);
        //RCC_HCLK_Div1 即 APB2 时钟= HCLK
        /*设置低速 AHB 时钟（PCLK1）*/
        RCC_PCLK1Config(RCC_HCLK_Div2);
        //RCC_HCLK_Div2——APB1 时钟= HCLK / 2
        /*设置 Flash 存储器延时时钟周期数*/
        FLASH_SetLatency(FLASH_ACR_LATENCY_2);      //Flash_Latency_2，2 延时周期
        /*选择 Flash 预取指缓存的模式*/
        FLASH_PrefetchBufferCmd(FLASH_PrefetchBuffer_Enable);   //预取指缓存使能
        /*设置 PLL 时钟源及倍频系数*/
        //RCC_PLLConfig(RCC_PLLSource_HSE_Div1, RCC_PLLMul_9);
        // PLL 的输入时钟= HSE 时钟频率；RCC_PLLMul_9——PLL 输入时钟 x 9
        switch(pll)
        {
            case 2: RCC_PLLConfig(RCC_PLLSource_HSE_Div1, RCC_PLLMul_2);
```

```
                break;
        case 3: RCC_PLLConfig(RCC_PLLSource_HSE_Div1, RCC_PLLMul_3);
                break;
        case 4: RCC_PLLConfig(RCC_PLLSource_HSE_Div1, RCC_PLLMul_4);
                break;
        case 5: RCC_PLLConfig(RCC_PLLSource_HSE_Div1, RCC_PLLMul_5);
                break;
        case 6: RCC_PLLConfig(RCC_PLLSource_HSE_Div1, RCC_PLLMul_6);
                break;
        case 7: RCC_PLLConfig(RCC_PLLSource_HSE_Div1, RCC_PLLMul_7);
                break;
        case 8: RCC_PLLConfig(RCC_PLLSource_HSE_Div1, RCC_PLLMul_8);
                break;
        case 9: RCC_PLLConfig(RCC_PLLSource_HSE_Div1, RCC_PLLMul_9);
                break;
        default:
                RCC_PLLConfig(RCC_PLLSource_HSE_Div1, RCC_PLLMul_2);
                break;
    }
    /*使能 PLL */
    RCC_PLLCmd(ENABLE);
    /*检查指定的 RCC 标志位（PLL 准备好标志）设置与否*/
    while(RCC_GetFlagStatus(RCC_FLAG_PLLRDY) == RESET)
    {
    }
    /*设置系统时钟（SYSCLK）*/
    RCC_SYSCLKConfig(RCC_SYSCLKSource_PLLCLK);
    //RCC_SYSCLKSource_PLLCLK——选择 PLL 作为系统时钟
    /* PLL 返回用作系统时钟的时钟源*/
    while(RCC_GetSYSCLKSource() != 0x08)          //0x08：PLL 作为系统时钟
    {
    }
    }
}

int main(void)
{
    Stm32_Clock_Init(9);                          //系统时钟设置
    delay_init(72);                               //延时初始化
    delay_ms(100);
    KeyAndLed_GPIO();
    while(1)
    {
        ExecuteFunction(KEY_Scan());              //扫描按键并处理
    }
}
```

(5) 文件 5——mykey.h 的全部内容。

```c
//mykey.h
#ifndef __KEY                                                //该宏定义非常重要，可避免头文件被重复包含
#define __KEY
#include <stm32f10x.h>
//矩阵键盘行输出、列输入扫描
//行输出每次一行为低电平
//列读入
#define KEY4 GPIO_ReadInputDataBit(GPIOE,GPIO_Pin_9)          //读 PE9
#define KEY5 GPIO_ReadInputDataBit(GPIOE,GPIO_Pin_11)         //读 PE11
#define KEY6 GPIO_ReadInputDataBit(GPIOE,GPIO_Pin_13)         //读 PE13
#define KEY7 GPIO_ReadInputDataBit(GPIOE,GPIO_Pin_15)         //读 PE15

//行输出
#define KEY0_H    GPIO_SetBits(GPIOE,GPIO_Pin_8);             //PE8 输出高电平
#define KEY0_L    GPIO_ResetBits(GPIOE,GPIO_Pin_8);           //PE8 输出低电平
#define KEY1_H    GPIO_SetBits(GPIOE,GPIO_Pin_10);            //PE10 输出高电平
#define KEY1_L    GPIO_ResetBits(GPIOE,GPIO_Pin_10);          //PE10 输出低电平
#define KEY2_H    GPIO_SetBits(GPIOE,GPIO_Pin_12);            //PE12 输出高电平
#define KEY2_L    GPIO_ResetBits(GPIOE,GPIO_Pin_12);          //PE12 输出低电平
#define KEY3_H    GPIO_SetBits(GPIOE,GPIO_Pin_14);            //PE14 输出高电平
#define KEY3_L    GPIO_ResetBits(GPIOE,GPIO_Pin_14);          //PE14 输出低电平

//LED 宏定义
#define LED1_OFF GPIO_SetBits(GPIOE,GPIO_Pin_5);              //PE5 输出高电平
#define LED1_ON GPIO_ResetBits(GPIOE,GPIO_Pin_5);             //PE5 输出低电平
#define LED2_OFF GPIO_SetBits(GPIOE,GPIO_Pin_6);              //PE6 输出高电平
#define LED2_ON GPIO_ResetBits(GPIOE,GPIO_Pin_6);             //PE6 输出低电平

//函数说明
u8 KEY0COL(void);                                             //4 个行扫描函数
u8 KEY1COL(void);
u8 KEY2COL(void);
u8 KEY3COL(void);
u8 KEY_Scan(void);                                            //整个键盘扫描函数
void KeyAndLed_GPIO(void);                                    //按键和 LED 对应的 GPIO 配置
void ExecuteFunction(u8 cur);                                 //按键处理

#endif
```

(6) 文件 6——mykey.c 的全部内容。

```c
// mykey.c
#include "stm32f10x.h"
#include <mykey.h>                                            //按键函数的头文件
#include <delay.h>
```

```c
//4×4 矩阵键盘，共 16 个按键
//矩阵键盘对应的 GPIO 为 PE
//4 行
//KEY0-->PE8
//KEY1-->PE10
//KEY2-->PE12
//KEY3-->PE14

//4 列
//KEY4-->PE9
//KEY5-->PE11
//KEY6-->PE13
//KEY7-->PE15

//按键对应
//S1    S2    S3    S4
//S5    S6    S7    S8
//S9    S10   S11   S12
//S13   S14   S15   S16

//扫描输出第 1 行
u8 KEY0COL(void)
{
    u8 keyval=0;

    KEY0_L                                        //低电平
    if(KEY4==0)
    {
        delay_ms(10);                             //10ms 延时去抖动
        if(KEY4==0)
        {
            keyval=1;
            KEY0_H
            return keyval;
        }
    }
    if(KEY5==0)
    {
        delay_ms(10);                             //10ms 延时去抖动
        if(KEY5==0)
        {
            keyval=2;
            KEY0_H
            return keyval;
        }
    }
    if(KEY6==0)
```

```c
    {
        delay_ms(10);                          //10ms 延时去抖动
        if(KEY6==0)
        {
            keyval=3;
            KEY0_H
            return keyval;
        }
    }
    if(KEY7==0)
    {
        delay_ms(10);                          //10ms 延时去抖动
        if(KEY7==0)
        {
            keyval=4;
            KEY0_H
            return keyval;
        }
    }
    KEY0_H
    return keyval;
}

//扫描输出第 2 行
u8 KEY1COL(void)
{
    u8 keyval=0;

    KEY1_L                                     //低电平
    if(KEY4==0)
    {
        delay_ms(10);                          //10ms 延时去抖动
        if(KEY4==0)
        {
            keyval=5;
            KEY1_H
            return keyval;
        }
    }
    if(KEY5==0)
    {
        delay_ms(10);                          //10ms 延时去抖动
        if(KEY5==0)
        {
            keyval=6;
            KEY1_H
            return keyval;
```

```c
        }
        if(KEY6==0)
        {
            delay_ms(10);                          //10ms 延时去抖动
            if(KEY6==0)
            {
                keyval=7;
                KEY1_H
                return keyval;
            }
        }
        if(KEY7==0)
        {
            delay_ms(10);                          //10ms 延时去抖动
            if(KEY7==0)
            {
                keyval=8;
                KEY1_H
                return keyval;
            }
        }
        KEY1_H
        return keyval;
}

//扫描输出第3行
u8 KEY2COL(void)
{
        u8 keyval=0;

        KEY2_L                                     //低电平
        if(KEY4==0)
        {
            delay_ms(10);                          //10ms 延时去抖动
            if(KEY4==0)
            {
                keyval=9;
                KEY2_H
                return keyval;
            }
        }
        if(KEY5==0)
        {
            delay_ms(10);                          //10ms 延时去抖动
            if(KEY5==0)
            {
```

```c
                keyval=10;
                KEY2_H
                return keyval;
            }
        }
        if(KEY6==0)
        {
            delay_ms(10);                                    //10ms 延时去抖动
            if(KEY6==0)
            {
                keyval=11;
                KEY2_H
                return keyval;
            }
        }
        if(KEY7==0)
        {
            delay_ms(10);                                    //10ms 延时去抖动
            if(KEY7==0)
            {
                keyval=12;
                KEY2_H
                return keyval;
            }
        }
        KEY2_H
        return keyval;
}

//扫描输出第 4 行
u8 KEY3COL(void)
{
        u8 keyval=0;

        KEY3_L                                               //低电平
        if(KEY4==0)
        {
            delay_ms(10);                                    //10ms 延时去抖动
            if(KEY4==0)
            {
                keyval=13;
                KEY3_H
                return keyval;
            }
        }
        if(KEY5==0)
        {
```

```c
            delay_ms(10);                          //10ms 延时去抖动
            if(KEY5==0)
            {
                keyval=14;
                KEY3_H
                return keyval;
            }
        }
        if(KEY6==0)
        {
            delay_ms(10);                          //10ms 延时去抖动
            if(KEY6==0)
            {
                keyval=15;
                KEY3_H
                return keyval;
            }
        }
        if(KEY7==0)
        {
            delay_ms(10);                          //10ms 延时去抖动
            if(KEY7==0)
            {
                keyval=16;
                KEY3_H
                return keyval;
            }
        }
        KEY3_H
        return keyval;
}

//按键扫描
//返回值：0=无按键
//        1，2，3，…分别对应 S1, S2, …
u8 KEY_Scan(void)
{
    u8 keyval=0;
    keyval=KEY0COL();                              //扫描 1 行
    if(keyval!=0) return keyval;                   //如果有按键则返回按键值
    keyval=KEY1COL();                              //否则，继续扫描下一行
    if(keyval!=0) return keyval;
    keyval=KEY2COL();
    if(keyval!=0) return keyval;
    keyval=KEY3COL();
    if(keyval!=0) return keyval;
    return keyval;                                 //否则，没有按键
```

```c
}
//配置按键和两个LED用到的I/O口
void KeyAndLed_GPIO(void )
{
    GPIO_InitTypeDef GPIO_InitStructure;

    /*开启按键端口（PE）的时钟*/
    //两个LED对应的引脚PE5/PE6
    RCC_APB2PeriphClockCmd(RCC_APB2Periph_GPIOE,ENABLE);

    /*初始化GPIOE9、11、13、15上拉输入*/
    GPIO_InitStructure.GPIO_Pin  = GPIO_Pin_9|GPIO_Pin_11|GPIO_Pin_13|GPIO_Pin_15;
    GPIO_InitStructure.GPIO_Mode = GPIO_Mode_IPU;         //上拉输入
    GPIO_Init(GPIOE, &GPIO_InitStructure);                //先设置PE输入口

    /*初始化GPIOE8、10、12、14推挽输出*/
    /*
    GPIO_InitStructure.GPIO_Pin  = GPIO_Pin_8|GPIO_Pin_10|GPIO_Pin_12|GPIO_Pin_14;
    GPIO_InitStructure.GPIO_Mode = GPIO_Mode_Out_PP; //推挽输出
    GPIO_Init(GPIOE, &GPIO_InitStructure);
    */
    //同一个GPIO口，有输入和输出，一般要分两次进行配置，这一点很容易出错
    //对于同一个口的同位输出或同位输入，则必须一次性配置，不能分次进行
    //因为配置不正常，导致程序运行不正常

    //两个LED对应的引脚PE5/PE6
    //初始化GPIOE8、10、12、14推挽输出
    GPIO_InitStructure.GPIO_Pin=
    GPIO_Pin_6|GPIO_Pin_5|GPIO_Pin_8|GPIO_Pin_10|GPIO_Pin_12|GPIO_Pin_14;

    /*设置引脚模式为通用推挽输出*/
    GPIO_InitStructure.GPIO_Mode = GPIO_Mode_Out_PP;

    /*设置引脚速率为50MHz */
    GPIO_InitStructure.GPIO_Speed = GPIO_Speed_50MHz;

    GPIO_Init(GPIOE, &GPIO_InitStructure);                //再设置PE5/PE6输出口
    //LED1、LED2高电平关闭
    GPIO_SetBits(GPIOE,GPIO_Pin_5);
    GPIO_SetBits(GPIOE,GPIO_Pin_6);
    //行输出默认为高
    GPIO_SetBits(GPIOE,GPIO_Pin_8);
    GPIO_SetBits(GPIOE,GPIO_Pin_10);
    GPIO_SetBits(GPIOE,GPIO_Pin_12);
    GPIO_SetBits(GPIOE,GPIO_Pin_14);
}

//按键处理
```

```c
//S1 则点亮 LED1
//S2 则点亮 LED2
//S5 则关闭 LED1
//S6 则关闭 LED2
//S9 则点亮 LED1、LED2
//S13 则关闭 LED1、LED2
void ExecuteFunction(u8 cur)
{
    switch(cur)
    {
        case 1:             //S1 键
            LED1_ON
            break;
        case 2:             //S2 键
            LED2_ON
            break;
        case 5:             //S5 键
            LED1_OFF
            break;
        case 6:             //S6 键
            LED2_OFF
            break;
        case 9:             //S9 键
            LED2_ON
            LED1_ON
            break;
        case 13:            //S13 键
            LED2_OFF
            LED1_OFF
            break;
    }
}
```

4. 演示实物图

本项目所述的矩阵键盘的实物如图 6.14 所示。

图 6.14 本项目矩阵键盘实物图

6.4 本章小结

1. 液晶模块的选用

液晶模块种类较多，可根据需要选用。

按功能分，通常有字段式、点阵字符式、点阵图形式。日常使用的计算器，通常使用字段式，常见的为 8 段码，有点类似于数码管，只能显示数字等少量字符。点阵字符式可以显示数字、英文字符和其他一些常见的西文字符，常见的型号如 16×2，即 2 行 16 列，每行可以显示 16 个字符。点阵图形式则可以显示字符、图形，例如 12864 液晶屏，即 128×64 点阵。

按是否带字库分，有带字库和不带字库两种。例如，本章菜单演示程序用的 12864 液晶屏，即自带汉字字库，可以方便地显示汉字。如果不带字库，为了显示汉字，则必须通过字模提取软件，提取相应汉字的字模，在使用上会相对麻烦一些。

2. 菜单及其原理

在嵌入式系统中，常用的菜单有下拉式、弹出式、浮动式等多种，可以采用键盘（光标移动键）、鼠标或两者并用的驱动方式。

菜单的基本原理：当切换到某个菜单项时，该菜单项的背景色、字体颜色或字体粗细被改变，从而产生切换的效果。

思考与扩展

6.1 在不带字库的 LCD 模块上显示汉字，如何获取字模？
6.2 参照范例，设计一个基于 LCD 的菜单显示系统，包括一级菜单和二级菜单，可用按键 1、按键 2 控制菜单的选择。
6.3 按键如何去抖动？
6.4 基于 12864 液晶模块，设计一个 x、y 坐标系内画曲线的程序，曲线数据自拟。

第 7 章
同步串行接口总线 SPI 与 I²C

本章导览

STM32 具有较为完备的同步串行接口总线 SPI 与 I²C。本章通过两个完整案例详细讨论 STM32 这两种接口的应用。

- STM32 的 SPI 的应用要点。
- STM32 的 SPI 与 OLED12864 液晶模块的接口实现。
- STM32 的 I²C 的应用要点。
- STM32 的 I²C 与 DS2331 时钟模块的接口实现。

7.1 STM32 的 SPI

7.1.1 SPI 概述

SPI 是串行外设接口（Serial Peripheral Interface）的缩写，它是一种高速的、全双工同步通信总线，并且在芯片的引脚上只占用 4 根线，正是出于这种简单易用的特性，如今越来越多的芯片集成了这种通信协议。

SPI 的通信原理很简单，它以主/从方式工作。这种模式通常有一个主设备和一个或多个从设备，需要至少 4 根线，事实上 3 根线也可以（单向传输时），它们是 SDI（数据输入）、SDO（数据输出）、SCLK（时钟）、CS（片选）。

（1）SDO——主设备数据输出，从设备数据输入。
（2）SDI——主设备数据输入，从设备数据输出。
（3）SCLK——时钟信号，由主设备产生。
（4）CS——从设备使能信号，由主设备控制。

其中，CS 是控制芯片是否被选中（片选），也就是说，只有片选信号为预先规定的使能信号时（高电位或低电位有效），对此芯片的操作才有效。这就使得在同一总线上连接多个 SPI 设备成为可能。

负责通信的共有 3 根线。SPI 是串行通信协议，也就是说，数据是一位一位传输的，这就是 SCLK 时钟线存在的原因。由 SCLK 提供时钟脉冲，SDI、SDO 则基于此脉冲完成数据传输。数据输出通过 SDO 线，数据在时钟上升沿或下降沿时改变，在紧接着的下降沿或上升沿被读取，完成一位数据传输；输入的原理也是如此。这样，通过 8 次时钟信号的改变（上沿和下沿为一次），就可以完成 8 位数据的传输。

要注意的是，SCLK 信号只由主设备控制，从设备不能控制该信号。因此，在一个基于 SPI 的系统中，至少有一个主控设备。这种传输方式有一个优点，它与普通的串行通信不同，普通的串行通信一次连续传送至少 8 位数据，而 SPI 允许数据一位一位地传送，甚至允许暂停，因为 SCLK 时钟线由主控设备控制，当没有时钟跳变时，从设备不采集或传送数据。也就是说，主设备通过对 SCLK 时钟线的控制可以完成对通信的控制。

SPI 还是一个数据交换协议，因为 SPI 的数据输入和输出线独立，所以允许同时完成数据的输入和输出。

需要指出的是，不同的 SPI 设备的实现方式不尽相同，主要是数据改变和采集的时间不同，在时钟信号上沿或下沿采集上有不同定义，具体请参考相关器件的文档。

SPI 接口的一个缺点：有指定的流控制，没有应答机制确认是否接收到了数据。

STM32 的 SPI 总线的应用要点

要实现 STM32 单片机 SPI 总线与具有同样总线的外部设备的接口，要把握的关键问题有以下几个。

1. STM32 的 SPI 总线的基本原理

首先，得比较耐心地查阅 STM32 的手册。熟悉 STM32 的 SPI 的基本原理、相应的寄存器设置或固件库函数的使用，STM32 的 SPI 的引脚描述，如 SPI 的 4 根引脚 MISO、MOSI、SCK（CLK）、CSN（CS）分别对应的引脚为 GPIOA 的 PA6、PA7、PA5、PA4，另外，必须熟悉 SPI 特征。

（1）3 线全双工同步传输，8 位或 16 位传输帧格式选择。

（2）主或从操作，8 个模式波特率分频系数，主模式和从模式的快速通信；最大 SPI 速度达到了 18MHz，主模式和从模式均可以由软件或硬件进行 NSS 管理，主/从操作模式的动态改变。

（3）可编程的时钟极性和相位，可编程的数据顺序。

（4）可触发中断的专用发送和接收标志；SPI 总线忙状态标志，支持可靠通信的硬件 CRC。

（5）NSS（从设置选择），这是一个可选的引脚，用来选择主/从设置，它的功能是用来作为片选引脚，让主设备可以单独地与特定从设备通信，避免数据线上的冲突。从设备的 NSS 引脚可以由主设备当做一个标准的 I/O 来驱动，一旦被使能 SSOE 位，NSS 引脚也可以作为输出引脚，并在 SPI 设置为主模式时拉低，此时所有的 NSS 引脚连接到主设备 NSS 引脚的 SPI 设备，会检测到低电平，如果它们被设置为 NSS 硬件模式，就会自动进入从设备状态。

2. 熟悉 STM32 的 SPI 总线应用的基本步骤

其中初始化步骤和初始化设置很重要、很关键。SPI 总线应用的基本步骤如下。

（1）连接 SPI 外设时钟。

（2）连接被复用的 GPIO 的外设时钟。参见 STM32 参考手册 8.1.4 节。手册上是这么说的：对于复用输出功能，端口必须配置成复用功能输出模式。

（3）设置被复用的 GPIO 为推挽输出。不能设置为开漏输出。设置成开漏输出时，从示波器上看其输出是锯齿波，而不是需要的方波。

（4）调用 SPI_Init()以设置 SPI 的工作模式。

（5）通过 SPI_Cmd()使能 SPI。

（6）收发数据。收发数据可以使用同一个函数，因为 SPI 是同步输入/输出的，在发送数据的同时已经在接收数据。SPI 的库函数在 stm32f10x_spi.c 中定义，在 stm32f10x_spi.h 中声明。SPI 和 I^2S 的很多功能是合在一起共用一个函数。就 SPI 外设而言，其中最基本的是以下几个函数：SPI_Cmd ()、SPI_Init ()、SPI_I2S_ReceiveData()、SPI_I2S_SendData()。

3. STM32 的 SPI 总线的时序与外部设备的 SPI 总线时序的配合

STM32 的 SPI 口的时序主要控制在两个位：CPHA 和 CPOL，两个位一共有 4 种组合，也就是说，SPI 有 4 种时序，具体如何选择呢？这就取决于所用的外部设备的 SPI 驱动电路。本章第 1 个范例使用的 OLED12864 液晶模块采用的驱动电路为 SSD1306，经查阅它的 SPI 口的时序图可知，应该设置 STM32 的 CPHA=1 和 CPOL=1。它的意义为：SPI 空闲保持高电平，在时钟的第 2 个边沿采样。至于其他几种情况下的具体信息，请自行查阅 STM32 的使用手册。

采用固件函数库，对这两个参数的设置如下，以保证主机和从机的 CPOL 和 CPHA 位相一致。

```
SPI_InitStructure.SPI_CPOL = SPI_CPOL_High;
SPI_InitStructure.SPI_CPHA = SPI_CPHA_2Edge;
```

7.2 SPI 的接口应用及其实现

7.2.1 STM32 与 OLED12864 液晶模块的 SPI 接口

1. OLED12864 液晶模块

有机发光显示（Organic Light Emitting Display，OLED）是比液晶显示技术更为先进的新一代平板显示技术，是被业界公认为最具发展前景的下一代显示技术。OLED12864 是 128×64 行点阵的 OLED 单色、字符、图形显示模块。模块内藏 64×64 的显示数据 RAM，其中的每位数据都对应于 OLED 屏上一个点的亮、暗状态；其接口电路和操作指令简单，具有 8 位并行数据接口，读写时序适配 6800 系列时序，可直接与 8 位微处理器相连；与 Intel 8080 时序的 MCU 连接时需要进行时序转换。

本节使用的是中景园电子的 OLED12864 液晶模块的 Demo 板。它共有 5 种接口，包括：6800、8080 两种并行接口方式，3 线和 4 线的串行 SPI 接口方式，I^2C 接口方式，这 5

种接口是通过屏上的 BS0~BS2 来配置的。模块对外采用 7 脚的 SPI/I²C 的兼容方式。

模块对外引脚的定义：

(1) 1——GND：电源地。

(2) 2——VCC：电源正（3~5.5V）。

(3) 3——D0：OLED 的 D0 脚，在 SPI 和 I²C 通信中为时钟引脚。

(4) 4——D1：OLED 的 D1 脚，在 SPI 和 I²C 通信中为数据引脚。

(5) 5——RES：OLED 的 RES#脚，用来复位（低电平复位）。

(6) 6——DC：OLED 的 D/C#脚，数据和命令控制引脚。

(7) 7——CS：OLED 的 CS#脚，也就是片选引脚。

2. STM32 与 OLED12864 的硬件接口

本例直接采用 STM32 的 SPI1 接口与 OLED12864 液晶模块连接。如要换成 SPI2，则请自行参照修改。以下是 STM32 的 SPI1 的对应引脚说明。

PA4/SPI1_NSS：多 SPI 芯片时片选用。

PA5/SPI1_SCK：SPI1 的时钟信号。

PA6/SPI1_MISO：SPI1 的主入从出数据。

PA7/SPI1_MOSI：SPI1 的主出从入数据。

因此，OLED12864 模块与 STM32 的连接关系如下。

(1) GND——STM32 系统的电源地。

(2) VCC——接 STM32 系统的 5V（OLED12864 模块内部有 3.3V 稳压电路）。

(3) D0——接 PA5（SCL，SPI 时钟信号）。

(4) D1——接 PA7（SDA，主出从入数据）。

(5) RES——接 PA10，也可直接接电源。

(6) DC——接 PA9，PA9=0，命令；PA9=1，数据。

(7) CS——接 PA8，片选。

这里说明一点：如果在 STM32 应用系统中只有一个 SPI 接口芯片，例如，本例中只有一个 OLED12864 模块通过 SPI 接口与 STM32 的 SPI1 连接，则片选信号可不用，直接将 OLED12864 的 CS 接地，即始终选中。

7.2.2　STM32 的 SPI1 与 OLED12864 的接口程序

1. 程序及其文件结构

由于本例中增加了液晶显示的模块，为了更能体现模块化设计的思想，所以在工程模板的基础上，对模板进行了部分优化和调整。

1）工程模板的调整

工程模板的总框架没变，如图 7.1 所示。从图中可以看出，所用模板还是 3 个文件夹和 readme.txt 文件。唯一调整的是 Project 文件夹，其下增加了两个文件夹，如图 7.2 所示。

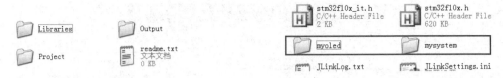

图 7.1　本例工程模板的框架图　　　　图 7.2　调整后的 Project 文件夹的内容

其中，文件夹 myoled 下存放的是 OLED12864 模块的接口程序，包含头文件和 C 代码文件等，如图 7.3 所示。其中，oledfont.h 为字模文件，bmp.h 为 BMP 格式图形文件。

图 7.3　myoled 文件夹的文件

而另一个文件夹 mysystem 下只有一个文件夹，如图 7.4 所示。

图 7.4　文件夹 mysystem 下的一个文件夹

该文件夹下包含的文件，就是延时函数的头文件和 C 代码文件，如图 7.5 所示。

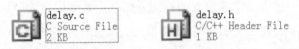

图 7.5　delay 文件夹下的两个文件

最后需要指出的是，由于对工程模板进行了调整，所以对 KEIL 的包含路径设置也要做相应的调整，即添加新增的文件夹到 C/C++选项下的 Include Paths，如图 7.6 所示。

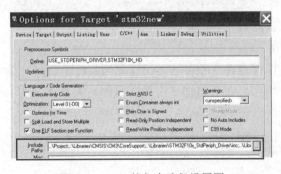

图 7.6　KEIL 的包含路径设置图

Include Paths 的具体内容如图 7.7 所示。矩形方框中的内容为在原模板基础上增加的包含路径，必须增加，否则会导致编译时出错报警，这一点必须注意。因为增加了文件和文件夹，因此必须通知编译器到哪个路径下查找。

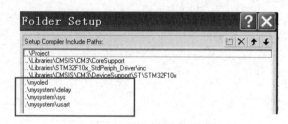

图 7.7 Include Paths 下新增的内容

2）文件视图

本例的工程文件视图如图 7.8 所示。由图可知，工程下唯一变化的是 User 组下的代码文件，主要是以下 3 个：main.c、myoled.c、delay.c。因为本例没有使用中断，所以也不需要系统的中断文件 stm32f10x_it.c。

3）程序源代码

本例的源代码涉及以下 8 个文件，分别是：delay.c、delay.h、myoled.c、myoled.h、stm32f10x_conf.h、main.c，以及两个辅助文件 bmp.h、oledfont.h。以下分别列出它们的具体内容。

图 7.8 本例的工程文件视图

（1）文件 1（共 8 个）——stm32f10x_conf.h。

该文件主要是配置所使用的 STM32 外设的头文件。由于本例使用了 SPI、SysTick、GPIO、RCC 等外设，因此该文件需要改动的部分如下，其余内容为默认内容。

```
/* Includes ------------------------------------------------------------*/
/* Uncomment/Comment the line below to enable/disable peripheral header file inclusion */
#include "stm32f10x_dbgmcu.h"
#include "stm32f10x_gpio.h"
#include "stm32f10x_rcc.h"
#include "stm32f10x_spi.h"
#include "misc.h" /* High level functions for NVIC and SysTick (add-on to CMSIS functions) */
```

（2）文件 2（共 8 个）——delay.h。

（3）文件 3（共 8 个）——delay.c。

上述这两个文件的内容就是 3 个基于 SysTick 的延时函数，与第 6 章中第 1 个范例程序中的两个同名文件完全相同，限于篇幅，这里不再列写其具体内容。

（4）文件 4（共 8 个）——myoled.h。

```
//OLED12864 模块接口函数的说明
#ifndef __OLED_H
#define __OLED_H

#include "stm32f10x.h"

//OLED 宏指令定义
```

```c
//LCD_RST 复位：低电平有效
#define OLED_RST_Set()      GPIO_SetBits(GPIOA, GPIO_Pin_10)//PA10
#define OLED_RST_Clr()      GPIO_ResetBits(GPIOA, GPIO_Pin_10)//PA10

//LCD_DC   OLED 指令/数据选择，=1：指令，=0：数据
#define OLED_DC_Set()       GPIO_SetBits(GPIOA, GPIO_Pin_9)    //PA9
#define OLED_DC_Clr()       GPIO_ResetBits(GPIOA, GPIO_Pin_9)//PA9

//LCD_CS   片选：低电平有效
#define OLED_CS_Set()       GPIO_SetBits(GPIOA, GPIO_Pin_8)//PA8
#define OLED_CS_Clr()       GPIO_ResetBits(GPIOA, GPIO_Pin_8)//PA8

//OLED 模式设置
#define SIZE 16
#define XLevelL     0x00
#define XLevelH     0x10
#define Max_Column  128
#define Max_Row     64
#define     Brightness 0xFF
#define X_WIDTH     128
#define Y_WIDTH     64

#define OLED_CMD  0    //写命令
#define OLED_DATA 1    //写数据

//SPI1 初始化
void SetupSPI(void);
//OLED 控制用函数
void OLED_WR_Byte(u8 dat,u8 cmd);
void OLED_Display_On(void);
void OLED_Display_Off(void);
void OLED_Init(void);
void OLED_Clear(void);
void OLED_DrawPoint(u8 x,u8 y,u8 t);
void OLED_Fill(u8 x1,u8 y1,u8 x2,u8 y2,u8 dot);
void OLED_ShowChar(u8 x,u8 y,u8 chr);
void OLED_ShowNum(u8 x,u8 y,u32 num,u8 len,u8 size);
void OLED_ShowString(u8 x,u8 y, u8 *p);
void OLED_Set_Pos(unsigned char x, unsigned char y);
void OLED_ShowCHinese(u8 x,u8 y,u8 no);
void OLED_DrawBMP(unsigned char x0, unsigned char y0,unsigned char x1, unsigned char y1,unsigned char BMP[]);
#endif
```

（5）文件 5（共 8 个）——myoled.c。

```c
//功能描述：OLED 4 线接口函数
//说明：直接采用 STM32 的 SPI1 接口。如要换成 SPI2，则照此修改
```

```c
//OLED12864 模块的引脚说明
//    GND    电源地
//    VCC    接 5V（内部有稳压 3.3V）
//    D0     时钟，接 PA5（SCL）
//    D1     数据，接 PA7（SDA）
//    RES    复位，低电平有效，接 PA10，可直接接电源
//    DC     命令/数据控制，接 PA9 =0：命令，PA9=1：数据
//    CS     片选，接 PA8，如果只有一个 SPI 芯片，可直接接地
//STM32 的 SPI1 的引脚说明：
//    PA4：SPI1_NSS   （多 SPI 芯片时片选用）
//    PA5：SPI1_SCK   （SPI 时钟信号）
//    PA6：SPI1_MISO  （主入从出数据）
//    PA7：SPI1_MOSI  （主出从入数据）
//***********************************************************************
//作者：沈红卫 绍兴文理学院 机械与电气工程学院
//2016 年 3 月 28 日

#include "myoled.h"
#include "stm32f10x.h"
#include "oledfont.h"
#include "delay.h"

//OLED 的显存
//存放格式如下
//[0]0 1 2 3 ... 127
//[1]0 1 2 3 ... 127
//[2]0 1 2 3 ... 127
//[3]0 1 2 3 ... 127
//[4]0 1 2 3 ... 127
//[5]0 1 2 3 ... 127
//[6]0 1 2 3 ... 127
//[7]0 1 2 3 ... 127

//向 OLED 写入字节函数（SSD1306）
//参数 1：待写入字节，参数 2：命令/数据，=0：命令，=1：数据
void OLED_WR_Byte(u8 dat,u8 cmd)
{
    if(cmd)                                             //是数据吗
        OLED_DC_Set();                                  //1：数据
    else
        OLED_DC_Clr();                                  //0：命令
    OLED_CS_Clr();                                      //片选
    SPI_I2S_SendData(SPI1,dat);                         //SPI 写数据
    while(SPI_I2S_GetFlagStatus(SPI1,SPI_I2S_FLAG_BSY)!=RESET);   //等待发送完成
    OLED_CS_Set();                                      //片选拉高，释放 LCD
    OLED_DC_Set();
}
```

```c
//设置当前坐标
void OLED_Set_Pos(unsigned char x, unsigned char y)
{
    OLED_WR_Byte(0xb0+y,OLED_CMD);
    OLED_WR_Byte(((x&0xf0)>>4)|0x10,OLED_CMD);
    OLED_WR_Byte((x&0x0f)|0x01,OLED_CMD);
}

//开启OLED显示
void OLED_Display_On(void)
{
    OLED_WR_Byte(0X8D,OLED_CMD);        //SET DCDC命令
    OLED_WR_Byte(0X14,OLED_CMD);        //DCDC ON
    OLED_WR_Byte(0XAF,OLED_CMD);        //DISPLAY ON
}

//关闭OLED显示
void OLED_Display_Off(void)
{
    OLED_WR_Byte(0X8D,OLED_CMD);        //SET DCDC命令
    OLED_WR_Byte(0X10,OLED_CMD);        //DCDC OFF
    OLED_WR_Byte(0XAE,OLED_CMD);        //DISPLAY OFF
}

//清屏函数,清完屏,整个屏幕是黑色的,和没点亮一样
void OLED_Clear(void)
{
    u8 i,n;
    for(i=0;i<8;i++)
    {
        OLED_WR_Byte (0xb0+i,OLED_CMD);     //设置页地址（0~7）
        OLED_WR_Byte (0x00,OLED_CMD);       //设置显示位置—列低地址
        OLED_WR_Byte (0x10,OLED_CMD);       //设置显示位置—列高地址
        for(n=0;n<128;n++)OLED_WR_Byte(0,OLED_DATA);
    }                                       //更新显示
}

//在指定位置显示一个字符,包括部分字符
//x:0~127,   y:0~63
//mode:0为反白显示；1为正常显示
//size:选择字体 16/12
void OLED_ShowChar(u8 x,u8 y,u8 chr)
{
    unsigned char c=0,i=0;
    c=chr-' ';                              //得到偏移后的值
    if(x>Max_Column-1){x=0;y=y+2;}
```

```c
            if(SIZE ==16)
            {
                OLED_Set_Pos(x,y);
                for(i=0;i<8;i++)
                OLED_WR_Byte(F8X16[c*16+i],OLED_DATA);
                OLED_Set_Pos(x,y+1);
                for(i=0;i<8;i++)
                OLED_WR_Byte(F8X16[c*16+i+8],OLED_DATA);
            }
            else
        {
                OLED_Set_Pos(x,y+1);
                for(i=0;i<6;i++)
                OLED_WR_Byte(F6x8[c][i],OLED_DATA);
            }
}
//求 m^n 函数，即求 m 的 n 次方的函数
u32 oled_pow(u8 m,u8 n)
{
    u32 result=1;
    while(n--)result*=m;
    return result;
}

//显示两个数字函数
//x，y：起点坐标
//len：数字的位数
//size：字体大小
//mode：模式 0 为填充模式；1 为叠加模式
//num：数值（0～4294967295）；
void OLED_ShowNum(u8 x,u8 y,u32 num,u8 len,u8 size)
{
    u8 t,temp;
    u8 enshow=0;
    for(t=0;t<len;t++)
    {
        temp=(num/oled_pow(10,len-t-1))%10;
        if(enshow==0&&t<(len-1))
        {
            if(temp==0)
            {
                OLED_ShowChar(x+(size/2)*t,y,' ');
                continue;
            }
            else enshow=1;
        }
        OLED_ShowChar(x+(size/2)*t,y,temp+'0');
```

```c
        }
}

//显示一个字符号串函数
void OLED_ShowString(u8 x,u8 y,u8 *chr)
{
    unsigned char j=0;
    while (chr[j]!='\0')
    {   OLED_ShowChar(x,y,chr[j]);
        x+=8;
        if(x>120){x=0;y+=2;}
        j++;
    }
}


//显示一个汉字函数
void OLED_ShowCHinese(u8 x,u8 y,u8 no)
{
    u8 t,adder=0;
    OLED_Set_Pos(x,y);
    for(t=0;t<16;t++)
    {
        OLED_WR_Byte(Hzk[2*no][t],OLED_DATA);
        adder+=1;
    }
    OLED_Set_Pos(x,y+1);
    for(t=0;t<16;t++)
    {
        OLED_WR_Byte(Hzk[2*no+1][t],OLED_DATA);
        adder+=1;
    }
}

//功能描述：显示BMP图片128×64
//起始点坐标(x,y)，x的范围0～127，y为页的范围0～7
void OLED_DrawBMP(u8 x0, u8 y0,u8 x1, u8 y1,u8 BMP[])
{
    unsigned int j=0;
    unsigned char x,y;
    if(y1%8==0) y=y1/8;
    else y=y1/8+1;
    for(y=y0;y<y1;y++)
    {
        OLED_Set_Pos(x0,y);
        for(x=x0;x<x1;x++)
        {
            OLED_WR_Byte(BMP[j++],OLED_DATA);
```

```c
        }
    }
}

//设置 SPI 及其相关的 GPIO、OLED 相关的 GPIO
void SetupSPI(void)
{
    SPI_InitTypeDef   SPI_InitStructure;
    GPIO_InitTypeDef GPIO_InitStructure;
    /*允许 SPI1 和 GPIOA 时钟，这两个外设都是挂在 APB2 总线上的 */
    RCC_APB2PeriphClockCmd(RCC_APB2Periph_SPI1|RCC_APB2Periph_GPIOA, ENABLE);
    /*配置 SPI1 引脚，由于这里只用到了 SCK 和 MOSI，所以只对 PA5 和 PA7 进行了初始化*/
    GPIO_InitStructure.GPIO_Pin = GPIO_Pin_5 | GPIO_Pin_7;
    GPIO_InitStructure.GPIO_Speed = GPIO_Speed_50MHz;
    GPIO_InitStructure.GPIO_Mode = GPIO_Mode_AF_PP;
    //关于这个参数的描述可以见 GPIO 的 H 文件
    GPIO_Init(GPIOA, &GPIO_InitStructure);
    //配置 PA8、9、10 作为推挽输出，因为这里用来作为 SPI 口的片选，即选中 LCD 操作
    GPIO_InitStructure.GPIO_Pin = GPIO_Pin_8|GPIO_Pin_9|GPIO_Pin_10;
    //片选，命令/数据，复位
    GPIO_InitStructure.GPIO_Speed = GPIO_Speed_50MHz;
    GPIO_InitStructure.GPIO_Mode = GPIO_Mode_Out_PP;
    GPIO_Init(GPIOA, &GPIO_InitStructure);
    GPIO_ResetBits(GPIOA, GPIO_Pin_8);//PA8;=0：选中
    /* SPI1 配置，关于这个怎么配置见 STM32 的手册，为什么这样配置见后续内容 */
    SPI_InitStructure.SPI_Direction = SPI_Direction_1Line_Tx;      //主发送
    SPI_InitStructure.SPI_Mode = SPI_Mode_Master;                  //主机模式
    SPI_InitStructure.SPI_DataSize = SPI_DataSize_8b;              //数据长度为 8 位
    SPI_InitStructure.SPI_CPOL = SPI_CPOL_High;
    //根据 OLED 的时序要求，这两个脉冲沿做如下设置
    SPI_InitStructure.SPI_CPHA = SPI_CPHA_2Edge;
    SPI_InitStructure.SPI_NSS = SPI_NSS_Soft;                      //外部软件片选
    SPI_InitStructure.SPI_BaudRatePrescaler = SPI_BaudRatePrescaler_4;
    //4 比较合适，有文献介绍说 8，会出现时序配合出错的问题
    SPI_InitStructure.SPI_FirstBit = SPI_FirstBit_MSB;             //第 1 位为高位
    SPI_Init(SPI1, &SPI_InitStructure);                            //SPI1 设置
    SPI_Cmd(SPI1, ENABLE);                                         //SPI1 使能
}

//初始化 OLED 函数，即其控制芯片 SSD1306
void OLED_Init(void)
{
    SetupSPI();                                                    //SPI1 初始化
    //产生复位信号 1 次
    OLED_RST_Set();
    delay_ms(100);
    OLED_RST_Clr();
```

```c
    delay_ms(100);
    OLED_RST_Set();
    //对OLED进行初始化
    OLED_WR_Byte(0xAE,OLED_CMD);//--turn off oled panel
    OLED_WR_Byte(0x00,OLED_CMD);//---set low column address
    OLED_WR_Byte(0x10,OLED_CMD);//---set high column address
    OLED_WR_Byte(0x40,OLED_CMD);//--set start line address，Start Line (0x00~0x3F)
    OLED_WR_Byte(0x81,OLED_CMD);//--set contrast control register
    OLED_WR_Byte(0xCF,OLED_CMD); // Set SEG Output Current Brightness
    OLED_WR_Byte(0xA1,OLED_CMD);//--Set SEG/Column Mapping
    //0xa0左右反置 0xa1正常
    OLED_WR_Byte(0xC8,OLED_CMD);//Set COM/Row Scan Direction
    //0xc0上下反置 0xc8正常
    OLED_WR_Byte(0xA6,OLED_CMD);//--set normal display
    OLED_WR_Byte(0xA8,OLED_CMD);//--set multplex ratio(1 to 64)
    OLED_WR_Byte(0x3f,OLED_CMD);//--1/64 duty
    OLED_WR_Byte(0xD3,OLED_CMD);//-set display offset Shift
    //Mapping RAM Counter (0x00~0x3F)
    OLED_WR_Byte(0x00,OLED_CMD);//-not offset
    OLED_WR_Byte(0xd5,OLED_CMD);//--set display clock divide ratio/oscillator frequency
    OLED_WR_Byte(0x80,OLED_CMD);//--set divide ratio, Set Clock as 100 Frames/Sec
    OLED_WR_Byte(0xD9,OLED_CMD);//--set pre-charge period
    OLED_WR_Byte(0xF1,OLED_CMD);
    //Set Pre-Charge as 15 Clocks & Discharge as 1 Clock
    OLED_WR_Byte(0xDA,OLED_CMD);//--set com pins hardware configuration
    OLED_WR_Byte(0x12,OLED_CMD);
    OLED_WR_Byte(0xDB,OLED_CMD);//--set vcomh
    OLED_WR_Byte(0x40,OLED_CMD);//Set VCOM Deselect Level
    OLED_WR_Byte(0x20,OLED_CMD);//-Set Page Addressing Mode (0x00/0x01/0x02)
    OLED_WR_Byte(0x02,OLED_CMD);//
    OLED_WR_Byte(0x8D,OLED_CMD);//--set Charge Pump enable/disable
    OLED_WR_Byte(0x14,OLED_CMD);//--set(0x10) disable
    OLED_WR_Byte(0xA4,OLED_CMD);// Disable Entire Display On (0xa4/0xa5)
    OLED_WR_Byte(0xA6,OLED_CMD);// Disable Inverse Display On (0xa6/a7)
    OLED_WR_Byte(0xAF,OLED_CMD);//--turn on oled panel

    OLED_WR_Byte(0xAF,OLED_CMD);                         //开显示
    OLED_Clear();                                        //清屏
    OLED_Set_Pos(0,0);                                   //设置原点坐标
}
```

（6）文件6（共8个）——main.c。

```c
//文 件 名：main.c
//版 本 号：V1.0
//作    者：沈红卫 绍兴文理学院 机械与电气工程学院
//生成日期：2016-4-21
#include "delay.h"
```

```c
#include "myoled.h"
#include "bmp.h"
#include "stm32f10x.h"

int main(void)
{
    u8 t;
    delay_init(72);                                     //延时函数初始化
    LED_Init();                                         //LED 端口初始化
    OLED_Init();                                        //初始化 OLED
    OLED_Clear();
    t=' ';                                              //空格
    while(1)
    {
        OLED_Clear();                                   //清屏
        OLED_ShowCHinese(0,0,0);                        //机
        OLED_ShowCHinese(18,0,1);                       //械
        OLED_ShowCHinese(36,0,2);                       //与
        OLED_ShowCHinese(54,0,3);                       //电
        OLED_ShowCHinese(72,0,4);                       //气
        OLED_ShowCHinese(90,0,5);                       //工
        OLED_ShowCHinese(108,0,6);                      //程
        OLED_ShowString(0,3,"1.3' OLED TEST");

        OLED_ShowString(0,6,"ASCII:");
        OLED_ShowString(63,6,"CODE:");
        OLED_ShowChar(48,6,t);                          //显示 ASCII 字符
        t++;
        if(t>'~')t=' ';
        OLED_ShowNum(103,6,t,3,16);                     //显示 ASCII 字符的码值

        //延时
        delay_ms(8000);
        delay_ms(8000);
        delay_ms(8000);
        delay_ms(8000);
        delay_ms(8000);
        delay_ms(8000);
        delay_ms(8000);
        OLED_Clear();                                   //清屏
        OLED_DrawBMP(0,0,128,8,BMP1);                   //图片显示
        //延时
        delay_ms(8000);
        delay_ms(8000);
        delay_ms(8000);
        delay_ms(8000);
        delay_ms(8000);
```

```
            delay_ms(8000);
            delay_ms(8000);
            delay_ms(8000);
            OLED_DrawBMP(0,0,128,8,BMP2);                    //显示图片
            delay_ms(8000);
            delay_ms(8000);
            delay_ms(8000);
            delay_ms(8000);
            delay_ms(8000);
            delay_ms(8000);
            delay_ms(8000);
        }
        return 0;
}
```

（7）文件 7（共 8 个）——bmp.h。

该文件是通过 PCtoLCD2002.exe 等字模提取软件获得的 128×64 分辨率的 BMP 图片数据。请自行阅读该软件的说明书，了解如何提取有关 BMP 图片的数据。

唯一需要提醒的是，提取的选项设置必须根据所使用的 OLED 模块的接口函数的要求正确设置，否则会导致图片显示混乱。

图 7.9 是字模提取选项设置。

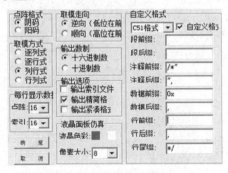

图 7.9　PCtoLCD2002 字模提取软件的选项设置示例

提取的图形数据以数组形式存储在 bmp.h 文件中。其格式举例如下：

```
#ifndef __BMP_H
#define __BMP_H
//BMP 图片 1 的数据
unsigned char BMP1[] =
{0x00,0x03,0x05,0x09,0x11,0xFF,0x11,0x89,0x05,0xC3,0x00,0xE0,0x00,0xF0,0x00,0xF8,
0x00,0x00,0x00,0x00,0x00,0x00,0x00,0x44,0x28,0xFF,0x11,0xAA,0x44,0x00,0x00,0x00,
....};
// BMP 图片 2 的数据
unsigned char BMP2[] =
{0x00,0x03,0x05,0x09,0x11,0xFF,0x11,0x89,0x05,0xC3,0x00,0xE0,0x00,0xF0,0x00,0xF8,
0x00,0x00,0x00,0x00,0x00,0x00,0x00,0x44,0x28,0xFF,0x11,0xAA,0x44,0x00,0x00,0x00,
....};
```

注意：上述数组中的数据只是举例说明，实际程序中，应为具体图形的字模数据。
本例使用的 bmp.h 文件完整内容如下：

```
#ifndef __BMP_H
#define __BMP_H
//第1个图片的数据
unsigned char BMP1[] =
{
0x00,0x03,0x05,0x09,0x11,0xFF,0x11,0x89,0x05,0xC3,0x00,0xE0,0x00,0xF0,0x00,0xF8,
0x00,0x00,0x00,0x00,0x00,0x00,0x00,0x44,0x28,0xFF,0x11,0xAA,0x44,0x00,0x00,0x00,
0x00,0x00,0x00,0x00,0x00,0x00,0x00,0x00,0x00,0x00,0x00,0x00,0x00,0x00,0x00,0x00,
0x00,0x00,0x00,0x00,0x00,0x00,0x00,0x00,0x00,0x00,0x00,0x00,0x00,0x00,0x00,0x00,
0x00,0x00,0x00,0x00,0x00,0x00,0x00,0x00,0x00,0x00,0x00,0x00,0x00,0x00,0x00,0x00,
0x00,0x00,0x00,0x00,0x00,0x00,0x00,0x00,0x00,0x00,0x83,0x01,0x38,0x44,0x82,0x92,
0x92,0x74,0x01,0x83,0x00,0x00,0x00,0x00,0x00,0x00,0x00,0x7C,0x44,0xFF,0x01,0x7D,
0x7D,0x7D,0x01,0x7D,0x7D,0x7D,0x7D,0x01,0x7D,0x7D,0x7D,0x7D,0x7D,0x01,0xFF,0x00,
0x00,0x00,0x00,0x00,0x00,0x01,0x00,0x00,0x01,0x00,0x01,0x00,0x01,0x00,0x01,0x00,0x01,
0x00,0x00,0x00,0x00,0x00,0x00,0x00,0x00,0x00,0x01,0x01,0x00,0x00,0x00,0x00,0x00,
0x00,0x00,0x00,0x00,0x00,0x00,0x00,0x00,0x00,0x00,0x00,0x00,0x00,0x00,0x00,0x00,
0x00,0x00,0x00,0x00,0x00,0x00,0x00,0x00,0x00,0x00,0x00,0x00,0x00,0x00,0x00,0x00,
0x00,0x00,0x00,0x00,0x00,0x00,0x00,0x00,0x00,0x00,0x00,0x00,0x00,0x00,0x00,0x00,
0x00,0x00,0x00,0x00,0x00,0x00,0x00,0x00,0x00,0x01,0x01,0x00,0x00,0x00,0x00,0x00,
0x00,0x00,0x01,0x01,0x00,0x00,0x00,0x00,0x00,0x00,0x00,0x00,0x00,0x01,0x01,0x01,
0x01,0x01,0x01,0x01,0x01,0x01,0x01,0x01,0x01,0x01,0x01,0x01,0x01,0x01,0x01,0x00,
0x00,0x00,0x00,0x00,0x00,0x00,0x00,0x00,0x00,0x00,0x00,0x00,0x00,0x00,0x00,0x00,
0x00,0x00,0x00,0x00,0x00,0x00,0x00,0x00,0x00,0x00,0x00,0x00,0x3F,0x3F,0x03,0x03,
0xF3,0x13,0x11,0x11,0x11,0x11,0x11,0x11,0x01,0xF1,0x11,0x61,0x81,0x01,0x01,0x01,
0x81,0x61,0x11,0xF1,0x01,0x01,0x01,0x01,0x41,0x41,0xF1,0x01,0x01,0x01,0x01,0x01,
0xC1,0x21,0x11,0x11,0x11,0x11,0x21,0xC1,0x01,0x01,0x01,0x01,0x41,0x41,0xF1,0x01,
0x01,0x01,0x01,0x01,0x01,0x01,0x01,0x01,0x01,0x11,0x11,0x11,0x11,0x11,0xD3,0x33,
0x03,0x03,0x3F,0x3F,0x00,0x00,0x00,0x00,0x00,0x00,0x00,0x00,0x00,0x00,0x00,0x00,
0x00,0x00,0x00,0x00,0x00,0x00,0x00,0x00,0x00,0x00,0x00,0x00,0x00,0x00,0x00,0x00,
0x00,0x00,0x00,0x00,0x00,0x00,0x00,0x00,0x00,0x00,0x00,0x00,0x00,0x00,0x00,0x00,
0x00,0x00,0x00,0x00,0x00,0x00,0x00,0x00,0x00,0x00,0xE0,0xE0,0x00,0x00,0x00,
0x7F,0x01,0x01,0x01,0x01,0x01,0x01,0x00,0x00,0x7F,0x00,0x00,0x01,0x06,0x18,0x06,
0x01,0x00,0x00,0x7F,0x00,0x00,0x00,0x00,0x40,0x40,0x7F,0x40,0x40,0x00,0x00,0x00,
0x1F,0x20,0x40,0x40,0x40,0x40,0x20,0x1F,0x00,0x00,0x00,0x00,0x40,0x40,0x7F,0x40,
0x40,0x00,0x00,0x00,0x00,0x60,0x00,0x00,0x00,0x00,0x40,0x30,0x0C,0x03,0x00,0x00,
0x00,0x00,0xE0,0xE0,0x00,0x00,0x00,0x00,0x00,0x00,0x00,0x00,0x00,0x00,0x00,0x00,
0x00,0x00,0x00,0x00,0x00,0x00,0x00,0x00,0x00,0x00,0x00,0x00,0x00,0x00,0x00,0x00,
0x00,0x00,0x00,0x00,0x00,0x00,0x00,0x00,0x00,0x00,0x00,0x00,0x00,0x00,0x00,0x00,
0x00,0x00,0x00,0x00,0x00,0x00,0x00,0x00,0x00,0x00,0x00,0x00,0x07,0x07,0x06,0x06,
0x06,0x06,0x04,0x04,0x04,0x84,0x44,0x44,0x44,0x84,0x04,0x04,0x84,0x44,0x44,0x44,
0x84,0x04,0x04,0x04,0x84,0xC4,0x04,0x04,0x04,0x04,0x84,0x44,0x44,0x44,0x84,0x04,
0x04,0x04,0x04,0x04,0x84,0x44,0x44,0x44,0x84,0x04,0x04,0x04,0x04,0x04,0x84,0x44,
0x44,0x44,0x84,0x04,0x04,0x04,0x84,0x44,0x44,0x44,0x84,0x04,0x04,0x04,0x04,0x06,0x06,
0x06,0x06,0x07,0x07,0x00,0x00,0x00,0x00,0x00,0x00,0x00,0x00,0x00,0x00,0x00,0x00,
```

```
0x00,0x00,0x00,0x00,0x00,0x00,0x00,0x00,0x00,0x00,0x00,0x00,0x00,0x00,0x00,0x00,
0x00,0x00,0x00,0x00,0x00,0x00,0x00,0x00,0x00,0x00,0x00,0x00,0x00,0x00,0x00,0x00,
0x00,0x00,0x00,0x00,0x00,0x00,0x00,0x00,0x00,0x00,0x00,0x00,0x00,0x00,0x00,0x00,
0x00,0x00,0x00,0x00,0x00,0x10,0x18,0x14,0x12,0x11,0x00,0x00,0x0F,0x10,0x10,0x10,
0x0F,0x00,0x00,0x00,0x10,0x1F,0x10,0x00,0x00,0x00,0x08,0x10,0x12,0x12,0x0D,0x00,
0x00,0x18,0x00,0x00,0x0D,0x12,0x12,0x12,0x0D,0x00,0x00,0x18,0x00,0x00,0x10,0x18,
0x14,0x12,0x11,0x00,0x00,0x10,0x18,0x14,0x12,0x11,0x00,0x00,0x00,0x00,0x00,0x00,
0x00,0x00,0x00,0x00,0x00,0x00,0x00,0x00,0x00,0x00,0x00,0x00,0x00,0x00,0x00,0x00,
0x00,0x00,0x00,0x00,0x00,0x00,0x00,0x00,0x00,0x00,0x00,0x00,0x00,0x00,0x00,0x00,
0x00,0x00,0x00,0x00,0x00,0x00,0x00,0x00,0x00,0x00,0x00,0x00,0x00,0x00,0x00,0x00,
0x00,0x00,0x00,0x00,0x00,0x00,0x00,0x00,0x00,0x00,0x00,0x00,0x00,0x00,0x00,0x00,
0x00,0x00,0x00,0x00,0x00,0x00,0x00,0x00,0x00,0x00,0x00,0x00,0x00,0x00,0x00,0x00,
0x00,0x00,0x00,0x00,0x00,0x00,0x00,0x00,0x00,0x00,0x00,0x00,0x80,0x80,0x80,0x80,
0x80,0x80,0x80,0x80,0x00,0x00,0x00,0x00,0x00,0x00,0x00,0x00,0x00,0x00,0x00,0x00,
0x00,0x00,0x00,0x00,0x00,0x00,0x00,0x00,0x00,0x00,0x00,0x00,0x00,0x00,0x00,0x00,
0x00,0x00,0x00,0x00,0x00,0x00,0x00,0x00,0x00,0x00,0x00,0x00,0x00,0x00,0x00,0x00,
0x00,0x00,0x00,0x00,0x00,0x00,0x00,0x00,0x00,0x00,0x00,0x00,0x00,0x00,0x00,0x00,
0x00,0x7F,0x03,0x0C,0x30,0x0C,0x03,0x7F,0x00,0x00,0x38,0x54,0x54,0x58,0x00,0x00,
0x7C,0x04,0x04,0x78,0x00,0x00,0x3C,0x40,0x40,0x7C,0x00,0x00,0x00,0x00,0x00,0x00,
0x00,0x00,0x00,0x00,0x00,0x00,0x00,0x00,0x00,0x00,0x00,0x00,0x00,0x00,0x00,0x00,
0x00,0x00,0x00,0x00,0x00,0x00,0x00,0x00,0x00,0x00,0x00,0x00,0xFF,0xAA,0xAA,0xAA,
0x28,0x08,0x00,0xFF,0x00,0x00,0x00,0x00,0x00,0x00,0x00,0x00,0x00,0x00,0x00,0x00,
0x00,0x00,0x00,0x00,0x00,0x00,0x00,0x00,0x00,0x00,0x00,0x00,0x00,0x00,0x00,0x00,
0x00,0x00,0x00,0x00,0x00,0x00,0x00,0x00,0x00,0x7F,0x03,0x0C,0x30,0x0C,0x03,0x7F,
0x00,0x00,0x00,0x26,0x49,0x49,0x49,0x32,0x00,0x00,0x7F,0x02,0x04,0x08,0x10,0x7F,0x00
};
//第2个图片的数据
unsigned char BMP2[] =
{
0x00,0x03,0x05,0x09,0x11,0xFF,0x11,0x89,0x05,0xC3,0x00,0xE0,0x00,0xF0,0x00,0xF8,
0x00,0x00,0x00,0x00,0x00,0x00,0x00,0x44,0x28,0xFF,0x11,0xAA,0x44,0x00,0x00,0x00,
0x00,0x00,0x00,0x00,0x00,0x00,0x00,0x00,0x00,0x00,0x00,0x00,0x00,0x00,0x00,0x00,
0x00,0x00,0x00,0x00,0x00,0x00,0x00,0x00,0x00,0x00,0x00,0x00,0x00,0x00,0x00,0x00,
0x00,0x00,0x00,0x00,0x00,0x00,0x00,0x00,0x00,0x00,0x00,0x00,0x00,0x00,0x00,0x00,
0x00,0x00,0x00,0x00,0x00,0x00,0x00,0x00,0x00,0x83,0x01,0x38,0x44,0x82,0x92,
0x92,0x74,0x01,0x83,0x00,0x00,0x00,0x00,0x00,0x00,0x00,0x7C,0x44,0xFF,0x01,0x7D,
0x7D,0x7D,0x7D,0x01,0x7D,0x7D,0x7D,0x7D,0x01,0x7D,0x7D,0x7D,0x7D,0x01,0xFF,0x00,
0x00,0x00,0x00,0x00,0x00,0x01,0x00,0x01,0x00,0x01,0x00,0x01,0x00,0x01,0x00,0x01,
0x00,0x00,0x00,0x00,0x00,0x00,0x00,0x00,0x00,0x01,0x01,0x00,0x00,0x00,0x00,0x00,
0x00,0x00,0x00,0x00,0x00,0x00,0x00,0x00,0x00,0x00,0x00,0x00,0x00,0x00,0x00,0x00,
0x00,0x00,0x00,0x00,0x00,0x00,0x00,0x00,0x00,0x00,0x00,0x00,0x00,0x00,0x00,0x00,
0x00,0x00,0x00,0x00,0x00,0x00,0x00,0x00,0x00,0x00,0x00,0x00,0x00,0x00,0x00,0x00,
0x00,0x00,0x00,0x00,0x00,0x00,0x00,0x00,0x00,0x01,0x01,0x00,0x00,0x00,0x00,0x00,
0x00,0x00,0x01,0x01,0x00,0x00,0x00,0x00,0x00,0x00,0x00,0x00,0x01,0x01,0x01,
0x01,0x01,0x01,0x01,0x01,0x01,0x01,0x01,0x01,0x01,0x01,0x01,0x01,0x01,0x00,
0x00,0x00,0x00,0x00,0x00,0x00,0x00,0x00,0x00,0x00,0x00,0x00,0x00,0x00,0x00,0x00,
0x00,0x00,0x00,0x00,0x00,0x00,0x00,0x00,0x00,0x00,0x00,0x00,0x00,0x00,0x00,0xF8,
```

0x08,0x08,0x08,0x08,0x08,0x08,0x08,0x00,0xF8,0x18,0x60,0x80,0x00,0x00,0x00,0x80,
0x60,0x18,0xF8,0x00,0x00,0x00,0x20,0x20,0xF8,0x00,0x00,0x00,0x00,0x00,0x00,0xE0,
0x10,0x08,0x08,0x08,0x08,0x10,0xE0,0x00,0x00,0x00,0x20,0x20,0xF8,0x00,0x00,0x00,
0x00,0x00,0x00,0x00,0x00,0x00,0x00,0x00,0x00,0x08,0x08,0x08,0x08,0x08,0x88,0x68,
0x18,0x00,0x00,0x00,0x00,0x00,0x00,0x00,0x00,0x00,0x00,0x00,0x00,0x00,0x00,0x00,
0x00,0x00,0x00,0x00,0x00,0x00,0x00,0x00,0x00,0x00,0x00,0x00,0x00,0x00,0x00,0x00,
0x00,0x00,0x00,0x00,0x00,0x00,0x00,0x00,0x00,0x00,0x00,0x00,0x00,0x00,0x00,0x00,
0x00,0x00,0x00,0x00,0x00,0x00,0x00,0x00,0x00,0x00,0x00,0x00,0x00,0x00,0x00,0x7F,
0x01,0x01,0x01,0x01,0x01,0x01,0x00,0x00,0x7F,0x00,0x00,0x01,0x06,0x18,0x06,0x01,
0x00,0x00,0x7F,0x00,0x00,0x00,0x40,0x40,0x7F,0x40,0x40,0x00,0x00,0x00,0x00,0x1F,
0x20,0x40,0x40,0x40,0x40,0x20,0x1F,0x00,0x00,0x00,0x40,0x40,0x7F,0x40,0x40,0x00,
0x00,0x00,0x00,0x00,0x60,0x00,0x00,0x00,0x00,0x00,0x00,0x60,0x18,0x06,0x01,0x00,
0x00,0x00,0x00,0x00,0x00,0x00,0x00,0x00,0x00,0x00,0x00,0x00,0x00,0x00,0x00,0x00,
0x00,0x00,0x00,0x00,0x00,0x00,0x00,0x00,0x00,0x00,0x00,0x00,0x00,0x00,0x00,0x00,
0x00,0x00,0x00,0x00,0x00,0x00,0x00,0x00,0x00,0x00,0x00,0x00,0x00,0x00,0x00,0x00,
0x00,0x00,0x00,0x00,0x00,0x00,0x00,0x00,0x00,0x00,0x00,0x00,0x00,0x00,0x00,0x00,
0x00,0x00,0x00,0x00,0x00,0x40,0x20,0x20,0x20,0xC0,0x00,0x00,0xE0,0x20,0x20,0x20,
0xE0,0x00,0x00,0x00,0x40,0xE0,0x00,0x00,0x00,0x00,0x60,0x20,0x20,0x20,0xE0,0x00,
0x00,0x00,0x00,0x00,0xE0,0x20,0x20,0x20,0xE0,0x00,0x00,0x00,0x00,0x00,0x40,0x20,
0x20,0x20,0xC0,0x00,0x00,0x40,0x20,0x20,0x20,0xC0,0x00,0x00,0x00,0x00,0x00,0x00,
0x00,0x00,0x00,0x00,0x00,0x00,0x00,0x00,0x00,0x00,0x00,0x00,0x00,0x00,0x00,0x00,
0x00,0x00,0x00,0x00,0x00,0x00,0x00,0x00,0x00,0x00,0x00,0x00,0x00,0x00,0x00,0x00,
0x00,0x00,0x00,0x00,0x00,0x00,0x00,0x00,0x00,0x00,0x00,0x00,0x00,0x00,0x00,0x00,
0x00,0x00,0x00,0x00,0x00,0x00,0x00,0x00,0x00,0x00,0x00,0x00,0x00,0x00,0x00,0x00,
0x00,0x00,0x00,0x00,0x00,0x0C,0x0A,0x0A,0x09,0x0C,0x00,0x00,0x0F,0x08,0x08,0x08,
0x0F,0x00,0x00,0x00,0x08,0x0F,0x08,0x00,0x00,0x00,0x0C,0x08,0x09,0x09,0x0E,0x00,
0x00,0x0C,0x00,0x00,0x0F,0x09,0x09,0x09,0x0F,0x00,0x00,0x0C,0x00,0x00,0x0C,0x0A,
0x0A,0x09,0x0C,0x00,0x00,0x0C,0x0A,0x0A,0x09,0x0C,0x00,0x00,0x00,0x00,0x00,0x00,
0x00,0x00,0x00,0x00,0x00,0x00,0x00,0x00,0x00,0x00,0x00,0x00,0x00,0x00,0x00,0x00,
0x00,0x00,0x00,0x00,0x00,0x00,0x00,0x00,0x00,0x00,0x00,0x00,0x00,0x00,0x00,0x00,
0x00,0x00,0x00,0x00,0x00,0x00,0x00,0x00,0x00,0x00,0x00,0x00,0x00,0x00,0x00,0x00,
0x00,0x00,0x00,0x00,0x00,0x00,0x00,0x00,0x00,0x00,0x00,0x00,0x00,0x00,0x00,0x00,
0x00,0x00,0x00,0x00,0x00,0x00,0x00,0x00,0x00,0x00,0x00,0x00,0x80,0x80,0x80,0x80,
0x80,0x80,0x80,0x80,0x00,0x00,0x00,0x00,0x00,0x00,0x00,0x00,0x00,0x00,0x00,0x00,
0x00,0x00,0x00,0x00,0x00,0x00,0x00,0x00,0x00,0x00,0x00,0x00,0x00,0x00,0x00,0x00,
0x00,0x00,0x00,0x00,0x00,0x00,0x00,0x00,0x00,0x00,0x00,0x00,0x00,0x00,0x00,0x00,
0x00,0x00,0x00,0x00,0x00,0x00,0x00,0x00,0x00,0x00,0x00,0x00,0x00,0x00,0x00,0x00,
0x00,0x7F,0x03,0x0C,0x30,0x0C,0x03,0x7F,0x00,0x00,0x38,0x54,0x54,0x58,0x00,0x00,
0x7C,0x04,0x04,0x78,0x00,0x00,0x3C,0x40,0x40,0x7C,0x00,0x00,0x00,0x00,0x00,0x00,
0x00,0x00,0x00,0x00,0x00,0x00,0x00,0x00,0x00,0x00,0x00,0x00,0x00,0x00,0x00,0x00,
0x00,0x00,0x00,0x00,0x00,0x00,0x00,0x00,0x00,0x00,0x00,0xFF,0xAA,0xAA,0xAA,
0x28,0x08,0x00,0xFF,0x00,0x00,0x00,0x00,0x00,0x00,0x00,0x00,0x00,0x00,0x00,0x00,
0x00,0x00,0x00,0x00,0x00,0x00,0x00,0x00,0x00,0x00,0x00,0x00,0x00,0x00,0x00,0x00,
0x00,0x00,0x00,0x00,0x00,0x00,0x00,0x00,0x7F,0x03,0x0C,0x30,0x0C,0x03,0x7F,
0x00,0x00,0x26,0x49,0x49,0x49,0x32,0x00,0x00,0x7F,0x02,0x04,0x08,0x10,0x7F,0x00

};
#endif

(8) 文件 8（共 8 个）——oledfont.h。

由于本例使用的 OLED12864 液晶模块不带字库，因此，要通过自建待显示的字符和汉字的点阵数据才能实现文字的显示，这些数据又称字模。字模数据可通过 PCtoLCD2002.exe 等专用软件提取。

本例使用的是 16×16 宋体字体。提取选项如下：

【阴码，逆向，列行式，十六进制，每行显示数据：16 点阵，64 索引。】

以下是 oledfont.h 的全部内容。

```
// oledfont.h
#ifndef __OLEDFONT_H
#define __OLEDFONT_H
//常用 ASCII 表
//偏移量 32
//ASCII 字符集
//偏移量 32
//大小：12×6
//6×8 的点阵
const unsigned char F6x8[][6] =
{
0x00, 0x00, 0x00, 0x00, 0x00, 0x00,// sp
0x00, 0x00, 0x00, 0x2f, 0x00, 0x00,// !
0x00, 0x00, 0x07, 0x00, 0x07, 0x00,// "
0x00, 0x14, 0x7f, 0x14, 0x7f, 0x14,// #
0x00, 0x24, 0x2a, 0x7f, 0x2a, 0x12,// $
0x00, 0x62, 0x64, 0x08, 0x13, 0x23,// %
0x00, 0x36, 0x49, 0x55, 0x22, 0x50,// &
0x00, 0x00, 0x05, 0x03, 0x00, 0x00,// '
0x00, 0x00, 0x1c, 0x22, 0x41, 0x00,// (
0x00, 0x00, 0x41, 0x22, 0x1c, 0x00,// )
0x00, 0x14, 0x08, 0x3E, 0x08, 0x14,// *
0x00, 0x08, 0x08, 0x3E, 0x08, 0x08,// +
0x00, 0x00, 0x00, 0xA0, 0x60, 0x00,// ,
0x00, 0x08, 0x08, 0x08, 0x08, 0x08,// -
0x00, 0x00, 0x60, 0x60, 0x00, 0x00,// .
0x00, 0x20, 0x10, 0x08, 0x04, 0x02,// /
0x00, 0x3E, 0x51, 0x49, 0x45, 0x3E,// 0
0x00, 0x00, 0x42, 0x7F, 0x40, 0x00,// 1
0x00, 0x42, 0x61, 0x51, 0x49, 0x46,// 2
0x00, 0x21, 0x41, 0x45, 0x4B, 0x31,// 3
0x00, 0x18, 0x14, 0x12, 0x7F, 0x10,// 4
0x00, 0x27, 0x45, 0x45, 0x45, 0x39,// 5
0x00, 0x3C, 0x4A, 0x49, 0x49, 0x30,// 6
0x00, 0x01, 0x71, 0x09, 0x05, 0x03,// 7
0x00, 0x36, 0x49, 0x49, 0x49, 0x36,// 8
```

```
0x00, 0x06, 0x49, 0x49, 0x29, 0x1E,// 9
0x00, 0x00, 0x36, 0x36, 0x00, 0x00,// :
0x00, 0x00, 0x56, 0x36, 0x00, 0x00,// ;
0x00, 0x08, 0x14, 0x22, 0x41, 0x00,// <
0x00, 0x14, 0x14, 0x14, 0x14, 0x14,// =
0x00, 0x00, 0x41, 0x22, 0x14, 0x08,// >
0x00, 0x02, 0x01, 0x51, 0x09, 0x06,// ?
0x00, 0x32, 0x49, 0x59, 0x51, 0x3E,// @
0x00, 0x7C, 0x12, 0x11, 0x12, 0x7C,// A
0x00, 0x7F, 0x49, 0x49, 0x49, 0x36,// B
0x00, 0x3E, 0x41, 0x41, 0x41, 0x22,// C
0x00, 0x7F, 0x41, 0x41, 0x22, 0x1C,// D
0x00, 0x7F, 0x49, 0x49, 0x49, 0x41,// E
0x00, 0x7F, 0x09, 0x09, 0x09, 0x01,// F
0x00, 0x3E, 0x41, 0x49, 0x49, 0x7A,// G
0x00, 0x7F, 0x08, 0x08, 0x08, 0x7F,// H
0x00, 0x00, 0x41, 0x7F, 0x41, 0x00,// I
0x00, 0x20, 0x40, 0x41, 0x3F, 0x01,// J
0x00, 0x7F, 0x08, 0x14, 0x22, 0x41,// K
0x00, 0x7F, 0x40, 0x40, 0x40, 0x40,// L
0x00, 0x7F, 0x02, 0x0C, 0x02, 0x7F,// M
0x00, 0x7F, 0x04, 0x08, 0x10, 0x7F,// N
0x00, 0x3E, 0x41, 0x41, 0x41, 0x3E,// O
0x00, 0x7F, 0x09, 0x09, 0x09, 0x06,// P
0x00, 0x3E, 0x41, 0x51, 0x21, 0x5E,// Q
0x00, 0x7F, 0x09, 0x19, 0x29, 0x46,// R
0x00, 0x46, 0x49, 0x49, 0x49, 0x31,// S
0x00, 0x01, 0x01, 0x7F, 0x01, 0x01,// T
0x00, 0x3F, 0x40, 0x40, 0x40, 0x3F,// U
0x00, 0x1F, 0x20, 0x40, 0x20, 0x1F,// V
0x00, 0x3F, 0x40, 0x38, 0x40, 0x3F,// W
0x00, 0x63, 0x14, 0x08, 0x14, 0x63,// X
0x00, 0x07, 0x08, 0x70, 0x08, 0x07,// Y
0x00, 0x61, 0x51, 0x49, 0x45, 0x43,// Z
0x00, 0x00, 0x7F, 0x41, 0x41, 0x00,// [
0x00, 0x55, 0x2A, 0x55, 0x2A, 0x55,// 55
0x00, 0x00, 0x41, 0x41, 0x7F, 0x00,// ]
0x00, 0x04, 0x02, 0x01, 0x02, 0x04,// ^
0x00, 0x40, 0x40, 0x40, 0x40, 0x40,// _
0x00, 0x00, 0x01, 0x02, 0x04, 0x00,// '
0x00, 0x20, 0x54, 0x54, 0x54, 0x78,// a
0x00, 0x7F, 0x48, 0x44, 0x44, 0x38,// b
0x00, 0x38, 0x44, 0x44, 0x44, 0x20,// c
0x00, 0x38, 0x44, 0x44, 0x48, 0x7F,// d
0x00, 0x38, 0x54, 0x54, 0x54, 0x18,// e
0x00, 0x08, 0x7E, 0x09, 0x01, 0x02,// f
0x00, 0x18, 0xA4, 0xA4, 0xA4, 0x7C,// g
```

```
0x00, 0x7F, 0x08, 0x04, 0x04, 0x78,// h
0x00, 0x00, 0x44, 0x7D, 0x40, 0x00,// i
0x00, 0x40, 0x80, 0x84, 0x7D, 0x00,// j
0x00, 0x7F, 0x10, 0x28, 0x44, 0x00,// k
0x00, 0x00, 0x41, 0x7F, 0x40, 0x00,// l
0x00, 0x7C, 0x04, 0x18, 0x04, 0x78,// m
0x00, 0x7C, 0x08, 0x04, 0x04, 0x78,// n
0x00, 0x38, 0x44, 0x44, 0x44, 0x38,// o
0x00, 0xFC, 0x24, 0x24, 0x24, 0x18,// p
0x00, 0x18, 0x24, 0x24, 0x18, 0xFC,// q
0x00, 0x7C, 0x08, 0x04, 0x04, 0x08,// r
0x00, 0x48, 0x54, 0x54, 0x54, 0x20,// s
0x00, 0x04, 0x3F, 0x44, 0x40, 0x20,// t
0x00, 0x3C, 0x40, 0x40, 0x20, 0x7C,// u
0x00, 0x1C, 0x20, 0x40, 0x20, 0x1C,// v
0x00, 0x3C, 0x40, 0x30, 0x40, 0x3C,// w
0x00, 0x44, 0x28, 0x10, 0x28, 0x44,// x
0x00, 0x1C, 0xA0, 0xA0, 0xA0, 0x7C,// y
0x00, 0x44, 0x64, 0x54, 0x4C, 0x44,// z
0x14, 0x14, 0x14, 0x14, 0x14, 0x14,// horiz lines
};
/*8×16 的点阵*******************************/
const unsigned char F8X16[]=
{
0x00,0x00,0x00,0x00,0x00,0x00,0x00,0x00,0x00,0x00,0x00,0x00,0x00,0x00,0x00,0x00,// 0
0x00,0x00,0x00,0xF8,0x00,0x00,0x00,0x00,0x00,0x00,0x00,0x33,0x30,0x00,0x00,0x00,//! 1
0x00,0x10,0x0C,0x06,0x10,0x0C,0x06,0x00,0x00,0x00,0x00,0x00,0x00,0x00,0x00,0x00,//" 2
0x40,0xC0,0x78,0x40,0xC0,0x78,0x40,0x00,0x04,0x3F,0x04,0x04,0x3F,0x04,0x04,0x00,//# 3
0x00,0x70,0x88,0xFC,0x08,0x30,0x00,0x00,0x00,0x18,0x20,0xFF,0x21,0x1E,0x00,0x00,//$ 4
0xF0,0x08,0xF0,0x00,0xE0,0x18,0x00,0x00,0x00,0x21,0x1C,0x03,0x1E,0x21,0x1E,0x00,//% 5
0x00,0xF0,0x08,0x88,0x70,0x00,0x00,0x00,0x1E,0x21,0x23,0x24,0x19,0x27,0x21,0x10,//& 6
0x10,0x16,0x0E,0x00,0x00,0x00,0x00,0x00,0x00,0x00,0x00,0x00,0x00,0x00,0x00,0x00,//' 7
0x00,0x00,0x00,0xE0,0x18,0x04,0x02,0x00,0x00,0x00,0x00,0x07,0x18,0x20,0x40,0x00,//( 8
0x00,0x02,0x04,0x18,0xE0,0x00,0x00,0x00,0x00,0x40,0x20,0x18,0x07,0x00,0x00,0x00,//) 9
0x40,0x40,0x80,0xF0,0x80,0x40,0x40,0x00,0x02,0x02,0x01,0x0F,0x01,0x02,0x02,0x00,//* 10
0x00,0x00,0x00,0xF0,0x00,0x00,0x00,0x00,0x01,0x01,0x01,0x1F,0x01,0x01,0x01,0x00,//+ 11
0x00,0x00,0x00,0x00,0x00,0x00,0x00,0x00,0x80,0xB0,0x70,0x00,0x00,0x00,0x00,0x00,//, 12
0x00,0x00,0x00,0x00,0x00,0x00,0x00,0x00,0x01,0x01,0x01,0x01,0x01,0x01,0x01,0x01,//- 13
0x00,0x00,0x00,0x00,0x00,0x00,0x00,0x00,0x30,0x30,0x00,0x00,0x00,0x00,0x00,0x00,//. 14
0x00,0x00,0x00,0x00,0x80,0x60,0x18,0x04,0x00,0x60,0x18,0x06,0x01,0x00,0x00,0x00,/// 15
0x00,0xE0,0x10,0x08,0x08,0x10,0xE0,0x00,0x00,0x0F,0x10,0x20,0x20,0x10,0x0F,0x00,//0 16
0x00,0x10,0x10,0xF8,0x00,0x00,0x00,0x00,0x00,0x20,0x20,0x3F,0x20,0x20,0x00,0x00,//1 17
0x00,0x70,0x08,0x08,0x08,0x88,0x70,0x00,0x00,0x30,0x28,0x24,0x22,0x21,0x30,0x00,//2 18
0x00,0x30,0x08,0x88,0x88,0x48,0x30,0x00,0x00,0x18,0x20,0x20,0x20,0x11,0x0E,0x00,//3 19
0x00,0x00,0xC0,0x20,0x10,0xF8,0x00,0x00,0x00,0x07,0x04,0x24,0x24,0x3F,0x24,0x00,//4 20
0x00,0xF8,0x08,0x88,0x88,0x08,0x08,0x00,0x00,0x19,0x21,0x20,0x20,0x11,0x0E,0x00,//5 21
0x00,0xE0,0x10,0x88,0x88,0x18,0x00,0x00,0x00,0x0F,0x11,0x20,0x20,0x11,0x0E,0x00,//6 22
```

0x00,0x38,0x08,0x08,0xC8,0x38,0x08,0x00,0x00,0x00,0x00,0x3F,0x00,0x00,0x00,0x00,//7 23
0x00,0x70,0x88,0x08,0x08,0x88,0x70,0x00,0x00,0x1C,0x22,0x21,0x21,0x22,0x1C,0x00,//8 24
0x00,0xE0,0x10,0x08,0x08,0x10,0xE0,0x00,0x00,0x00,0x31,0x22,0x22,0x11,0x0F,0x00,//9 25
0x00,0x00,0x00,0xC0,0xC0,0x00,0x00,0x00,0x00,0x00,0x00,0x30,0x30,0x00,0x00,0x00,//: 26
0x00,0x00,0x00,0x80,0x00,0x00,0x00,0x00,0x00,0x00,0x80,0x60,0x00,0x00,0x00,0x00,//; 27
0x00,0x00,0x80,0x40,0x20,0x10,0x08,0x00,0x00,0x01,0x02,0x04,0x08,0x10,0x20,0x00,//< 28
0x40,0x40,0x40,0x40,0x40,0x40,0x40,0x00,0x04,0x04,0x04,0x04,0x04,0x04,0x04,0x00,//= 29
0x00,0x08,0x10,0x20,0x40,0x80,0x00,0x00,0x00,0x20,0x10,0x08,0x04,0x02,0x01,0x00,//> 30
0x00,0x70,0x48,0x08,0x08,0x08,0xF0,0x00,0x00,0x00,0x00,0x30,0x36,0x01,0x00,0x00,//? 31
0xC0,0x30,0xC8,0x28,0xE8,0x10,0xE0,0x00,0x07,0x18,0x27,0x24,0x23,0x14,0x0B,0x00,//@ 32
0x00,0x00,0xC0,0x38,0xE0,0x00,0x00,0x00,0x20,0x3C,0x23,0x02,0x02,0x27,0x38,0x20,//A 33
0x08,0xF8,0x88,0x88,0x88,0x70,0x00,0x00,0x20,0x3F,0x20,0x20,0x20,0x11,0x0E,0x00,//B 34
0xC0,0x30,0x08,0x08,0x08,0x08,0x38,0x00,0x07,0x18,0x20,0x20,0x20,0x10,0x08,0x00,//C 35
0x08,0xF8,0x08,0x08,0x08,0x10,0xE0,0x00,0x20,0x3F,0x20,0x20,0x20,0x10,0x0F,0x00,//D 36
0x08,0xF8,0x88,0x88,0xE8,0x08,0x10,0x00,0x20,0x3F,0x20,0x20,0x23,0x20,0x18,0x00,//E 37
0x08,0xF8,0x88,0x88,0xE8,0x08,0x10,0x00,0x20,0x3F,0x20,0x00,0x03,0x00,0x00,0x00,//F 38
0xC0,0x30,0x08,0x08,0x08,0x38,0x00,0x00,0x07,0x18,0x20,0x20,0x22,0x1E,0x02,0x00,//G 39
0x08,0xF8,0x08,0x00,0x00,0x08,0xF8,0x08,0x20,0x3F,0x21,0x01,0x01,0x21,0x3F,0x20,//H 40
0x00,0x08,0x08,0xF8,0x08,0x08,0x00,0x00,0x00,0x20,0x20,0x3F,0x20,0x20,0x00,0x00,//I 41
0x00,0x00,0x08,0x08,0xF8,0x08,0x08,0x00,0xC0,0x80,0x80,0x80,0x7F,0x00,0x00,0x00,//J 42
0x08,0xF8,0x88,0xC0,0x28,0x18,0x08,0x00,0x20,0x3F,0x20,0x01,0x26,0x38,0x20,0x00,//K 43
0x08,0xF8,0x08,0x00,0x00,0x00,0x00,0x00,0x20,0x3F,0x20,0x20,0x20,0x20,0x30,0x00,//L 44
0x08,0xF8,0xF8,0x00,0xF8,0xF8,0x08,0x00,0x20,0x3F,0x00,0x3F,0x00,0x3F,0x20,0x00,//M 45
0x08,0xF8,0x30,0xC0,0x00,0x08,0xF8,0x08,0x20,0x3F,0x20,0x00,0x07,0x18,0x3F,0x00,//N 46
0xE0,0x10,0x08,0x08,0x08,0x10,0xE0,0x00,0x0F,0x10,0x20,0x20,0x20,0x10,0x0F,0x00,//O 47
0x08,0xF8,0x08,0x08,0x08,0x08,0xF0,0x00,0x20,0x3F,0x21,0x01,0x01,0x01,0x00,0x00,//P 48
0xE0,0x10,0x08,0x08,0x08,0x10,0xE0,0x00,0x0F,0x18,0x24,0x24,0x38,0x50,0x4F,0x00,//Q 49
0x08,0xF8,0x88,0x88,0x88,0x88,0x70,0x00,0x20,0x3F,0x20,0x00,0x03,0x0C,0x30,0x20,//R 50
0x00,0x70,0x88,0x08,0x08,0x08,0x38,0x00,0x00,0x38,0x20,0x21,0x21,0x22,0x1C,0x00,//S 51
0x18,0x08,0x08,0xF8,0x08,0x08,0x18,0x00,0x00,0x00,0x20,0x3F,0x20,0x00,0x00,0x00,//T 52
0x08,0xF8,0x08,0x00,0x00,0x08,0xF8,0x08,0x00,0x1F,0x20,0x20,0x20,0x20,0x1F,0x00,//U 53
0x08,0x78,0x88,0x00,0x00,0xC8,0x38,0x08,0x00,0x00,0x07,0x38,0x0E,0x01,0x00,0x00,//V 54
0xF8,0x08,0x00,0xF8,0x00,0x08,0xF8,0x00,0x03,0x3C,0x07,0x00,0x07,0x3C,0x03,0x00,//W 55
0x08,0x18,0x68,0x80,0x80,0x68,0x18,0x08,0x20,0x30,0x2C,0x03,0x03,0x2C,0x30,0x20,//X 56
0x08,0x38,0xC8,0x00,0xC8,0x38,0x08,0x00,0x00,0x00,0x20,0x3F,0x20,0x00,0x00,0x00,//Y 57
0x10,0x08,0x08,0x08,0xC8,0x38,0x08,0x00,0x20,0x38,0x26,0x21,0x20,0x20,0x18,0x00,//Z 58
0x00,0x00,0x00,0xFE,0x02,0x02,0x02,0x00,0x00,0x00,0x00,0x7F,0x40,0x40,0x40,0x00,//[59
0x00,0x0C,0x30,0xC0,0x00,0x00,0x00,0x00,0x00,0x00,0x00,0x01,0x06,0x38,0xC0,0x00,//\ 60
0x00,0x02,0x02,0x02,0xFE,0x00,0x00,0x00,0x00,0x40,0x40,0x40,0x7F,0x00,0x00,0x00,//] 61
0x00,0x00,0x04,0x02,0x02,0x02,0x04,0x00,0x00,0x00,0x00,0x00,0x00,0x00,0x00,0x00,//^ 62
0x00,0x00,0x00,0x00,0x00,0x00,0x00,0x00,0x80,0x80,0x80,0x80,0x80,0x80,0x80,0x80,//_ 63
0x00,0x02,0x02,0x04,0x00,0x00,0x00,0x00,0x00,0x00,0x00,0x00,0x00,0x00,0x00,0x00,//` 64
0x00,0x00,0x80,0x80,0x80,0x80,0x00,0x00,0x00,0x19,0x24,0x22,0x22,0x22,0x3F,0x20,//a 65
0x08,0xF8,0x00,0x80,0x80,0x00,0x00,0x00,0x00,0x3F,0x11,0x20,0x20,0x11,0x0E,0x00,//b 66
0x00,0x00,0x00,0x80,0x80,0x80,0x00,0x00,0x00,0x0E,0x11,0x20,0x20,0x20,0x11,0x00,//c 67
0x00,0x00,0x00,0x80,0x80,0x88,0xF8,0x00,0x00,0x0E,0x11,0x20,0x20,0x10,0x3F,0x20,//d 68
0x00,0x00,0x80,0x80,0x80,0x80,0x00,0x00,0x00,0x1F,0x22,0x22,0x22,0x22,0x13,0x00,//e 69

0x00,0x80,0x80,0xF0,0x88,0x88,0x88,0x18,0x00,0x20,0x20,0x3F,0x20,0x20,0x00,0x00,//f 70
0x00,0x00,0x80,0x80,0x80,0x80,0x80,0x00,0x00,0x6B,0x94,0x94,0x94,0x93,0x60,0x00,//g 71
0x08,0xF8,0x00,0x80,0x80,0x80,0x00,0x00,0x20,0x3F,0x21,0x00,0x00,0x20,0x3F,0x20,//h 72
0x00,0x80,0x98,0x98,0x00,0x00,0x00,0x00,0x00,0x20,0x20,0x3F,0x20,0x20,0x00,0x00,//i 73
0x00,0x00,0x00,0x80,0x98,0x98,0x00,0x00,0x00,0xC0,0x80,0x80,0x80,0x7F,0x00,0x00,//j 74
0x08,0xF8,0x00,0x00,0x80,0x80,0x80,0x00,0x20,0x3F,0x24,0x02,0x2D,0x30,0x20,0x00,//k 75
0x00,0x08,0x08,0xF8,0x00,0x00,0x00,0x00,0x00,0x20,0x20,0x3F,0x20,0x20,0x00,0x00,//l 76
0x80,0x80,0x80,0x80,0x80,0x80,0x80,0x00,0x20,0x3F,0x20,0x00,0x3F,0x20,0x00,0x3F,//m 77
0x80,0x80,0x00,0x80,0x80,0x80,0x00,0x00,0x20,0x3F,0x21,0x00,0x00,0x20,0x3F,0x20,//n 78
0x00,0x00,0x80,0x80,0x80,0x80,0x00,0x00,0x00,0x1F,0x20,0x20,0x20,0x20,0x1F,0x00,//o 79
0x80,0x80,0x00,0x80,0x80,0x00,0x00,0x00,0x80,0xFF,0xA1,0x20,0x20,0x11,0x0E,0x00,//p 80
0x00,0x00,0x00,0x80,0x80,0x80,0x80,0x00,0x00,0x0E,0x11,0x20,0x20,0xA0,0xFF,0x80,//q 81
0x80,0x80,0x80,0x00,0x80,0x80,0x80,0x00,0x20,0x20,0x3F,0x21,0x20,0x00,0x01,0x00,//r 82
0x00,0x00,0x80,0x80,0x80,0x80,0x80,0x00,0x00,0x33,0x24,0x24,0x24,0x24,0x19,0x00,//s 83
0x00,0x80,0x80,0xE0,0x80,0x80,0x00,0x00,0x00,0x00,0x00,0x1F,0x20,0x20,0x00,0x00,//t 84
0x80,0x80,0x00,0x00,0x00,0x80,0x80,0x00,0x00,0x1F,0x20,0x20,0x20,0x10,0x3F,0x20,//u 85
0x80,0x80,0x80,0x00,0x00,0x80,0x80,0x80,0x00,0x01,0x0E,0x30,0x08,0x06,0x01,0x00,//v 86
0x80,0x80,0x00,0x80,0x00,0x80,0x80,0x80,0x0F,0x30,0x0C,0x03,0x0C,0x30,0x0F,0x00,//w 87
0x00,0x80,0x80,0x00,0x80,0x80,0x00,0x00,0x00,0x20,0x31,0x2E,0x0E,0x31,0x20,0x00,//x 88
0x80,0x80,0x80,0x00,0x00,0x80,0x80,0x80,0x80,0x81,0x8E,0x70,0x18,0x06,0x01,0x00,//y 89
0x00,0x80,0x80,0x80,0x80,0x80,0x80,0x00,0x00,0x21,0x30,0x2C,0x22,0x21,0x30,0x00,//z 90
0x00,0x00,0x00,0x00,0x80,0x7C,0x02,0x02,0x00,0x00,0x00,0x00,0x00,0x3F,0x40,0x40,//{ 91
0x00,0x00,0x00,0x00,0xFF,0x00,0x00,0x00,0x00,0x00,0x00,0x00,0xFF,0x00,0x00,0x00,//| 92
0x00,0x02,0x02,0x7C,0x80,0x00,0x00,0x00,0x00,0x40,0x40,0x3F,0x00,0x00,0x00,0x00,//} 93
0x00,0x06,0x01,0x01,0x02,0x02,0x04,0x04,0x00,0x00,0x00,0x00,0x00,0x00,0x00,0x00,//~ 94
};

//PCtoLCD2002 字摸软件取模
char Hzk[][32]={
{0x08,0x08,0xC8,0xFF,0x48,0x88,0x08,0x00,0xFE,0x02,0x02,0x02,0xFE,0x00,0x00,0x00},
{0x04,0x03,0x00,0xFF,0x00,0x41,0x30,0x0C,0x03,0x00,0x00,0x00,0x3F,0x40,0x78,0x00},
/*"机",0*/
/* (16×16，宋体)*/
{0x10,0xD0,0xFF,0x50,0x90,0x00,0xE8,0x08,0xE8,0x08,0xFF,0x08,0x0A,0xCC,0x08,0x00},
{0x06,0x01,0xFF,0x00,0x20,0x19,0x07,0x01,0x5F,0x21,0x13,0x0C,0x33,0x40,0xF8,0x00},
/*"械",1*/
/* (16×16，宋体)*/
{0x00,0x00,0x00,0x00,0x7E,0x48,0x48,0x48,0x48,0x48,0x48,0x48,0x48,0xCC,0x08,0x00},
{0x00,0x04,0x04,0x04,0x04,0x04,0x04,0x04,0x04,0x24,0x46,0x44,0x20,0x1F,0x00,0x00},
/*"与",2*/
/* (16×16，宋体)*/
{0x00,0x00,0xF8,0x48,0x48,0x48,0x48,0xFF,0x48,0x48,0x48,0x48,0xF8,0x00,0x00,0x00},
{0x00,0x00,0x0F,0x04,0x04,0x04,0x04,0x3F,0x44,0x44,0x44,0x44,0x4F,0x40,0x70,0x00},
/*"电",3*/
/* (16×16，宋体)*/
{0x00,0x20,0x10,0x8C,0xA7,0xA4,0xA4,0xA4,0xA4,0xA4,0xA4,0xA4,0x24,0x04,0x04,0x00},
{0x00,0x00,0x00,0x00,0x00,0x00,0x00,0x00,0x00,0x00,0x00,0x0F,0x30,0x40,0xF0,0x00},

```
/*"气",4*/
/* (16×16，宋体 )*/
{0x00,0x00,0x02,0x02,0x02,0x02,0x02,0xFE,0x02,0x02,0x02,0x02,0x02,0x02,0x00,0x00},
{0x20,0x20,0x20,0x20,0x20,0x20,0x20,0x3F,0x20,0x20,0x20,0x20,0x20,0x20,0x20,0x00},
/*"工",5*/
/* (16×16，宋体 )*/
{0x10,0x12,0xD2,0xFE,0x91,0x11,0x80,0xBF,0xA1,0xA1,0xA1,0xA1,0xBF,0x80,0x00,0x00},
{0x04,0x03,0x00,0xFF,0x00,0x41,0x44,0x44,0x44,0x7F,0x44,0x44,0x44,0x44,0x40,0x00},
/*"程",6*/
/* (16×16，宋体 )*/
//PCtoLCD2002 的提取选项
//阴码，逆向，列行式，十六进制
//每行显示数据：16 点阵，64 索引
};
#endif
```

4）运行结果

开机运行后，依次显示的 3 个屏幕的实际图片分别如图 7.10、图 7.11、图 7.12 所示。

图 7.10　第 1 个屏幕　　　　图 7.11　第 2 个屏幕　　　　图 7.12　第 3 个屏幕

7.3　STM32 的 I^2C 总线

7.3.1　I^2C 总线的基本概念

1. I^2C 总线的基本特性

I^2C 即 IIC，为 "Inter-Integrated Circuit"（集成电路总线）的缩写。这种总线类型是由飞利浦半导体公司在 20 世纪 80 年代初设计出来的。这是一种高性能的同步串行总线。基本的 I^2C 总线规范于 20 年前发布，其数据传输速率最高为 100kbps，采用 7 位寻址。后增强为快速模式（400kbps）和 10 位寻址，以满足更高速度和更大寻址空间的需求。近来又增加了高速模式，其速度可达 3.4Mbps。I^2C 总线保持向下兼容性。

I²C 串行总线一般有两根信号线，一根是双向的数据线 SDA，另一根是时钟线 SCL。所有 I²C 总线设备上的串行数据 SDA 都接到总线的 SDA 上，各设备的时钟线 SCL 接到总线的 SCL 上。各设备连接到总线的输出端时必须是漏极开路（OD）输出或集电极开路（OC）输出。各设备的 SDA 是"与"关系，SCL 也是"与"关系。

总线的运行（数据传输）由主机控制。所谓主机是指启动数据的传送（发出启动信号）、发出时钟信号以及传送结束时发出停止信号的设备，通常主机都是微处理器。被主机寻访的设备称为从机。为了进行通信，每个接到 I²C 总线的设备都有一个唯一的地址，以便于主机寻访。主机和从机的数据传送，可以由主机发送数据到从机，也可以由从机发到主机。凡是发送数据到总线的设备称为发送器，从总线上接收数据的设备称为接收器。

I²C 总线上允许连接多个微处理器以及各种外围设备，如存储器、LED 及 LCD 驱动器、A/D 及 D/A 转换器等，如图 7.13 所示。为了保证数据可靠地传送，任一时刻总线只能由某一台主机控制。

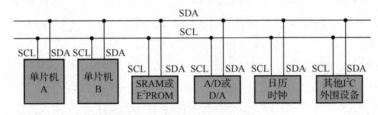

图 7.13　多设备 I²C 总线系统示意图

2. SPI 与 I²C 总线的区别

I²C 的数据输入、输出用的是同一根线，而 SPI 的数据输入与输出是分开的。由于这个原因，采用 I²C 时 CPU 的端口占用更少。但是由于 I²C 的数据线是双向的，所以隔离比较复杂，而 SPI 则比较容易。所以，系统内部通信可用 I²C，若要与外部通信则最好用 SPI 带隔离（可以提高抗干扰能力）。不过，I²C 和 SPI 都不适合长距离的传输。

3. I²C 总线的工作原理

处理器和 I²C 芯片之间的通信，可以形象地比喻成两个人对话，因此必须遵循基本的规范：一是你说的话别人得能听懂，即双方要有约定的信号协议（通信协议）；二是你的语速别人得能接受，即双方满足时序要求。

I²C 总线上可以挂多个设备，每个 I²C 设备都有固定的地址。只有当 I²C 两条线上传输的地址值等于某个 I²C 设备的地址时，该 I²C 设备才做出响应。数据传输后，必须要有应答信号（响应信号）。数据传输前必须有开始信号，传输结束后必须有结束信号（图 7.14）。

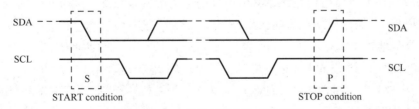

图 7.14　IIC 总线起始和停止条件图

（1）开始信号：处理器让 SCL 时钟保持高电平，然后让 SDA 数据信号由高变低就表示一个开始信号。I²C 总线上的设备检测到这个开始信号后，它就知道处理器要发送数据了。

（2）停止信号：处理器让 SCL 时钟保持高电平，然后让 SDA 数据信号由低变高就表示一个停止信号。I²C 总线上的设备检测到这个停止信号后，它就知道处理器已经结束了数据传输，于是它们就可以各忙各的了，如进入休眠等。

（3）数据传输：SDA 上传输的数据必须在 SCL 为高电平期间保持稳定，因为外接 I²C 设备在 SCL 为高电平期间才采集数据，确定 SDA 是高或低电平。SDA 上的数据只能在 SCL 为低电平期间才被允许翻转变化。

（4）响应信号（ACK）：处理器把数据发给外接 I²C 设备，如何知道 I²C 设备已经收到数据呢？这就需要外接 I²C 设备回应一个信号给处理器。因为处理器发完 8bit 数据后就不再驱动总线了（SDA 引脚由输出变为输入），而 SDA 和 SCL 硬件设计时都有上拉电阻，所以这时候 SDA 变成高电平。那么在第 8 个数据位，如果外接 I²C 设备能收到信号的话，将在第 9 个周期把 SDA 拉低，这样处理器检测到 SDA 拉低就能知道外接 I²C 设备已经收到数据。

（5）I²C 上的数据是从最高位开始传输的。

（6）多设备通信：I²C 总线是允许挂载多个设备的，如何访问其中一个设备而不影响其他设备呢？答案是：主机（发送发起方）通过发送寻址从机（接收方）的数据帧来访问。图 7.15 为寻址从机（接收方）的数据帧的示意图：其中，S 表示起始，P 表示停止，A 表示响应，DATA 表示一字节数据，SLAVE ADDRESS 表示从机地址（7bit）+R/W（1bit，就主机而言，0 表示写，1 表示读）。因为用 7bit 表示从地址，那么可以挂载的从设备数量理论上是 2^7=128 个，当然这还取决于驱动能力。

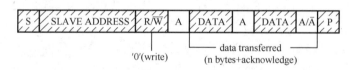

图 7.15　主机（发送发起方）寻址从机（接收方）的数据帧示意图

4. I²C 的几个注意事项

（1）在 SCL=1（高电平）时，SDA 千万别随便跳变。否则，SDA 下跳被视为"起始信号 S"，SDA 上跳则被视为"停止信号 P"。

（2）SCL 必须由主机发送，否则通信陷于瘫痪。首字节是"片选信号"（相当于呼叫），即 7 位从机地址加 1 位方向（读写）控制；从机收到（听到）自己的地址才能发送应答信号（必须应答）表示自己在线，其他地址的从机则禁止应答。如果是广播状态（即主机对所有从机呼叫），这时候从机只能接收不能发送。

（3）7 位地址的 I²C 总线理论上可以挂接 128-1=127 个不同地址的 I²C 设备，因为 0 号地址作为群呼地址。10 位的 I²C 总线可以挂接更多的 10 位地址的 I²C 设备。

（4）常用 I²C 接口器件的器件地址是由器件类型号码+寻址码组成的，共 7 位，称为从地址。其格式如图 7.16 所示。

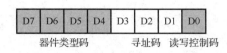

图 7.16　7 位 I^2C 总线地址字节的构成图

其中，器件类型码由 D7～D4 共 4 位决定的，这是公司生产时就已固定的类型代码；用户自定义地址码由 D3～D1 共 3 位组成，这是由用户自己设置的，其通常的做法有点类似于 EEPROM 器件的 3 个外部引脚的电平组合（即 A0，A1，A2），也就是寻址码。这就是为什么同一 I^2C 总线上同一型号的 I^2C 设备最多只能挂 8 片的原因。读写控制码即最低一位就是 R/W 位。

（5）I^2C 总线必须通过合适的上拉电阻接电源的正极。当总线空闲时，两根线均为高电平。

（6）要十分注意数据传送格式与应答信号。这部分内容请自行参阅 I^2C 的有关资料。

5. STM32 的 I^2C 总线的基本特点

STM32 的 I^2C 总线提供多主机功能，控制所有 I^2C 总线特定的时序、协议、仲裁和定时。支持标准（100kHz）和快速（400kHz）两种模式，同时与 SMBus 2.0 兼容。I^2C 模块接收和发送数据，并将数据从串行转换成并行，或并行转换成串行。可以开启或禁止中断。通过数据引脚（SDA）和时钟引脚（SCL）连接到 I^2C 总线。根据特定设备的需要，可以使用 DMA 以减轻 CPU 的负担。具有可编程的 I^2C 地址检测，具有可响应两个从地址的双地址能力。产生和检测 7 位/10 位地址和广播呼叫。有较为完备的状态和错误标志。

7.3.2　STM32 的 I^2C 总线的应用要领

1. STM32 的 I^2C 模块

I^2C 总线在嵌入式系统中被广泛使用，它是一个工业级别的总线。由于 STM32 是一个 32 位的 MCU，应该说它的 I^2C 接口功能强大。但同时也存在难于控制的问题，不像 8 位机，例如 AVR 等 8 位机的 TWI（实际完全符合 I^2C 标准）那么易用。不少开发者在开发 STM32 的 I^2C 接口程序时，总是会出现程序卡顿在某一处的现象，网上搜索的结果可以证明这一点。于是很容易得出结论：STM32 本身的 I^2C 接口很差劲、很复杂。因此，很多开发者放弃使用 STM32 本身的 I^2C 模块，而采用软件模拟的方式实现 I^2C 通信。在此建议，不要使用软件模拟实现 I^2C 的方式，要充分使用 STM32 本身的 I^2C 功能，因为 STM32 至少有一个 I^2C 模块。

固然，STM32 的 I^2C 模块有不尽完善的地方，但关键还是要对它的特性有清晰的把握。如果在程序中加入有效的容错机制，例如，总线状态判断、超时处理、应答机制，STM32 的 I^2C 模块及其库函数还是十分好用的。

以下所述是利用 STM32 的 I^2C 硬件接口编程时要注意的要点。

（1）把 I^2C 的中断优先级提升到最高。对 STM32 系统而言，它最优选的 I^2C 工作模式是中断或者 DMA，或者两者的结合，而不是查询方式（POLLING）。

（2）把多于 2 字节的发送与接收封装成利用 DMA 收发的函数，而把 1 字节的接收和发送单独封装为一个 POLLING（轮询）函数。

（3）在寻址某一 I²C 设备时，要先检查总线状态，如果状态为忙，则等待指定时间，如果超时，则说明 I²C 总线被死锁挂起。这时要采用一定的措施，让被寻址方结束当前内部的工作，退出总线死锁以恢复总线。主设备在对从设备进行操作前先和从设备握手是很好的防守编程模型。

（4）不要让 I²C 工作在 88kHz 的频率上（有人已用实验证明这个速度容易出现问题，不过作者没有实验证明）。在满足需要的情况下，不建议使用高速度，而采用较低速度，例如 100kHz。

（5）STM32 的 I²C 的硬件接口负责满足 I²C 总线的规约，而应用程序则必须利用 I²C 控制寄存器和 I²C 的事件标志组合实施与通信相关的工作：接收、发送和其他相关处理，在发送或接收完成后一定要查询并清除相关标志。

2. I²C 总线死锁原因及其解决办法

查阅 ST 的 STM32 的官方手册可知，在 I2C_CR1 寄存器中有一个 Software reset 位，即 SWRST 位，该位可以在出错或死锁时用于复位 STM32 的 I²C 外设模块的 I²C 控制器。而在低功耗的 STM32L0xx 系列的用户指南中也提到可以用 PE 位复位。

3. STM32 的 I²C 接收和发送程序流程

1）发送的主要流程

（1）检测 I²C 总线是否空闲。
（2）按 I²C 协议发出起始信号。
（3）发出 7 位器件地址和写模式。
（4）发送要写入的存储区首地址。
（5）用页写入方式或字节写入方式写入数据（多字节在这里循环）。
（6）清除应答标志。
（7）发出停止信号。

2）接收的主要流程

（1）检测 I²C 总线是否空闲。
（2）按 I²C 协议发出起始信号。
（3）发出 7 位器件地址和写模式（伪写）。
（4）重新使能 STM32 的 I²C 外设模块，以清除相应事件标志 EV6。
（5）发出要读取的存储区首地址。
（6）重发起始信号。
（7）发出 7 位器件地址和读模式。
（8）接收并应答。这里分两种情况：
第一种情况：如果是单字节接收，则不应答，发送停止信号，读取一字节数据。

第二种情况，如果是多字节接收，则最后一字节不用应答，读取数据，最后一字节接收前发送停止信号。

7.4 STM32 的 I²C 总线的应用举例

7.4.1 具有 I²C 接口的 DS3231 时钟模块

1. DS3231 的基本特性

DS3231 是低成本、高精度 I²C 实时时钟（RTC）芯片，具有集成的温补晶体振荡器（TCXO）和晶体。该器件包含电池输入端，断开主电源时仍可保持精确的计时。集成晶体振荡器提高了器件的长期精确度。DS3231 采用 16 引脚、300mil 的 SO 封装。RTC 保持秒、分、时、星期、日期、月和年信息。少于 31 天的月份，将自动调整月末日期，包括闰年补偿。时钟的工作格式可以是 24 小时或带 AM/PM 指示的 12 小时格式。提供两个可编程日历闹钟和一路可编程方波输出。

地址与数据通过 I²C 双向总线串行传输。自带的精密的、经过温度补偿的电压基准和比较器用来监视 VCC 状态、检测电源故障、提供复位输出，并在必要时自动切换到备用电源。另外，RST 监视引脚可以作为手动按钮输入以产生外部复位信号。

2. DS3231 模块

本例采用型号为 ZS-042 的七星虫 DS3231 模块。该模块包含 DS3231 与 AT24C32，是一个高精度 I²C 时钟模块，可在淘宝网上购得，价格约为 8 元。

该模块的参数如下：

（1）尺寸：38mm（长）×22mm（宽）×14mm（高）。

（2）工作电压：3.3～5.5V。

（3）时钟芯片：高精度时钟芯片 DS3231。

（4）时钟精度：0～40℃范围内，精度 2ppm，年误差约 1 分钟。

（5）存储芯片：AT24C32（存储容量 32KB）。

（6）I²C 总线接口，最高传输速度 400kHz（工作电压为 5V 时）。

（7）可级联其他 I²C 设备，模块上的 AT24C32 的地址可通过短路 A0/A1/A2 修改，默认地址为 0x57。

（8）带可充电电池 LIR2032，保证系统断电后，时钟仍正常走动。

图 7.17 为 ZS-042 的七星虫 DS3231 模块的实物图。图 7.18 为该模块的原理图。

图 7.17　ZS-042 的七星虫 DS3231 模块实物图

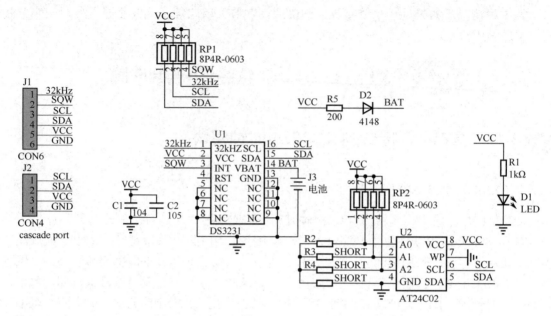

图 7.18 ZS-042 的七星虫 DS3231 模块的原理图

7.4.2 STM32 与 DS3231 时钟模块的硬件接口

由于上述 ZS-042 模块的 I^2C 总线引脚上已焊接了 6kΩ 的上拉电阻，因此可直接与 STM32 的 I^2C 外设模块的相应引脚连接。ZS-042 模块的电源使用 3.3V，也可直接取自 STM32 的最小系统板。

查 STM32 手册可知，I^2C 外设模块的 SCL、SDA 引脚对应的是 GPIOB 的 PB6 和 PB7。因此，STM32 与 DS3231 时钟模块只需要 4 根引线，具体接口关系如下：

（1）STM32 的 PB6（SCL）<——> ZS-042 的 J1 的 SCL。

（2）STM32 的 PB7（SDA）<——> ZS-042 的 J1 的 SDA。

（3）STM32 系统板的 3.3V <——> ZS-042 的 J1 的 VCC。

（4）STM32 系统板的 GND <——> ZS-042 的 J1 的 GND。

7.4.3 STM32 与 DS3231 的软件接口及其演示实例

1. 程序的功能要求

1）对时与走时

基于 I^2C 总线，对 ZS-042 模块中的 DS3231 设置当前时间（对时），然后每隔 10s 左右通过串口发送当前时间（走时），以观察走时的准确性和 I^2C 通信的可靠性。

2）I^2C 总线程序的稳健性

在实验中，还进行了破坏性测试，即在程序运行过程中带电插拔 ZS-042（即与 STM32 最小系统脱离若干秒），然后带电接入，以检验接口程序的稳健性，检验 I^2C 总线抗干扰和死锁的能力。

2. 程序框架

演示程序基于工程模板进行开发。其工程文件视图如图 7.19 所示。

图 7.19 演示程序的工程文件视图

为使程序具有较好的模块化设计特性，也为了方便学习者借鉴或直接使用相关函数，所以将 I^2C 的接口函数与基于它的 DS3231 的相关函数分别按文件进行编写。因此，涉及需要编写或调整的文件共有 6 个。

（1）1 个文件：stm32f10x_conf.h——演示程序所需要使用的 STM32 的外设的头文件设置。

（2）1 个文件：main.c——演示程序主函数所在的文件。

（3）2 个文件：IIC_V350.c、IIC_V350.h——基于 V350 固件库的 I^2C 总线接口函数及其头文件。

（4）2 个文件：DS3231_LIB.c、DS3231_LIB.h——DS3231 的相关函数及其头文件，包括初始化、设置时间、读取时间等函数。

IIC_V350.c、IIC_V350.h 中涉及的函数完全可以被作为 I^2C 程序开发的底层函数。需要指出的是，这些接口函数既没有采用中断方式，也没有采用 DMA 方式，而这两者是 ST 官方或多数开发者建议的方式。但是，对于少量的数据通信而言，轮询（查询，POLLING）依然是比较合适而灵活的方式。所以，本例的 I^2C 接口函数采用查询方式。

3. 具体程序

1）文件 1（共 6 个）——stm32f10x_conf.h

该文件中需要调整的部分内容如下：

```c
//将以下头文件包含进来，因为系统需要使用对应的外设
#include "stm32f10x_flash.h"
#include "stm32f10x_gpio.h"
#include "stm32f10x_i2c.h"
#include "stm32f10x_rcc.h"
#include "stm32f10x_usart.h"
#include "misc.h"  /* High level functions for NVIC and SysTick (add-on to CMSIS functions) */
```

2）文件2（共6个）——IIC_V350.h

```c
// IIC_V350.h
#ifndef __I2C_H
#define __I2C_H

#include "stm32f10x.h"              //因为要使用 uint32_t 等类型定义，所以要使用该头文件

#define myI2C       I2C1            //所使用的 I2C
//I2C1:PB6,PB7
//I2C1:PB10,PB11
#define myI2C_CLK                RCC_APB1Periph_I2C1
#define myI2C_SCL_PIN            GPIO_Pin_6      /* PB.06 */
#define myI2C_SCL_GPIO_PORT      GPIOB           /* GPIOB */
#define myI2C_SCL_GPIO_CLK       RCC_APB2Periph_GPIOB
#define myI2C_SDA_PIN            GPIO_Pin_7      /* PB.07 */
#define myI2C_SDA_GPIO_PORT      GPIOB           /* GPIOB */
#define myI2C_SDA_GPIO_CLK       RCC_APB2Periph_GPIOB

//I2C 有关参数
#define I2C_SPEED                300000         //速度可调，速度低，可靠性更高点
#define I2C_SLAVE_ADDRESS7       0x66           //从机模式下，自己的 7 位地址，可调整
//上述地址是 STM32 作为从机时的设备地址，可自由设定（以总线上不冲突为原则）
#define ID          0xD0                         //该地址根据从机的实际地址确定，这里是 DS3231 的地址
//超时处理参数
//等待 FLAG 和 EVENTS 的最大超时值，取决于具体的系统及其需要
//以确保 I2C 通信冲突时总线不死锁（remain stuck）
#define myI2C_FLAG_TIMEOUT       ((uint32_t)0x1000)        //uint32_t 即 u32，无符号长整型数据
#define myI2C_LONG_TIMEOUT       ((uint32_t)(10*myI2C_FLAG_TIMEOUT))

//通信正常与否的标志常量
#define ERROR 1
#define SUCCESS 0


void myI2C_LowLevel_DeInit(void);
void myI2C_DeInit(void);
void myI2C_LowLevel_Init(void);
void myI2C_Init(void);
void STM32_I2C_Setup(void);
```

```c
void I2C_ERR_Handler(void);

u8 I2C_Write1Byte(u8 id,u8 write_address,u8 dat);
u8 I2C_Read1Byte(u8 id,u8 read_address,u8* dat);
u8 I2C_ReadNByte(u8 id,u8 *dat,u8 address,u8 size);
u8 I2C_WriteNByte(u8 id,u8 *dat,u8 address,u8 size);
#endif
```

3）文件 3（共 6 个）——IIC_V350.c

```c
//IIC_V350.c
//基于 V350 固件库的 IIC 通用函数库
//使用前提：一主多从，即只有一个主机，其余均为从机
//以基本应用为设计目的，基本的防纠错设计
//不考虑中断方式，以查询方式实现
//不使用 STM32 的 DMA
//应用领域：通信中交换的数据量小
//7bits 地址

//STM32 可以有两个 IIC 模块：IIC1、IIC2
//本函数库默认使用 IIC1
//为了确保总线不死锁，带超时处理

#include "stm32f10x.h"                    //用到固件库函数
#include <IIC_V350.h>                     //I2C 的函数
//*************************************
//以下是 STM32 的 IIC 初始化相关函数
//私有函数
//基于 V350 固件库
//*************************************
//STM32 的 IIC 设置为默认
void myI2C_LowLevel_DeInit(void)
{
    GPIO_InitTypeDef    GPIO_InitStructure;
    //I2C Peripheral Disable
    I2C_Cmd(myI2C, DISABLE);
    //I2C DeInit
    I2C_DeInit(myI2C);
    //I2C Periph clock disable
    RCC_APB1PeriphClockCmd(myI2C_CLK, DISABLE);
    //GPIO configuration
    //Configure SCL SDA
    GPIO_InitStructure.GPIO_Pin = myI2C_SCL_PIN|myI2C_SDA_PIN;
    GPIO_InitStructure.GPIO_Mode = GPIO_Mode_IN_FLOATING;
    GPIO_Init(myI2C_SCL_GPIO_PORT, &GPIO_InitStructure);
}
```

```c
//I2C 设置为默认值
void myI2C_DeInit(void)
{
    myI2C_LowLevel_DeInit();
}

//I2C 低级初始化
void myI2C_LowLevel_Init(void)
{
    GPIO_InitTypeDef   GPIO_InitStructure;
    //clock enable
    RCC_APB2PeriphClockCmd(myI2C_SCL_GPIO_CLK | myI2C_SDA_GPIO_CLK, ENABLE);
    //clock enable
    RCC_APB1PeriphClockCmd(myI2C_CLK, ENABLE);
    //GPIO configuration
    //Configure SCL、SDA
    GPIO_InitStructure.GPIO_Pin = myI2C_SCL_PIN|myI2C_SDA_PIN;
    GPIO_InitStructure.GPIO_Speed = GPIO_Speed_50MHz;
    GPIO_InitStructure.GPIO_Mode = GPIO_Mode_AF_OD;
    GPIO_Init(myI2C_SCL_GPIO_PORT, &GPIO_InitStructure);
}

//I2C 初始化设置
void myI2C_Init(void)
{
    I2C_InitTypeDef   I2C_InitStructure;   myI2C_LowLevel_Init();
    //I2C configuration
    I2C_InitStructure.I2C_Mode = I2C_Mode_I2C;
    I2C_InitStructure.I2C_DutyCycle = I2C_DutyCycle_2;
    I2C_InitStructure.I2C_OwnAddress1 = I2C_SLAVE_ADDRESS7;
    I2C_InitStructure.I2C_Ack = I2C_Ack_Enable;
    I2C_InitStructure.I2C_AcknowledgedAddress = I2C_AcknowledgedAddress_7bit;
    I2C_InitStructure.I2C_ClockSpeed = I2C_SPEED;
    //I2C Peripheral Enable
    I2C_Cmd(myI2C, ENABLE);                    //先使能 I2C，则初始化 I2C 才会有效，否则无效
    //Apply I2C configuration after enabling it
    I2C_Init(myI2C, &I2C_InitStructure);
    I2C_AcknowledgeConfig(myI2C,ENABLE);   //在接收到一字节后返回一个应答 ACK
}

//*****************************************
//以下是 STM32 与从机通信的基本函数库
//基于 V350 固件库
//*****************************************
//STM32 的 IIC 初始化设置
//速度通过改变相关宏定义参数：I2C_SPEED
void STM32_I2C_Setup(void)
```

```c
    myI2C_Init();
}

//I2C 总线死锁处理
//证明非常有效,也是最经济简单的一种
//该函数被用在哪里,由程序开发者自行考虑
void I2C_ERR_Handler(void)
{
    u32 i=0;
    I2C_SoftwareResetCmd(myI2C,ENABLE);      //通过 CR1 寄存器的 SWRST 位软复位 I2C
    //SWRST 软复位 I2C
    for(i=0;i<200;i++);                      //延时,以等待复位完成
    I2C_SoftwareResetCmd(myI2C,DISABLE);     //通过 CR1 寄存器的 SWRST 位软复位 I2C(结束)
    //这里必须失能,否则始终复位
    STM32_I2C_Setup();                       //重新设置 I2C
    for(i=0;i<200;i++);                      //延时
}

//EV5/EV6 这两个不是错误。当配置 I2C 为主模式时,会有 EV5 事件产生
//主模式配置为发送模式时会有 EV6
//I2C_EVENT_MASTER_MODE_SELECT: EV5
//I2C_EVENT_MASTER_TRANSMITTER_MODE_SELECTED: EV6
//写一字节
//参数 0:I2C 从设备地址(器件地址,不需要分读写,即基地址)
//参数 1:写入地址(IIC 设备的片内地址,例如寄存器地址)
//参数 2:写入的数据
//返回值:ERROR(1),SUCCESS(0)
u8 I2C_Write1Byte(u8 id,u8 write_address,u8 dat)
{
    uint32_t timeout;                        //超时检测用变量
    //判断 BUSY 是否为 1,BUSY=1 总线处于忙状态
    timeout=myI2C_LONG_TIMEOUT;
    while(I2C_GetFlagStatus(myI2C, I2C_FLAG_BUSY))
    {
        if((timeout--) == 0) return ERROR;   //超时则直接返回出错信息
    }
    //判断 I2C 总线正常否

    //起始信号
    I2C_GenerateSTART(myI2C, ENABLE);

    //判断 SB 是否为 1,SB=1 起始条件已经发送,即判断 EV5
    //检测 EV5 事件发生,如果超时则清除(通过读状态)
    timeout = myI2C_FLAG_TIMEOUT;
    while(!I2C_CheckEvent(myI2C, I2C_EVENT_MASTER_MODE_SELECT))
    {
```

```c
        if((timeout--) == 0) return ERROR;         //超时则直接返回出错信息
    }
    I2C_Send7bitAddress(myI2C,id,I2C_Direction_Transmitter);
    //向设备发送设备地址（I2C 器件地址，基址）
    timeout = myI2C_FLAG_TIMEOUT;
    while(!I2C_CheckEvent(myI2C, I2C_EVENT_MASTER_TRANSMITTER_MODE_SELECTED))
    //等待 ACK
    {
        if((timeout--) == 0) return ERROR;         //超时则直接返回出错信息
    }
    //软件读取 SR1 寄存器后，写数据寄存器的操作将清除 SB 位
    //判断 ADDR 是否为 1，ADDR=1 地址发送结束，即判断 EV6
    timeout = myI2C_FLAG_TIMEOUT;
    I2C_SendData(myI2C, write_address);
    //寄存器地址
    while(!I2C_CheckEvent(myI2C, I2C_EVENT_MASTER_BYTE_TRANSMITTED))
    //等待 ACK，判断 TXE 是否为 1，TXE=1 移位寄存器不为空，数据寄存器为空，即判断 EV8
    {
        if((timeout--) == 0) return ERROR;         //超时则直接返回出错信息
    }
    timeout = myI2C_FLAG_TIMEOUT;
    I2C_SendData(myI2C, dat);
    //发送数据，对数据寄存器的写操作将清除 TXE 位
    while(!I2C_CheckEvent(myI2C, I2C_EVENT_MASTER_BYTE_TRANSMITTED))
    //发送完成
    {
        if((timeout--) == 0) return ERROR;         //超时则直接返回出错信息
    }

    //Clear AF flag 清除应答标志
    I2C_ClearFlag(myI2C, I2C_FLAG_AF);
    I2C_GenerateSTOP(myI2C, ENABLE);
    //产生结束信号
    return SUCCESS;                                 //发送完成,据此判断需不需要重新发送，如不成功则重发
}

//接收一字节函数
//返回值：ERROR（1），SUCCESS（0），读取成功
//参数 1：从设备地址
//参数 2：读取地址（IIC 设备的片内地址，例如寄存器地址）
//参数 3：指针类型，存储的是读取的结果
u8 I2C_Read1Byte(u8 id, u8 read_address,u8* dat)
{
    u32 timeout;                                    //超时检测用变量

    //判断 BUSY 是否为 1，BUSY=1 总线处于忙状态
```

```c
timeout=myI2C_LONG_TIMEOUT;
while(I2C_GetFlagStatus(myI2C, I2C_FLAG_BUSY))
{
    if((timeout--) == 0) return ERROR;           //超时则直接返回出错信息
}
//判断 I2C 总线正常否

//起始信号
I2C_GenerateSTART(myI2C, ENABLE);

//判断 SB 是否为 1，SB=1 起始条件已经发送，即判断 EV5
//检测 EV5 事件发生，如果超时则清除（通过读状态）
timeout = myI2C_FLAG_TIMEOUT;
while(!I2C_CheckEvent(myI2C, I2C_EVENT_MASTER_MODE_SELECT))
{
    if((timeout--) == 0) return ERROR;           //超时则直接返回出错信息
}

I2C_Send7bitAddress(myI2C,id,I2C_Direction_Transmitter);
//向设备发送设备地址（I2C 器件地址，基址）
timeout = myI2C_FLAG_TIMEOUT;
while(!I2C_CheckEvent(myI2C, I2C_EVENT_MASTER_TRANSMITTER_MODE_SELECTED))
//等待 ACK
{
    if((timeout--) == 0) return ERROR;           //超时则直接返回出错信息
}
//软件读取 SR1 寄存器后，写数据寄存器的操作将清除 SB 位
//判断 ADDR 是否为 1，ADDR=1 地址发送结束，即判断 EV6

I2C_Cmd(myI2C, ENABLE);
//重新设置可以清除 EV6
I2C_SendData(myI2C, read_address);
//发送读的地址
timeout = myI2C_FLAG_TIMEOUT;
while(!I2C_CheckEvent(myI2C, I2C_EVENT_MASTER_BYTE_TRANSMITTED))
{
    if((timeout--) == 0) return ERROR;           //超时则直接返回出错信息
}
//EV8

//重新发送起始信号
I2C_GenerateSTART(myI2C, ENABLE);
//判断 SB 是否为 1，SB=1 起始条件已经发送，即判断 EV5
//检测 EV5 事件发生，如果超时则清除（通过读状态）
timeout = myI2C_FLAG_TIMEOUT;
while(!I2C_CheckEvent(myI2C, I2C_EVENT_MASTER_MODE_SELECT))
{
```

```c
        if((timeout--) == 0) return ERROR;            //超时则直接返回出错信息
    }
    //EV5
    
    I2C_Send7bitAddress(myI2C, id, I2C_Direction_Receiver);
    //发送从设备读地址
    timeout = myI2C_FLAG_TIMEOUT;
    while(!I2C_CheckEvent(myI2C, I2C_EVENT_MASTER_RECEIVER_MODE_SELECTED))
    {
        if((timeout--) == 0) return ERROR;            //超时则直接返回出错信息
    }
    //EV6
    
    I2C_AcknowledgeConfig(myI2C, DISABLE);
    I2C_GenerateSTOP(myI2C, ENABLE);
    //关闭应答和停止条件产生
    timeout = myI2C_FLAG_TIMEOUT;
    while(!(I2C_CheckEvent(myI2C, I2C_EVENT_MASTER_BYTE_RECEIVED)))
    {
        if((timeout--) == 0) return ERROR;            //超时则直接返回出错信息
    }
    *dat=I2C_ReceiveData(myI2C);                      //读取数据存入指针所指的单元
    I2C_AcknowledgeConfig(myI2C, ENABLE);             //恢复产生应答
    return SUCCESS;                                    //读取成功
}

//读入 n 字节函数
//参数 0：I2C 从设备地址（器件地址，不需要分读写，即基地址）
//参数 1：主机接收数据缓冲区
//参数 2：从机读入地址
//参数 3：读入数据字节数（不超过 255）
//每读入一字节必须发送应答位，才能继续读入下一字节
//最后一字节后发送非应答位
//第一个发送的是从机读地址
u8 I2C_ReadNByte(u8 id,u8 *dat,u8 address,u8 size)
{
    u32 timeout;                                       //超时检测用变量
    
    //判断 BUSY 是否为 1，BUSY=1 总线处于忙状态
    timeout=myI2C_LONG_TIMEOUT;
    while(I2C_GetFlagStatus(myI2C, I2C_FLAG_BUSY))
    {
        if((timeout--) == 0) return ERROR;            //超时则直接返回出错信息
    }
    //判断 I2C 总线正常否
```

```c
//起始信号
I2C_GenerateSTART(myI2C, ENABLE);

//判断 SB 是否为 1，SB=1 起始条件已经发送，即判断 EV5
//检测 EV5 事件发生，如果超时则清除（通过读状态）
timeout = myI2C_FLAG_TIMEOUT;
while(!I2C_CheckEvent(myI2C, I2C_EVENT_MASTER_MODE_SELECT))
{
    if((timeout--) == 0) return ERROR;         //超时则直接返回出错信息
}

I2C_Send7bitAddress(myI2C,id,I2C_Direction_Transmitter);
//向设备发送设备地址（I2C 器件地址，基址）
timeout = myI2C_FLAG_TIMEOUT;
while(!I2C_CheckEvent(myI2C, I2C_EVENT_MASTER_TRANSMITTER_MODE_SELECTED))
//等待 ACK
{
    if((timeout--) == 0) return ERROR;         //超时则直接返回出错信息
}
//软件读取 SR1 寄存器后，写数据寄存器的操作将清除 SB 位
//判断 ADDR 是否为 1，ADDR=1 地址发送结束，即判断 EV6

I2C_Cmd(myI2C, ENABLE);
//重新设置可以清除 EV6

I2C_SendData(myI2C, address);
//发送读的地址
timeout = myI2C_FLAG_TIMEOUT;
while(!I2C_CheckEvent(myI2C, I2C_EVENT_MASTER_BYTE_TRANSMITTED))
{
    if((timeout--) == 0) return ERROR;         //超时则直接返回出错信息
}
//EV8

//重新发送起始信号
I2C_GenerateSTART(myI2C, ENABLE);
//判断 SB 是否为 1，SB=1 起始条件已经发送，即判断 EV5
//检测 EV5 事件发生，如果超时则清除（通过读状态）
timeout = myI2C_FLAG_TIMEOUT;
while(!I2C_CheckEvent(myI2C, I2C_EVENT_MASTER_MODE_SELECT))
{
    if((timeout--) == 0) return ERROR;         //超时则直接返回出错信息
}

//EV5
I2C_Send7bitAddress(myI2C, id, I2C_Direction_Receiver);
```

```c
        //发送从设备读地址
        timeout = myI2C_FLAG_TIMEOUT;
        while(!I2C_CheckEvent(myI2C, I2C_EVENT_MASTER_RECEIVER_MODE_SELECTED))
        {
            if((timeout--) == 0) return ERROR;          //超时则直接返回出错信息
        }

        //以下是读取 size 字节数据
        while(size)
        {
            timeout = myI2C_FLAG_TIMEOUT;
            while(!(I2C_CheckEvent(myI2C, I2C_EVENT_MASTER_BYTE_RECEIVED)))
            // Test on EV7 and clear it
            {
                if((timeout--) == 0) return ERROR;      //超时则直接返回出错信息
            }
            if(size == 2)                               //还剩下一字节未读,则停止应答,可以让从机知道
            {
                I2C_AcknowledgeConfig(I2C1, DISABLE);
                //失能指定 I2C 的应答功能
            }
            if(size == 1)                               //如果是最后一字节,则发送停止信号
            {
                //I2C_AcknowledgeConfig(myI2C, DISABLE);
                //失能指定 I2C 的应答功能
                I2C_GenerateSTOP(myI2C, ENABLE);        //产生 I2Cx 传输 STOP 条件
            }
            *dat = I2C_ReceiveData(myI2C);              //返回通过 I2Cx 最近接收的数据
            dat++;
            size--;
        }
        I2C_AcknowledgeConfig(myI2C, ENABLE);           //恢复 I2C 的应答功能,以便下一次接收
        return SUCCESS;                                 //读取成功
}

//发送 n 字节函数
//参数 0: I2C 从设备地址(器件地址,不需要分读写,即基地址)
//参数 1: 主机待发送数据缓冲区
//参数 2: 从机写入地址
//参数 3: 发送数据字节数(不超过 255)
//每发送一字节必须等待应答正常(检查应答位),才能继续发送下一字节
//第一个发送的是从机写地址
u8 I2C_WriteNByte(u8 id,u8 *dat,u8 address,u8 size)
{
    uint32_t timeout;                                   //超时检测用变量

    //判断 BUSY 是否为 1,BUSY=1 总线处于忙状态
```

```c
    timeout=myI2C_LONG_TIMEOUT;
    while(I2C_GetFlagStatus(myI2C, I2C_FLAG_BUSY))
    {
        if((timeout--) == 0) return ERROR;            //超时则直接返回出错信息
    }
    //判断 I2C 总线正常否

    //起始信号
    I2C_GenerateSTART(myI2C, ENABLE);

    //判断 SB 是否为 1，SB=1 起始条件已经发送，即判断 EV5
    //检测 EV5 事件发生，如果超时则清除（通过读状态）
    timeout = myI2C_FLAG_TIMEOUT;
    while(!I2C_CheckEvent(myI2C, I2C_EVENT_MASTER_MODE_SELECT))
    {
        if((timeout--) == 0) return ERROR;            //超时则直接返回出错信息
    }

    I2C_Send7bitAddress(myI2C,id,I2C_Direction_Transmitter);
    //向设备发送设备地址（I2C 器件地址，基址）
    timeout = myI2C_FLAG_TIMEOUT;
    while(!I2C_CheckEvent(myI2C, I2C_EVENT_MASTER_TRANSMITTER_MODE_SELECTED))
    //等待 ACK
    {
        if((timeout--) == 0) return ERROR;            //超时则直接返回出错信息
    }
    //软件读取 SR1 寄存器后，写数据寄存器的操作将清除 SB 位
    //判断 ADDR 是否为 1，ADDR=1 地址发送结束，即判断 EV6

    timeout = myI2C_FLAG_TIMEOUT;
    I2C_SendData(myI2C, address);
    //寄存器地址
    while(!I2C_CheckEvent(myI2C, I2C_EVENT_MASTER_BYTE_TRANSMITTED))
    //等待 ACK，判断 TXE 是否为 1，TXE=1 移位寄存器不为空，数据寄存器为空，即判断 EV8
    {
        if((timeout--) == 0) return ERROR;            //超时则直接返回出错信息
    }
    while(size)
    {
        timeout = myI2C_FLAG_TIMEOUT;
        I2C_SendData(myI2C, *dat++);
        //发送数据，对数据寄存器的写操作将清除 TXE 位
        while(!I2C_CheckEvent(myI2C, I2C_EVENT_MASTER_BYTE_TRANSMITTED))
        //发送完成
        {
            if((timeout--) == 0) return ERROR;        //超时则直接返回出错信息
        }
```

```
                    size--;
        }
        //Clear AF flag 清除应答标志
        I2C_ClearFlag(myI2C, I2C_FLAG_AF);
        I2C_GenerateSTOP(myI2C, ENABLE);
        //产生结束信号
        return SUCCESS;              //发送完成，据此判断需不需要重新发送，如不成功则重发
}
```

4）文件 4（共 6 个）——DS3231_LIB.h

```
// DS3231_LIB.h
#ifndef __DS3231_H
#define __DS3231_H
#include "stm32f10x.h"              //因为需要用到 u8 等数据类型，所以必须要此头文件

//DS3231 的地址
//#define DS3231 0xD0

#define DS3231_SEC          0x00      //秒
#define DS3231_MIN          0x01      //分
#define DS3231_HOUR         0x02      //时
#define DS3231_DAY          0x03      //星期
#define DS3231_DATE         0x04      //日
#define DS3231_MONTH        0x05      //月
#define DS3231_YEAR         0x06      //年
//闹铃 1
#define DS3231_Al1SEC       0x07      //秒
#define DS3231_AL1MIN       0x08      //分
#define DS3231_AL1HOUR      0x09      //时
#define DS3231_AL1DAY       0x0A      //星期/日
//闹铃 2#define DS3231_AL2MIN    0x0b  //分
#define DS3231_AL2HOUR      0x0c      //时
#define DS3231_AL2DAY       0x0d      //星期/日
#define DS3231_CONTROL      0x0e      //控制寄存器
#define DS3231_STATUS       0x0f      //状态寄存器
#define BSY                 2         //忙
#define OSF                 7         //振荡器停止标志
#define DS3231_XTAL         0x10      //晶体老化寄存器
#define DS3231_TEMP_H       0x11      //温度寄存器高字节（8 位）
#define DS3231_TEMP_L       0x12      //温度寄存器低字节（高 2 位）

u8 Readtime(u8 curtime[]);
u8 SetTime(u8 yea,u8 mon,u8 da,u8 hou,u8 min,u8 sec);
u8 InitDS3231(void);
u8 BCD2HEX(u8 val);
u8 HEX2BCD(u8 val);
```

```c
u8 ReadTime2(u8 curtime[]);
u8 SetTime2(u8 curtime[]);

#endif
```

5）文件 5（共 6 个）——DS3231_LIB.c

```c
// DS3231_LIB.c
#include <stm32f10x.h>            //需要用到的变量类型等说明，例如 u8
#include "iic_v350.h"             //需要用到的 I2C 函数说明
#include <ds3231_lib.h>           //自身函数的说明

//DS3231 的寄存器时间设定只接受 BCD 码时间，例如 47 分，应该为 0x47
//读出的数据也是 BCD，所以要使用下列转换函数

//BCD 码转换为十六进制
u8 BCD2HEX(u8 val)                //BCD 转换为 Byte
{
    u8 i;
    i= val&0x0f;
    val >>= 4;
    val &= 0x0f;
    val *= 10;
    i += val;

    return i;
}

//十六进制转换为 BCD 码
u8 HEX2BCD(u8 val)                //B 码转换为 BCD 码
{
    u8 i,j,k;
    i=val/10;
    j=val%10;
    k=j+(i<<4);
    return k;
}

//读取时间：基于单字节读取
u8 Readtime(u8 curtime[])
{
    u8 temp;
    u8 ret=0;
    ret=I2C_Read1Byte(ID,DS3231_SEC,&temp);    //秒
    if(ret) return ERROR;
    //curtime[0]=BCD2HEX(temp);
    //因为演示程序中，直接以十六进制格式输出，所以不需要这个转换了
```

```c
        curtime[0]=temp;
        ret=I2C_Read1Byte(ID,DS3231_MIN,&temp);        //分
        if(ret) return ERROR;
        //curtime[1]=BCD2HEX(temp);
        curtime[1]=temp;
        ret=I2C_Read1Byte(ID,DS3231_HOUR,&temp);       //时
        if(ret) return ERROR;
        //curtime[2]=BCD2HEX(temp);
        curtime[2]=temp;
        //day=I2CReadAdd(DS3231_DAY);                  //星期
        ret=I2C_Read1Byte(ID,DS3231_DATE,&temp);       //日
        if(ret) return ERROR;
        //curtime[3]=BCD2HEX(temp);
        curtime[3]=temp;
        ret=I2C_Read1Byte(ID,DS3231_MONTH,&temp);      //月
        if(ret) return ERROR;
        //curtime[4]=BCD2HEX(temp);
        curtime[4]=temp;
        ret=I2C_Read1Byte(ID,DS3231_YEAR,&temp);       //年
        if(ret) return ERROR;
        //curtime[5]=BCD2HEX(temp);
        curtime[5]=temp;
        return SUCCESS;
}

//修改时间：单字节写方式
u8 SetTime(u8 yea,u8 mon,u8 da,u8 hou,u8 min,u8 sec)
{
        u8 temp=0;
        u8 ret=SUCCESS;
        temp=HEX2BCD(sec);
        ret=I2C_Write1Byte(ID,DS3231_SEC,temp);        //修改秒
        if(ret) return ERROR;
        temp=HEX2BCD(min);
        ret=I2C_Write1Byte(ID,DS3231_MIN,temp);        //修改分
        if(ret) return ERROR;
        temp=HEX2BCD(hou);
        ret=I2C_Write1Byte(ID,DS3231_HOUR,temp);       //修改时
        if(ret) return ERROR;
        temp=HEX2BCD(da);
        ret=I2C_Write1Byte(ID,DS3231_DATE,temp);       //修改日
        if(ret) return ERROR;
        temp=HEX2BCD(mon);
        ret=I2C_Write1Byte(ID,DS3231_MONTH,temp);      //修改月
        if(ret) return ERROR;
        temp=HEX2BCD(yea);
        ret=I2C_Write1Byte(ID,DS3231_YEAR,temp);       //修改年
```

```c
        if(ret) return ERROR;
        return SUCCESS;
}

//DS3231 的初始化
u8 InitDS3231(void)
{
        u8 ret=SUCCESS;
        ret=I2C_Write1Byte(ID,DS3231_AL1DAY,0x81);       //A1M4 置位，时分秒匹配时闹钟响应
        if(ret) return ERROR;
        ret=I2C_Write1Byte(ID,DS3231_AL2DAY,0x81);       //A2M4 置位，时分匹配时闹钟响应
        if(ret) return ERROR;
        ret=I2C_Write1Byte(ID,DS3231_CONTROL,0x04);      //中断允许，闹钟 1 和 2 关闭
        if(ret) return ERROR;
        ret=I2C_Write1Byte(ID,DS3231_STATUS,0x00);       //32kHz 输出禁止，闹钟标志位清零
        //SetTime(11,1,14,8,10,0);
        if(ret) return ERROR;
        return SUCCESS;
}

//多字节读当前时间
u8 ReadTime2(u8 curtime[])
{
        return I2C_ReadNByte(ID,curtime,DS3231_SEC,7);   //中间为星期几的寄存器，7 个单元
}

//多字节写设定时间
u8 SetTime2(u8 curtime[])
{
        return I2C_WriteNByte(ID,curtime,DS3231_SEC,7);
}
```

6）文件 6（共 6 个）——main.c

```c
//main.c
#include "stm32f10x.h"
#include <iic_v350.h>
#include <ds3231_lib.h>
#include <stdio.h>    //printf()

//串口 1 的初始化
void USART_Configuration(void)
{
        USART_InitTypeDef USART_InitStructure;
        GPIO_InitTypeDef GPIO;

        RCC_APB2PeriphClockCmd(RCC_APB2Periph_GPIOA    |   RCC_APB2Periph_AFIO    |   RCC_
```

```c
APB2Periph_USART1,    ENABLE );
        //上述函数中的 RCC_APB2Periph_AFIO 可不用

        GPIO.GPIO_Pin =GPIO_Pin_9;
        GPIO.GPIO_Speed =GPIO_Speed_50MHz;
        GPIO.GPIO_Mode = GPIO_Mode_AF_PP;
        GPIO_Init(GPIOA,&GPIO);
        GPIO.GPIO_Pin =GPIO_Pin_10;
        GPIO.GPIO_Mode = GPIO_Mode_IN_FLOATING;
        GPIO_Init(GPIOA,&GPIO);

        USART_InitStructure.USART_BaudRate =    9600;                        //波特率 9600
        USART_InitStructure.USART_WordLength =    USART_WordLength_8b; //8 位数据
        USART_InitStructure.USART_StopBits =      USART_StopBits_1;          //1 停止位
        USART_InitStructure.USART_Parity =      USART_Parity_No;             //无校验
        USART_InitStructure.USART_HardwareFlowControl = USART_HardwareFlowControl_None;//无硬件流控
        USART_InitStructure.USART_Mode = USART_Mode_Rx | USART_Mode_Tx;      //允许接发
        USART_Init(USART1, &USART_InitStructure);                            //初始化 USART1
        USART_Cmd(USART1,ENABLE);                                            //使能 USART1
}

//重定向 printf 到 USART1
int fputc(int ch,FILE *f)
{
    USART_SendData(USART1, ch);                                              //发送一字节
    while(USART_GetFlagStatus(USART1, USART_FLAG_TC)==RESET) { }             //等待发送完成
    return(ch);                                                              //返回该字节
}
//有了上述两个函数,将 stdio.h 包含进来,勾选 KEILDE Target 里的 Use MicroLIB
//调用初始化函数对串口初始化后
//即可使用 printf()通过串口输出相关信息
//使用默认的系统时钟:72M @ 8M 外部晶振
int main(void)
{
    u8 ret=SUCCESS;
    u32 i;
    u8 tim[6]={0},tim2[7]={0};;
    USART_Configuration();                                                   //串口初始化
    STM32_I2C_Setup();                                                       //I2C 初始化
    //以下总线出错处理,在逻辑上不是很合理,只是演示不让总线死锁瘫痪
    ret=InitDS3231();              //DS3231 初始化
    if(ret) I2C_ERR_Handler();     //总线出错,则使其恢复,即两线均恢复高电平
    //下面演示了单字节读写与多字节读写两种方式,均调试通过,可选用其中一种
    /* 如果要使用单字节方式,只需要去掉这个注释,把多字节方式注释掉
    //以下为单字节读写方式
    ret=SetTime(16,5,15,14,5,0x00);  //DS3231 对时,16 年 5 月 12 日 15 点 10 分 0 秒
    if(ret) I2C_ERR_Handler();
```

```c
        while (1)
        {
            for(i=0;i<60000000;i++);
            ret=Readtime(tim);
            if(ret)
            {
                I2C_ERR_Handler();
                InitDS3231();
            }
            printf("Current time: ");
            printf("Year:%x ",tim[5]);
            printf("Month:%x ",tim[4]);
            printf("Day:%x ",tim[3]);
            printf("Hour:%x ",tim[2]);
            printf("Minute:%x ",tim[1]);
            printf("Second:%x ",tim[0]);
            printf("\n");
        }
}
*/          //单字节方式结束
//以下是基于多字节读写函数
tim2[0]=0;              //秒 BCD
tim2[1]=0x38;           //分 BCD
tim2[2]=0x17;           //时 BCD
tim2[3]=0x01;           //星期 BCD
tim2[4]=0x16;           //日 BCD
tim2[5]=0x05;           //月 BCD
tim2[6]=0x16;           //年 BCD

ret=SetTime2(tim2);     //DS3231 对时，16 年 5 月 16 日 17 点 38 分 0 秒
if(ret) I2C_ERR_Handler();      //总线出错，进行总线恢复处理
while(USART_GetFlagStatus(USART1,USART_FLAG_TXE)==RESET);
//上述语句如果没有，则会导致第一个 printf 输出的第一个数据（即'S'）丢失
printf("Start to display date/time->\n\n");
while (1)
{
    for(i=0;i<60000000;i++);        //每隔一定时间读取时间
    while((ret=ReadTime2(tim2))==ERROR)
    {
        I2C_ERR_Handler();          //总线恢复处理
        InitDS3231();               //初始化 DS3231
        for(i=0;i<60000;i++);       //适当延时，继续尝试读取通信
    }
    printf("Current time: ");
    printf("Year:%x ",tim2[6]);
    printf("Month:%x ",tim2[5]);
    printf("Day:%x ",tim2[4]);
    printf("Hour:%x ",tim2[2]);
```

```
                printf("Minute:%x ",tim2[1]);
                printf("Second:%x ",tim2[0]);
                printf("\n");
        }
        //多字节方式结束
}
```

4. 实际运行效果

本案例程序实际运行后的效果如图 7.20 和图 7.21 所示。

图 7.20　演示系统实物照片

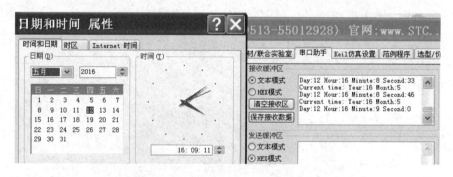

图 7.21　串口发送结果与实际时钟对照图

其中，图 7.20 为演示系统实物图，图中分为 3 部分：①STM32 最小系统板（左）；②串口转 USB 转接板（中）（其核心就是 CH340T）；③DS3231 时钟模块，型号为 ZS-042（右）。三者之间通过杜邦线连接。

由图 7.21 可以清晰地看出，从 DS3231 读取的时间与实际时间是一致的。当然，秒信息似乎有点不一致，因为串口发送是按 9～10s（估算）的间隔发送的。

7.5　I²C 总线稳健性设计

在进行上述范例程序的设计和调试过程中，摸索得到了 STM32 基于固件库的 I²C 总线通信的稳健性设计的原则：

（1）采用官方建议的"中断+DMA"方式设计 I²C 通信程序。为避免通信过程中的关键时序被干扰，建议将 I²C 的中断级别设为最高。但是这种方式对有的系统、有的开发者来说可能不一定合适。

（2）必须等待和查询相关状态（包括事件信息），并在此过程中加入超时处理，以免总线死锁或出现问题时陷入查询死循环状态。

（3）如果出现超时，则转入总线出错恢复处理程序。根据 ST 官方建议，为使总线恢复正常，可通过设置 CR1 寄存器的 SWRST 位产生软复位，然后重新初始化 I²C 外设模块，完成这样两步即可将 I²C 总线从死锁或出错中恢复过来。

（4）总线出错的通常情况是，SCL 为高，SDA 为低。

上述（2）、（3）两条，在本范例系统中已被很好地验证，具体表现为：

- 在通信过程中带电插拔 ZS-042 模块，I²C 通信均能被正常恢复；
- 将 SCL、SDA 对地短路，也能恢复正常通信。

思考与扩展

7.1　SPI 和 IIC 串行总线各自有什么特点？

7.2　STM32 的 SPI 总线在使用上有哪些需要注意之处？

7.3　STM32 的 IIC 总线在使用上有哪些需要注意之处？

7.4　参照范例，设计一个读写 AT24C01 的程序。

7.5　仿照范例，分别通过 SPI 与 IIC 接口，设计一个读取三轴陀螺仪模块（例如 L3G4200D）角速度的程序，读取后的数据通过串口同步发送给上位机 PC。

第 8 章

ADC、DAC 与 DMA 及其应用

本章导览

STM32 内部集成了一个或两个转换速率高达 1μs 的 12 位的逐次逼近型模拟数字转换器（ADC）、两个 12 位数字模拟转换器（DAC）以及两个直接存储器存取控制器（DMA）。ADC、DAC 用于模拟量与数字量的相互转换，而 DMA 则在无须 CPU 干预的情况下，提供外设和存储器之间或者存储器与存储器之间的高速数据传输。本章围绕两个范例，主要讨论以下内容：

- STM32 的 DMA。
- STM32 的 ADC。
- 一个三通道 A/D 转换的范例——基于 DMA。
- STM32 的 DAC。
- 基于 DAC 和 DMA 的两路波形发生器实现。
- DAC 应用小结。

8.1 STM32 的 DMA

8.1.1 STM32 的 DMA 及其基本特性

1. 什么是 DMA

直接存储器存取（DMA）在无须 CPU 干预的情况下，提供外设与存储器之间或者存储器与存储器之间的高速数据传输。这既节省了 CPU 的资源，又提高了数据传输的速率，因为不需要通过代码实施数据传输过程。所以，越来越多的单片机提供 DMA 功能。STM32 单片机有两个 DMA 控制器，共 12 个通道，其中 DMA1 有 7 个通道，DMA2 有 5 个通道。每个通道专门用来管理来自于一个或多个外设对存储器访问的请求。DMA 控制器中还有一个仲裁器，专门协调各个 DMA 请求的优先权。

2. STM32 的 DMA 外设模块的主要特性

（1）12 个独立的可配置的通道（请求）：DMA1 有 7 个通道，DMA2 有 5 个通道。STM32 中每个通道与外设模块之间的对应关系是固定的，请具体参见《STM32F10xxx 参考手册》。

（2）每个通道都同样支持软件触发，可通过软件配置。

（3）在同一个 DMA 模块上，多个请求的优先权可以通过软件编程设置，共有 4 级：很高、高、中等和低。优先权设置相等时由硬件决定（请求 0 优先于请求 1，以此类推）。

（4）独立数据源和目标数据区的传输宽度有字节、半字、全字 3 种可选。源和目标地址必须按数据传输宽度对齐，支持循环的缓冲器管理。

（5）每个通道都有 3 个事件标志（DMA 半传输、DMA 传输完成和 DMA 传输出错），这 3 个事件标志逻辑相"或"成为一个单独的中断请求，即任何一个事件均可触发中断。

（6）闪存、SRAM、外设的 SRAM、APB1、APB2 和 AHB 外设均可作为访问的源和目标。

（7）可编程的数据传输数目为 1～65535，即最大为 65535，至少为 1 个数据。

8.1.2 STM32 的 DMA 原理及其配置要点

1. STM32 的 DMA 的基本原理

1）处理流程

在发生一个事件后，外设向 DMA 控制器发送一个请求信号。DMA 控制器根据通道的优先权处理请求。当 DMA 控制器开始访问发出请求的外设时，DMA 控制器立即发送给它一个应答信号。当从 DMA 控制器得到应答信号时，外设立即释放它的请求。一旦外设释放了这个请求，DMA 控制器同时撤销应答信号。如果有更多的请求，外设可以启动下一个周期。

2）请求仲裁

仲裁器根据通道请求的优先级启动外设/存储器的访问。总体而言，DMA1 控制器拥有高于 DMA2 控制器的优先级。对具体某一个 DMA 控制器而言，优先级分为软件和硬件两类。

（1）软件优先级：4 个等级，最高、高、中等、低。每个通道的优先级可以在 DMA_CCRx 寄存器中设置。

（2）硬件优先级：拥有较低编号的通道比拥有较高编号的通道有较高的优先权。

因此，优先权管理分为两个阶段。

第一阶段：软件仲裁，根据设定的软件优先级进行仲裁，高者优先被响应。

第二阶段：硬件仲裁，如果两个请求有相同的软件优先级，则较低编号的通道比较高编号的通道有较高的优先权。例如，通道 2 优先于通道 4。

3）通道选择

每个通道都可以在有固定地址的外设寄存器和存储器地址之间执行 DMA 传输。DMA 传输的数据量是可编程的，最大达到 65535。包含要传输的数据项数量的寄存器，在每次传输后递减。

注意：DMA1 和 DMA2 对应的外设通道是固定的，程序开发前必须查阅手册确定相应的通道。

4）DMA 中断

STM32 中 DMA 的 3 种不同的中断（传输完成、半传输、传输完成）通过"线或"方式连接至 NVIC，需要在中断例程中进行判断，以确定是何种中断。

2. STM32 的 DMA 的配置过程

进行 DMA 配置前，不要忘了在 RCC 设置中使能 DMA 时钟。STM32 的 DMA 控制器挂在 AHB 总线上。

下面是配置 DMA 通道 x 的过程（x 代表通道号），主要有 6 个方面：

（1）在 DMA_CPARx 寄存器中设置外设寄存器的地址。发生外设数据传输请求时，这个地址将是数据传输的源或目标。

（2）在 DMA_CMARx 寄存器中设置数据存储器的地址。发生外设数据传输请求时，传输的数据将从这个地址读出或写入这个地址。

（3）在 DMA_CNDTRx 寄存器中设置要传输的数据量。每传输一个数据，这个数值被递减。

（4）在 DMA_CCRx 寄存器的 PL[1:0] 位中设置通道的优先级。

（5）在 DMA_CCRx 寄存器中设置数据传输的方向、循环模式、外设和存储器的增量模式、外设和存储器的数据宽度、传输一半产生中断或传输完成产生中断的中断方式。

（6）设置 DMA_CCRx 寄存器的 ENABLE 位，启动该通道。一旦启动了 DMA 通道，它即可响应连到该通道上的外设的 DMA 请求。当传输一半的数据后，半传输标志（HTIF）被置 1，当设置了允许半传输中断位（HTIE）时，将产生一个中断请求。在数据传输结束后，传输完成标志（TCIF）被置 1，当设置了允许传输完成中断位（TCIE）时，将产生一个中断请求。

3. 两点注意事项

（1）要使 DMA 与外设建立有效连接，这不是 DMA 自身的事情，是各个外设的事情，每个外设都有一个 xxx_DMACmd(XXXx,Enable) 函数，如果要使 DMA 与 ADC 建立有效联系，就使用以下函数：

ADC_DMACmd(ADC1,Enable)

（2）DMA 有 3 种工作模式：循环模式、非循环模式、存储器到存储器模式。

非循环模式：DMA_Mode_Normal，即正常模式，当一次 DMA 数据传输完成后，停止 DMA 传送。需要重新设置传送数量和启动后，才能进行下一次 DMA 数据传输。

循环模式：DMA_Mode_Circular。循环模式用于处理循环缓冲区和连续的数据传输（如 ADC 的扫描模式）。在 DMA_CCRx 寄存器中的"CIRC"位可开启这一功能。当启动了循环模式，数据传输的数目变为 0 时，将会自动地被恢复成配置通道时设置的初值，DMA 操作将会继续进行。

存储器到存储器模式：DMA_M2M_Enable。

8.2 STM32 的 ADC

8.2.1 STM32 的 ADC 的基本特性

1. ADC 的基本特性

1）转换精度

STM32 的 ADC 是 12 位逐次逼近型模拟数字转换器。一般至少有一个 ADC，即 ADC1。某些型号还具有 ADC2。

2）通道数

ADC1 有 18 个通道，可测量 16 个外部信号源（从引脚 ADC_IN[15:0]输入）和 2 个内部信号源［连接到温度传感器和内部参考电压（VREFINT=1.2V）］。各通道的 A/D 转换可以单次、连续、扫描或间断模式执行。ADC 的结果可以左对齐或右对齐方式存储在 16 位数据寄存器中。

3）STM32 的 ADC 具有模拟看门狗特性

模拟看门狗特性允许应用程序检测输入电压是否超出用户定义的高/低阈值。如果被 ADC 转换的模拟电压低于低阈值或高于高阈值，模拟看门狗状态位（AWD）被设置。

4）转换速度

ADC 的输入时钟不得超过 14MHz，它由 PCLK2 经分频产生。这一点要注意。
ADC 转换时间如下。

（1）STM32F103xx 增强型产品：系统时钟为 56MHz 时，最高为 1μs；系统时钟为 72MHz 时，最高为 1.17μs。

（2）STM32F101xx 基本型产品：系统时钟为 28MHz 时，最高为 1μs；系统时钟为 36MHz 时，最高为 1.55μs。

（3）STM32F102xx USB 型产品：系统时钟为 48MHz 时，最高为 1.2μs。

5）供电电压与参考电压

ADC 供电要求：2.4V 到 3.6V。ADC 输入范围：VREF-≤VIN≤VREF+。VREF+和 VREF-只有 LQFP100 以上封装才有，LQFP100 以下封装实际是直接接 VDDA、VSSA（模拟电源的正极、负极）。如果参考电源为 2.4V，则输入电压 VIN 与数字量之间的关系为：

$$数字量 = \frac{VIN}{2.4} \times 4096$$

6）规则通道转换期间有 DMA 请求产生

但是仅 ADC1 有此功能。

2. ADC 采样周期与转换时间

ADCCLK 最高可达 14MHz，由图 8.1 可知，其来自经过分频器的 PCLK2（2、4、6、8 分频），经 ADC Prescalers 再次分频得到。

整个转换时间=采样时间+12.5 个周期（固定时间）

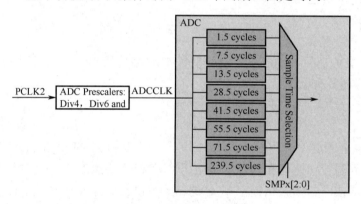

图 8.1　ADC 时钟与转换周期配置图

采样时间可通过设置寄存器 ADC_SMPR1 的 SMPx[2:0]：选择通道 x 的采样时间。一共有 8 种采样周期可选。在允许的情况下，尽量选大一点的会更使 ADC 更稳定、更精确。

以时钟 14MHz 和采样时间为 1.5 个周期时的情况为例，其转换周期（转换时间）为：

$$TCONV=1.5+12.5=14\ 周期=14\times(1/(14\times 1000000))=1\mu s$$

其他情况下，以此推算。

3. 规则组、注入组

STM32 的 ADC1 有 16 个外部通道，它们可被分成两组：规则组和注入组。

1）何为规则组、注入组

STM32 的 ADC 可以对一组指定的通道，按照指定的顺序，逐个转换这组通道，转换结束后，再从头循环。这指定的通道组就称为规则组。但是在实际应用中，有可能需要临时中断规则组的转换，对某些通道进行转换，这些需要中断规则组而进行转换的通道组，就称为注入组。

2）规则组、注入组各自的特性

规则组由多达 16 个转换组成。规则通道和它们的转换顺序在 ADC_SQRx 寄存器中选择。规则组中转换的总数写入 ADC_SQRx 寄存器的 L[3:0]位中。

注入组由多达 4 个转换组成。注入通道和它们的转换顺序在 ADC_JSQR 寄存器中选择。注入组里的转换总数目必须写入 ADC_JSQR 寄存器的 L[1:0]位中。

如果 ADC_SQRx 或 ADC_JSQR 寄存器在转换期间被更改，则当前的转换被清除，一个新的启动脉冲将被发送至 ADC 以转换新选择的组。

3）内部通道的特性

内部通道温度传感器与通道 ADCx_IN16 相连接，内部参照电压 VREFINT 与 ADCx_IN17 相连接。可以按注入或规则通道对这两个内部通道进行转换。注意：温度传感器和 VREFINT 只能出现在 ADC1 中。

4）关于规则组、注入组的举例

举例说，系统要正常采集 8 通道温度，但是又要适时监控一下湿度，那么，这个湿度 ADC（采集）就可以放在注入组中，通过合适的触发启动转换。一旦启动注入组转换，规则组转换则被暂停，然后等待注入组转换完成后，规则组再继续进行转换。用更通俗的话说，在这个系统中，规则组相当于是"主业"，而注入组相当于"副业"。

8.2.2 STM32 的 ADC 的程序流程与编程要点

1. ADC 的程序流程

STM32 的 ADC 有两种转换模式：单次转换与连续转换。单次转换模式下，ADC 只执行一次转换。在连续转换模式下，当前面的 ADC 转换一结束马上就启动另一次转换。

STM32 的 ADC 的程序流程（以 ADC1 为例）：

（1）开启 ADC1 的时钟，由于 ADC1 的模拟输入通道是在 GPIOA 上，所以同时也要打开 GPIOA 的时钟，并进行相关的配置，要把 GPIOA 的相应引脚设置成模拟输入。

（2）复位 ADC1（省略也可以），设置 ADC1 的分频因子，（记住，ADC 的时钟不能超过 14MHz），而且其采样周期长点会更好。

（3）初始化 ADC1 的参数，设置 ADC1 的工作模式和规则序列的相关信息。

（4）使能 AD 转换器。

（5）执行复位校准和 AD 校准。注意：这两步校准一定要有，否则转换结果将有较大的误差。每次进行校准之后都要等待校准结束，但是通过什么方式知道校准结束呢？这就需要通过获取校准状态以判断是否校准结束。

（6）读取 AD 的值。

2. ADC 编程的要点

ADC 库函数在 "stm32f10x_adc.h" 中声明，在 "stm32f10x_adc.c" 中定义。ADC 的库函数很多，但是掌握主要函数通常即可满足应用要求，这些函数及其使用的说明请参阅本章案例。

1）ADC_Mode（ADC 转换模式）

有独立模式等 10 种模式，通常选择为 ADC_Mode_Independent。这 10 种模式分别是：ADC_Mode_Independent、ADC_Mode_RegInjecSimult、ADC_ExternalTrigConv 等。

2）ADC_ExternalTrigConv（ADC 外部触发模式）

即选择外部触发模式。外部触发模式有多种，常用的有以下 3 种。

（1）第一种，是最简单的软件触发，参数为 ADC_ExternalTrigConv_None。设置好后要记得调用库函数，这样才能触发启动 ADC 转换：

ADC_SoftwareStartConvCmd(ADC1,ENABLE);

（2）第二种，是定时器通道输出触发。共有 ADC_ExternalTrigConv_T1_CC1 等 5 种，定时器输出触发比较麻烦，还需要设置相应的定时器。

（3）第三种，是外部引脚触发，对于规则通道组，选择 EXTI 线 11 和 TIM8_TRGO 作为外部触发事件；而注入通道组则选择 EXTI 线 15 和 TIM8_CC4 作为外部触发事件。

3）ADC_DataAlign（数据对齐方式）

其取值为：ADC_DataAlign_Right、ADC_DataAlign_Left。

如设置为 ADC_DataAlign_Right，即为右对齐方式。建议采用右对齐方式，因为这样处理数据会比较方便。

当然，如果要从高位开始传输数据，那么采用左对齐（ADC_DataAlign_Left）比较合适。

注入组和规则组的扩展符号位在处理上存在差异，这一点要加以注意。

多通道数据传输时有一点还要注意：若一个数组为 ADC_ValueTab[4]，且设置了两个通道：通道 1 和通道 2，则转换结束后，ADC_ValueTab[0]和 ADC_ValueTab[2]存储的是通道 1 的数据，而 ADC_ValueTab[1]和 ADC_ValueTab[3]存储的是通道 2 的数据。如果数组容量更大，则以此类推。

8.3 一个三通道 ADC 转换的范例

8.3.1 功能要求与方案设计

1. 功能要求

基于 DMA 实现 3 个通道的 AD 转换：一个通道采集外部的输入电压，一个通道采集系统电源电压，一个通道采集内部参考电压。

3 个通道均采用数字滤波，即连续采集 10 次，取其平均值作为转换结果。

采用系统电源 3.3V 作为参考电压。因此，外部通道的电压 V_1 可用公式（8.1）表示：

$$V_1 = \frac{AD}{4096} \times V_{3.30} \tag{8.1}$$

以上是通常的计算方法。这种方法的不好之处在于，每个系统要根据自身的电源电压，调整公式中的 $V_{3.30}$。由于每个系统的电源电压不可能相同，故必须先测量该值，在每个程序中使用该值，很麻烦，所以这种方法对于批量生产不是很合适。

下面讨论另一种实现方法，可以较好地解决这个问题。

每个 STM32 芯片都有一个内部的参照电压，相当于一个标准电压测量点，在芯片内部连接到 ADC1 的通道 17。根据数据手册中的数据，这个参照电压的典型值是 1.20V，最小值是 1.16V，最大值是 1.24V。这个电压基本不随外部供电电压的变化而变化。

不要把这个参照电压与 ADC 的参考电压混淆。ADC 的参考电压都是通过 Vref+提供的。100 脚以上的型号，Vref+引到了片外，引脚名称为 Vref+；64 脚和小于 64 脚的型号，Vref+在芯片内部与 VCC 电源相连，没有引到片外，这样 AD 的参考电压就是 VCC 上的电压。

如果对于 ADC 测量的准确性要求不是十分苛刻，可使用这个 1.2V 内部参照电压得到 ADC 测量的电压值。此法的特点是，可以不用测量系统的电源电压，适用于批量生产。

具体方法是，在测量某个通道的电压值之前，先读出参照电压的 ADC 测量数值，记为 Adrefint，再读出要测量通道的 ADC 转换数值，记为 Adchx，则由公式 8.1 可推知，要测量的电压如公式（8.2）所示：

$$V_{chx} = (float) \frac{AD_{CHX}}{AD_{refint}} \times V_{refint} \tag{8.2}$$

式（8.2）中，V_{refint} 为参照电压，其值为 1.20V。

本例中，先采用查询 DMA 事件信号的方式读取数据并处理。在本例的最后一节中讨论采用 DMA 中断实现的方法。

2. 硬件设计

1）通道分配

3 个模拟信号输入通道选择如下。

（1）PA0——ADC1 模拟输入通道 1，外部电压。

（2）PA1——ADC1 模拟输入通道 2，系统电源电压。

（3）内部通道——ADC1 模拟输入通道 17，STM32 内部参考电压，它的典型值为 1.20V。

2）串口选择

使用 USART1 串口 1 作为转换和处理结果的输出，供上位机显示，以便观察。

3）电源与参考电压处理

本例使用的 STM32 最小系统板直接使用系统电源 3.3V 作为 AD 的参考电压，连接关系如图 8.2 所示。即将 ADC1 的外部参考电压的 Vref+直接与 VDDA 连接，Vref-直接与 VSSA 连接。为了提高精度，建议使用外部参考电压。

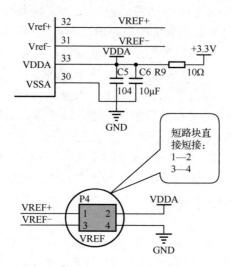

图 8.2　ADC1 电源与参考电压连接图

3. 算法设计

算法的核心是基于 DMA 的 ADC，即 ADC 的转换结果采用 DMA 的方式被存储，这样可以节省读取转换结果、存储转换结果的时间，提高 A/D 转换的速度。采用 DMA 方式是 STM32 的优势特性，它在需要高速采集数据的场合显得十分有用。

第一步：正确配置 ADC1 和 DMA。必须根据需要配置。本例的配置及其说明参见源程序的注释。

第二步：使能 ADC1 并进行校准。

第三步：使能 DMA。

第四步：软触发或外部触发 ADC1，以启动 ADC1。

第五步：根据 DMA 的"存储完成否"等标志，读取转换结果并进行相应处理。如果采用中断法，则可以将读取、处理放在中断例程中。

8.3.2　实现程序——基于查询的 DMA

1. 具体程序

本例在工程模板基础上的工程文件视图如图 8.3 所示。

第 8 章 ADC、DAC 与 DMA 及其应用

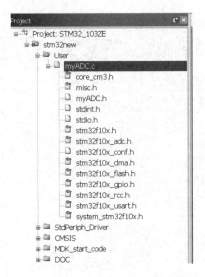

图 8.3 本例使用的工程文件视图

系统需要改动、编写的源程序文件有 3 个，分别是 myADC.h、myADC.c、stm32f10x_conf.h。

（1）stm32f10x_conf.h——调整外设的头文件包含。
（2）myADC.h——A/D 转换需要的变量定义、函数的声明。
（3）myADC.c——A/D 转换需要的全部函数定义。

本例的所有源程序分别如下。

1）文件 1（共 3 个）——stm32f10x_conf.h 的部分内容（需要被使用的头文件）

```
// stm32f10x_conf.h
//必须包含以下头文件
#include "stm32f10x_adc.h"
#include "stm32f10x_dma.h"
#include "stm32f10x_flash.h"
#include "stm32f10x_gpio.h"
#include "stm32f10x_rcc.h"
#include "stm32f10x_usart.h"
#include "misc.h" /* High level functions for NVIC and SysTick (add-on to CMSIS functions) */
```

2）文件 2（共 3 个）——myADC.h 的全部内容

```
// myADC.h
#ifndef __MYADC__
#define __MYADC__
#include <stm32f10x.h>
#include <stdio.h>
//相关参数宏定义
#define N 10            //每通道采 10 次，采样次数多，相对精度高
#define M 3             //为 3 个通道，外部 2 个，内部 1 个
```

```c
//全局变量定义
vu16 AD_Value[N][M];           //用来存放 ADC 转换结果,也是 DMA 的目标地址
float After_filter[M];          //用来存放求平均值之后的结果

//函数声明
void GPIO_Configuration(void);
void RCC_Configuration(void);
void ADC1_Configuration(void);
void DMA_Configuration(void);
void USART_Configuration(u32 baudrate);
int fputc(int ch,FILE *f);
void Init_All_Periph(void);
//通过内部参考电压计算被测电压
float GetVolt(float advalue,float ADrefint);
void filter(void);
void delay_nms(u16 time);
#endif
```

3）文件 3（共 3 个）——myADC.c 全部内容

```c
// myADC.c
//STM32 ADC 多通道转换
//描述：用 ADC 连续采集 3 路模拟信号,并由 DMA 传输到内存
//ADC 配置为扫描并且连续转换模式,ADC 的时钟配置为 12MHz
//在每次转换结束后,由 DMA 循环将转换的数据传输到内存中
//ADC 可以连续采集 N 次求平均值。最后通过串口传输出最后转换的结果
//温度传感器和通道 ADC1_IN16 相连接,内部参照电压 VREFINT 和 ADC1_IN17 相连接
//程序如下
#include "stm32f10x.h"
#include <stdio.h>
#include "myADC.h"

//#define N 10                    //每通道采 10 次
//#define M 3                     //为 3 个通道,外部 2 个,内部 1 个

//vu16 AD_Value[N][M];            //用来存放 ADC 转换结果,也是 DMA 的目标地址
//vu16 After_filter[M];           //用来存放求平均值之后的结果

//ADC1、USART1 相关 GPIO 引脚初始化
//ADC 的引脚必须定义为 GPIO_Mode_AIN
//USART 的引脚必须定义为 GPIO_Mode_AF_PP（TXD）、GPIO_Mode_IN_FLOATING（RXD）
//这里定义了 3 路,可根据需要裁剪
void GPIO_Configuration(void)
{
    GPIO_InitTypeDef GPIO_InitStructure;
    GPIO_InitStructure.GPIO_Pin = GPIO_Pin_9;
    GPIO_InitStructure.GPIO_Mode = GPIO_Mode_AF_PP;
```

```c
    //因为USART1引脚是以复用的形式接到GPIO口上的，所以使用复用推挽输出
    GPIO_InitStructure.GPIO_Speed = GPIO_Speed_50MHz;
    GPIO_Init(GPIOA, &GPIO_InitStructure);
    GPIO_InitStructure.GPIO_Pin = GPIO_Pin_10;
    GPIO_InitStructure.GPIO_Mode = GPIO_Mode_IN_FLOATING;
    GPIO_Init(GPIOA, &GPIO_InitStructure);

    //PA0/1作为模拟通道输入引脚，PA2、PA3是多余的
    //PA0：外部模拟信号
    //PA1：系统电源电压
    GPIO_InitStructure.GPIO_Pin = GPIO_Pin_0| GPIO_Pin_1|GPIO_Pin_2|GPIO_Pin_3;
    GPIO_InitStructure.GPIO_Mode = GPIO_Mode_AIN;     //模拟输入引脚
    GPIO_Init(GPIOA, &GPIO_InitStructure);
}

//系统时钟初始化并使能相关时钟
//外部晶振8M，系统主频72M
//AHB=72M，APB2=72M，APB1=36M
//ADC CLOCK=12M（最大只能为14M）
void RCC_Configuration(void)
{
    ErrorStatus HSEStartUpStatus;

    RCC_DeInit();                                    //RCC系统复位
    RCC_HSEConfig(RCC_HSE_ON);                       //开启HSE
    HSEStartUpStatus = RCC_WaitForHSEStartUp();      //等待HSE准备好
    if(HSEStartUpStatus == SUCCESS)
    {
        FLASH_PrefetchBufferCmd(FLASH_PrefetchBuffer_Enable);  //Enable Prefetch Buffer
        FLASH_SetLatency(FLASH_Latency_2);           //Set 2 Latency cycles
        RCC_HCLKConfig(RCC_SYSCLK_Div1);             //AHB clock = SYSCLK
        RCC_PCLK2Config(RCC_HCLK_Div1);              //APB2 clock = HCLK
        RCC_PCLK1Config(RCC_HCLK_Div2);              //APB1 clock = HCLK/2
        RCC_PLLConfig(RCC_PLLSource_HSE_Div1, RCC_PLLMul_9);
        //PLLCLK = 8M*9=72MHz，其中HSE为8M，1分频后是8M
        RCC_PLLCmd(ENABLE);                          //Enable PLL，使能PLL
        while(RCC_GetFlagStatus(RCC_FLAG_PLLRDY) == RESET);
        //Wait till PLL is ready
        RCC_SYSCLKConfig(RCC_SYSCLKSource_PLLCLK);
        //Select PLL as system clock source
        while(RCC_GetSYSCLKSource() != 0x08);
        //Wait till PLL is used as system clock source
        //0x00: HSI used as system clock
        //0x04: HSE used as system clock
        //0x08: PLL used as system clock
        RCC_APB2PeriphClockCmd(RCC_APB2Periph_GPIOA|RCC_APB2Periph_GPIOB
        |RCC_APB2Periph_GPIOC |RCC_APB2Periph_ADC1 |RCC_APB2Periph_AFIO
```

```c
                    |RCC_APB2Periph_USART1, ENABLE );         //使能 ADC1 通道时钟，各个引脚时钟

          RCC_ADCCLKConfig(RCC_PCLK2_Div6);
          //72M/6=12，ADC 最大时钟不能超过 14M
          RCC_AHBPeriphClockCmd(RCC_AHBPeriph_DMA1, ENABLE);   //使能 DMA 传输时钟
     }
}

//ADC1 初始化配置
//ADC1、ADC2 独立
//ADC1 连续转换、扫描模式
//内部软件触发转换
//数据右对齐
//多通道规则组顺序转换：通道数由 M 宏参数确定
void ADC1_Configuration(void)
{
     ADC_InitTypeDef ADC_InitStructure;

     ADC_DeInit(ADC1);                                        //将外设 ADC1 的全部寄存器重设为默认值
     ADC_InitStructure.ADC_Mode = ADC_Mode_Independent;
     //ADC 工作模式：ADC1 和 ADC2 工作在独立模式
     ADC_InitStructure.ADC_ScanConvMode =ENABLE;              //模数转换工作在扫描模式
     ADC_InitStructure.ADC_ContinuousConvMode = ENABLE;
     //模数转换工作在连续转换模式
     ADC_InitStructure.ADC_ExternalTrigConv = ADC_ExternalTrigConv_None;
     //外部触发转换关闭
     ADC_InitStructure.ADC_DataAlign = ADC_DataAlign_Right;   //ADC 数据右对齐
     ADC_InitStructure.ADC_NbrOfChannel = M;
     //顺序进行规则转换的 ADC 通道的数目（根据实际确定）
     ADC_Init(ADC1, &ADC_InitStructure);                      //初始化外设 ADCx 的相关寄存器

     //以下是 3 个通道的规则组设置：2 个外部通道，1 个内部通道测参考电压
     //设置指定 ADC 的规则组通道，设置它们的转化顺序和采样时间
     //ADC1，ADC 通道 x，规则采样顺序值为 y，采样时间为 239.5 周期
     ADC_RegularChannelConfig(ADC1, ADC_Channel_0, 1, ADC_SampleTime_239Cycles5 );
     ADC_RegularChannelConfig(ADC1, ADC_Channel_1, 2, ADC_SampleTime_239Cycles5 );

     //内部通道，Vrefint channel 17
     ADC_RegularChannelConfig(ADC1,ADC_Channel_17, 3, ADC_SampleTime_239Cycles5);
     //TCONV=239.5+12.5=252 周期=252×(1/(12×1000000))=21μs
     //上述公式中的 12.5 周期为固定值
     //开启 ADC 的 DMA 支持（要实现 DMA 功能，另须独立配置 DMA 通道等参数）
     ADC_DMACmd(ADC1, ENABLE);

     ADC_Cmd(ADC1, ENABLE);                                   //使能指定的 ADC1
     //Enable Vrefint channel 17
     ADC_TempSensorVrefintCmd(ENABLE);                        //内部温度、参考电压 ADC 使能
```

```c
//使能以后，按官方要求必须进行校准，否则会出现较大误差
//以下是官方推荐的校准程序
    ADC_ResetCalibration(ADC1);                         //复位指定的 ADC1 的校准寄存器
    while(ADC_GetResetCalibrationStatus(ADC1));
//获取 ADC1 复位校准寄存器的状态，设置状态则等待
    ADC_StartCalibration(ADC1);                         //开始指定 ADC1 的校准状态
    while(ADC_GetCalibrationStatus(ADC1));
//获取指定 ADC1 的校准程序，设置状态则等待
}

//DMA 设置
//DMA1 的通道 1：DMA1_Channel1
//16 位（半字）、循环、右对齐、高优先级
//ADC 结果存储在外部缓冲区变量：AD_Value（二维数组）
void DMA_Configuration(void)
{
    DMA_InitTypeDef DMA_InitStructure;
    DMA_DeInit(DMA1_Channel1);                          //将 DMA 的通道 1 寄存器重设为默认值
    DMA_InitStructure.DMA_PeripheralBaseAddr = (u32)&ADC1->DR;
    //DMA 外设 ADC 基地址
    DMA_InitStructure.DMA_MemoryBaseAddr = (u32) AD_Value[0];     //DMA 内存基地址
    DMA_InitStructure.DMA_DIR = DMA_DIR_PeripheralSRC;  //内存为数据传输的目的地
    DMA_InitStructure.DMA_BufferSize = N*M;             //DMA 通道的 DMA 缓存的大小
    DMA_InitStructure.DMA_PeripheralInc = DMA_PeripheralInc_Disable;
    //外设地址寄存器不变
    DMA_InitStructure.DMA_MemoryInc = DMA_MemoryInc_Enable;
    //内存地址寄存器递增
    DMA_InitStructure.DMA_PeripheralDataSize = DMA_PeripheralDataSize_HalfWord;
    //数据宽度为 16 位
    DMA_InitStructure.DMA_MemoryDataSize = DMA_MemoryDataSize_HalfWord;
    //数据宽度为 16 位
    DMA_InitStructure.DMA_Mode = DMA_Mode_Circular;     //工作在循环缓存模式
    DMA_InitStructure.DMA_Priority = DMA_Priority_High; //DMA 通道 x 拥有高优先级
    DMA_InitStructure.DMA_M2M = DMA_M2M_Disable;
    //DMA 通道 x 没有设置为内存到内存传输
    DMA_Init(DMA1_Channel1, &DMA_InitStructure);
    //根据 DMA_InitStruct 中指定的参数初始化 DMA 的通道
}

//USART1：串口 1 的初始化
//参数为波特率
//8 位数据、1 停止位、无校验
void USART_Configuration(u32 baudrate)
{
    USART_InitTypeDef USART_InitStructure;
```

```c
        USART_InitStructure.USART_BaudRate =    baudrate;                    //波特率
        USART_InitStructure.USART_WordLength =    USART_WordLength_8b;       //8 位数据
        USART_InitStructure.USART_StopBits =    USART_StopBits_1;            //1 停止位
        USART_InitStructure.USART_Parity =    USART_Parity_No;               //无校验
        USART_InitStructure.USART_HardwareFlowControl=USART_HardwareFlowControl_None;
        //无硬件流控
        USART_InitStructure.USART_Mode = USART_Mode_Rx | USART_Mode_Tx;
        //允许接收和发送
        USART_Init(USART1, &USART_InitStructure);                            //初始化 USART1
        USART_Cmd(USART1,ENABLE);                                            //使能 USART1
}

//重定向 printf 到 USART1
int fputc(int ch,FILE *f)
{
        USART_SendData(USART1, ch);                                          //发送 1 字节
        while(USART_GetFlagStatus(USART1, USART_FLAG_TC)==RESET) { }
        //等待发送完成
        return(ch);                                                          //返回该字节
}
//有了上述两个函数，将 stdio.h 包含进来，勾选 KEILDE Target 里的 Use MicroLIB，
//调用初始化函数对串口初始化后
//即可使用 printf()通过串口输出相关信息


//配置所有外设函数
void Init_All_Periph(void)
{
        RCC_Configuration();                                                 //系统时钟配置
        GPIO_Configuration();                                                //系统 GPIO 配置
        ADC1_Configuration();                                                //ADC1 设置
        DMA_Configuration();                                                 //DMA 设置
        USART_Configuration(9600);                                           //串口初始化，9600 波特率
}


//求电压函数
//内部的参照电压：典型值是 1.20V，最小值是 1.16V，最大值是 1.24V
//测量某个通道的电压值之前，先读出参照电压的 ADC 测量数值，记为 ADrefint
//再读出要测量通道的 ADC 转换数值，记为 ADchx；则要测量的电压为
//Vchx = Vrefint * (ADchx/ADrefint)
//其中 Vrefint 为参照电压=1.20V
//该算法以先得到 ADC1 的通道 17（内部）的转换结果为前提
//参数 1：被测量的 AD 值
//参数 2：参考电压的 AD 值
float GetVolt(float advalue,float ADrefint)
{
        //return (u16)(advalue * 330 / 4096);           //求的结果扩大了 100 倍，方便下面求出小数
        return (float)advalue/ADrefint*1.20;            //求出结果
```

```c
}
//数字平均滤波
//M：通道数
//N：求平均的数据个数
//滤波后结果存储在全局数组 After_filter
void filter(void)
{
    int sum = 0;
    u8 count,i;
    for(i=0;i<M;i++)
    {
        for ( count=0;count<N;count++)
            sum += AD_Value[count][i];
        After_filter[i]=(float)sum/N;
        sum=0;
    }
}

//ms 级延时（不是精确延时）
//参数为毫秒数
//例如，delay_nms(1000)即为 1000ms
void delay_nms(u16 time)
{
    u16 i=0;
    while(time--)
    {
        i=12000;                                //自己定义
        while(i--) ;
    }
}

//将 M-1 通道的检测值发送到串口，以便观察
int main(void)
{
    //u16 value[M];
    float value[M];
    u8 i;
    Init_All_Periph();                          //所有外设模块初始化

    ADC_SoftwareStartConvCmd(ADC1, ENABLE);     //软启动 ADC1
    DMA_Cmd(DMA1_Channel1, ENABLE);             //启动 DMA 通道
    while(1)
    {
        //Test on DMA1 channel1 transfer complete flag
        while(!DMA_GetFlagStatus(DMA1_FLAG_TC1));//等待 DMA1 存储完成
        //Clear DMA1 channel1 transfer complete flag
```

```
        DMA_ClearFlag(DMA1_FLAG_TC1);              //是，则清除该标志，为下次做准备

        while(USART_GetFlagStatus(USART1,USART_FLAG_TXE)==RESET);
        //等待传输完成否则第一位数据容易丢失
        filter();
        for(i=0;i<M-1;i++)    //前 M-1 路为测量值，第 M 路为参考电压的值（在下标 M-1 中）
        {
            value[i]= GetVolt(After_filter[i],After_filter[M-1]);
            //value[i]= GetVolt(After_filter[i]);
            //printf("value[%d]:\t%d.%dv\n",i,value[i]/100,value[i]%100);
            printf("\nvalue[%d]:%.4fV\t\n",i,value[i]);
        }
        delay_nms(1000);
    }
}
```

2. 运行结果

通过串口助手，可以在 PC 上观察数据采集的准确性和正确性（图 8.4）。

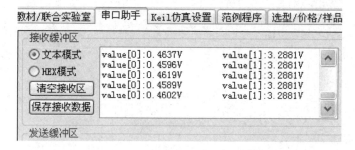

图 8.4　演示中串口助手接收的信息截图

外部电压应取自实际的传感器信号。本例中，为了验证准确性，采用手持式校准仪产生的电压信号。为了比对准确性，采用福禄克等品牌的 4 位半数字式万用表测量相关电压。
实际表明其精度优于 1%。滤波的次数 N 越大，精度相对会有所提高。

8.3.3　本例的 DMA 中断法实现

DMA 传输完成后，可产生中断请求。利用该中断请求，在使能中断的情况下，可利用中断响应及时完成多通道 A/D 数据的处理，提高系统的响应速度和实时性。

将 8.3.2 节所述的范例改成基于 DMA 中断实现的话，其工程文件视图如图 8.5 所示。

从图 8.5 中可以看出，采用中断法后，必须增加 stm32f10x_it.c、stm32f10x_it.h 这两个与中断相关的程序文件，并对 8.3.2 节范例程序适当做一些调整。

在 8.3.2 节查询法实现的基础上，下面讨论的内容或文件是需要改动、新增的部分，具体说明如下。

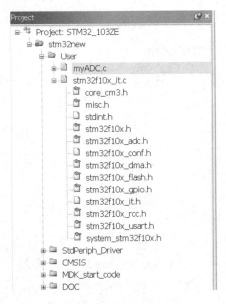

图 8.5　中断法实现的多通道 ADC 工程文件视图

1. 文件 1（共 4 个）——stm32f10x_it.h 中断函数头文件

以下是该文件在模板默认内容的基础上需要新增的部分，就是自定义 DMA 中断函数的声明语句。

```
void PendSV_Handler(void);
void SysTick_Handler(void);
void DMA1_Channel1_IRQHandler(void);    //增加的 DMA 中断函数声明
#endif _cplusplus
```

2. 文件 2（共 4 个）——stm32f10x_it.c 中断函数源程序文件

以下是该文件在模板默认内容的基础上需要新增的部分，就是自定义 DMA 中断函数的 C 代码。可以将以下内容直接添加在该文件的尾部。

```
extern volatile u8 ADC_OK;            //外部变量，传递 ADC 结束与否的信息，在 myADC.h 中被定义
void DMA1_Channel1_IRQHandler(void)   //DMA 中断函数
{
    if(DMA_GetITStatus(DMA1_IT_TC1))  //DMA 发送完成中断标志
    {
        ADC_OK=1;                     //置位标志
        DMA_ClearITPendingBit(DMA1_IT_GL1);   //清除 DMA 所有中断标志
    }
}
```

3. 文件 3（共 4 个）——myADC.h

该文件在上例查询法的基础上，只要增加以下语句即可：

```
volatile u8 ADC_OK;                              //ADC 数据完成标志，外部变量定义
```

4. 文件 4（共 4 个）——myADC.c

该文件在上例查询法的基础上，需要新定义一个 DMA 中断设置函数，并对原 main 函数做适当调整，新增和调整的具体内容如下。

```
//中断设置函数
//DMA 中断优先级可根据实际需要调整
//本函数为在上例基础上新增
void NVIC_Configuration(void)
{
    NVIC_InitTypeDef NVIC_InitStructure;

    NVIC_PriorityGroupConfig(NVIC_PriorityGroup_0);
    NVIC_InitStructure.NVIC_IRQChannel=DMA1_Channel1_IRQn;        //DMA1_Channel1 中断
    NVIC_InitStructure.NVIC_IRQChannelPreemptionPriority=0;       //主优先级
    NVIC_InitStructure.NVIC_IRQChannelSubPriority=0;              //从优先级，根据需要调整高低
    NVIC_InitStructure.NVIC_IRQChannelCmd=ENABLE;                 //使能
    NVIC_Init(&NVIC_InitStructure);
}

//将 M-1 通道的检测值发送到串口，以便观察
//中断法 DMA
//在上例同名函数的基础上，有部分调整，请对比阅读
int main(void)
{
    //u16 value[M];
    float value[M];
    u8 i;
    Init_All_Periph();

    NVIC_Configuration();                                    //DMA 中断设置，新增的语句++++
    ADC_SoftwareStartConvCmd(ADC1, ENABLE);
    DMA_Cmd(DMA1_Channel1, ENABLE);                          //启动 DMA 通道

    DMA_ITConfig(DMA1_Channel1,DMA_IT_TC,ENABLE);            //新增的语句++++
    //使能 DMA 通道 1 传输完成中断
    ADC_OK=0;                                                //标志清 0，新增的语句++++
    while(1)
    {
        while(USART_GetFlagStatus(USART1,USART_FLAG_TXE)==RESET);
        //等待传输完成否则第一位数据容易丢失
        if(ADC_OK)                                           //改动的部分++++
        {
            ADC_OK=0;
            filter();
            for(i=0;i<M-1;i++)                               //前 M-1 路为测量值，第 M 路为参考电压的值
```

```
            {
                value[i]= GetVolt(After_filter[i],After_filter[M-1]);
                printf("\nvalue[%d]:%.4fV\t\n",i,value[i]);
            }
        }
        delay_nms(1000);
    }
}
```

8.4 STM32 的 DAC

8.4.1 DAC 概述

STM32 的数字模拟转换模块（DAC）是 12 位数字输入、电压输出的数字模拟转换器。DAC 可以配置成 8 位或者 12 位模式，也可以与 DMA 控制器配合使用。DAC 工作在 12 位模式时，数据可以设置成左对齐，也可以设置成右对齐。DAC 有两个输出通道，每个通道都有单独的转换器，可以工作在双 DAC 模式。在此模式下，可以同步地更新两个通道的输出，这两个通道的转换可以同时进行，也可以分别进行。DAC 可以通过引脚输入参考电压 VREF+以获得更精确的转换结果。

DAC 主要特征如下：

（1）两个 DAC 转换器：1 个输出通道对应 1 个转换器。

（2）8 位或者 12 位单调输出。

（3）12 位模式下数据左对齐或者右对齐，8 位数据右对齐。

（4）噪声波形生成、三角波形生成。

（5）双 DAC 通道同时或者分别转换，有同步更新功能。

（6）每个通道都有 DMA 功能。

（7）外部触发转换。

（8）可外接参考电压 V_{REF+}，范围为：2.4V≤V_{REF+}≤VDDA（3.3V）。

一旦使能 DAC 通道，相应的 GPIO 引脚（PA4 或者 PA5）就会自动与 DAC 的模拟输出相连（DAC_OUTx）。为了避免寄生的干扰和额外的功耗，引脚 PA4 或者 PA5 在之前应当设置成模拟输入（AIN）。这一点必须注意。

数字输入经过 DAC 转换成模拟电压输出，其范围为 0 到 V_{REF+}。任一 DAC 通道引脚上的输出电压满足下面的关系：

$$DAC 输出电压 = V_{REF} \times DOR/4095 \qquad (8.3)$$

其中，DOR 为输出的数字量。

8.4.2 DAC 的配置要领

以通道 1 为例，使用库函数设置 DAC 模块的通道 1 以输出模拟电压，其详细设置步骤如下。

1. 开启 PA 口时钟，设置 PA4 为模拟输入

STM32F103ZET6 的 DAC 通道 1 在 PA4 上，所以，要先使能 GPIOA 的时钟，然后设置 PA4 为模拟输入。DAC 本身是输出，但是为什么端口要设置为模拟输入模式呢？因为一但使能 DACx 通道之后，相应的 GPIO 引脚（PA4 或者 PA5）会自动与 DAC 的模拟输出相连，设置为输入，是为了避免额外的干扰。

使能 GPIOA 时钟：

```
RCC_APB2PeriphClockCmd(RCC_APB2Periph_GPIOA, ENABLE );    //使能 GPIOA 时钟
```

设置 PA1 为模拟输入只需要设置初始化参数即可：

```
GPIO_InitStructure.GPIO_Mode = GPIO_Mode_AIN;             //模拟输入
```

2. 使能 DAC1 时钟

同其他外设一样，使用前必须先开启相应的时钟。STM32 的 DAC 模块的时钟是由 APB1 提供的，所以要调用以下函数使能 DAC 模块的时钟。

```
RCC_APB1PeriphClockCmd(RCC_APB1Periph_DAC, ENABLE );      //使能 DAC 时钟
```

3. 初始化 DAC，设置 DAC 的工作模式

该部分设置全部通过寄存器 DAC_CR 设置实现，包括：DAC 通道 1 使能、DAC 通道 1 输出缓存关闭、不使用触发、不使用波形发生器等设置。DAC 初始化是通过调用以下函数完成的：

```
void DAC_Init(uint32_t DAC_Channel, DAC_InitTypeDef* DAC_InitStruct)
```

参数设置结构体类型 DAC_InitTypeDef 的定义：

```
typedef struct
{
    uint32_t DAC_Trigger;                        //设置是否使用触发功能
    uint32_t DAC_WaveGeneration;                 //设置是否使用波形发生器
    uint32_t DAC_LFSRUnmask_TriangleAmplitude;
    //设置屏蔽/幅值选择器，这个变量只在使用波形发生器的时候才有用
    uint32_t DAC_OutputBuffer;                   //设置输出缓存控制位
}DAC_InitTypeDef;
```

上面的结构体类型中，DAC_LFSRUnmask_TriangleAmplitude 即 DAC 通道屏蔽/幅值选择器，对于初学者要理解它相对较为困难，所以一定要认真参阅 STM32 官方使用手册。

DAC_LFSRUnmask_TriangleAmplitude：如果选择了产生噪声波形或者三角波，那么这

里可以选择噪声波形模式下的 LFSRUnMask 屏蔽位或者三角波模式下的最大幅度。

在噪声波形模式下，选择对噪声波形屏蔽 DAC 通道的 LFSR（线性反馈移位寄存器，其在通信领域有很广泛的应用）中的不同的位，决定了产生的噪声波形的不同特性。

举例，该结构体的配置代码如下：

```
DAC_InitTypeDef   DAC_InitType;                                      //定义 DAC 初始化结构体变量
DAC_InitType.DAC_Trigger = DAC_Trigger_None;                         //不使用触发功能 TEN1=0
DAC_InitType.DAC_WaveGeneration = DAC_WaveGeneration_None;           //不使用波形发生器
DAC_InitType.DAC_LFSRUnmask_TriangleAmplitude = DAC_LFSRUnmask_Bit0;
DAC_InitType.DAC_OutputBuffer = DAC_OutputBuffer_Disable ;           //DAC1 输出缓存关闭
DAC_Init(DAC_Channel_1,&DAC_InitType);                               //初始化 DAC 通道 1
```

4. 使能 DAC 转换通道

初始化 DAC 之后，理所当然地要使能 DAC 转换通道，库函数方法是：

```
DAC_Cmd(DAC_Channel_1, ENABLE);                                      //使能 DAC1
```

5. 设置 DAC 的输出值

通过前面 4 个步骤的设置，DAC 就可以开始工作了，使用 12 位右对齐数据格式，就可以在 DAC 输出引脚（PA4）得到不同的电压值了。设置数据对齐的库函数的函数是：

```
DAC_SetChannel1Data(DAC_Align_12b_R, 0);                             //这里表示右对齐
```

第一个参数设置对齐方式，可以为 12 位右对齐 DAC_Align_12b_R，也可以是 12 位左对齐 DAC_Align_12b_L、8 位右对齐 DAC_Align_8b_R 方式。第二个参数就是 DAC 的输入值了，这个很好理解，初始化设置为 0。

```
如果 DAC_InitType.DAC_Trigger =DAC_Trigger_Software;                  //使用触发功能 TEN1=1,
```

则每次改变发送数据时，要同时调用以下两个函数：

```
DAC_SetChannel1Data(DAC_Align_12b_R,4000);
DAC_SoftwareTriggerCmd(DAC_Channel_1,ENABLE);
```

当然也可以设置成定时器触发，TIM6 和 TIM7 是专供 DAC 转换用的定时器。即通过这两个定时器的专用输出信号触发 DAC，以实现定时转换的目的。

6. 读取 DAC 的数值的函数

有时候要读取 DAC 的数值，则可以使用以下函数：

```
DAC_GetDataOutputValue(DAC_Channel_1);
```

8.4.3 DAC 应用实例

1. 设计要求

利用 STM32 的两路 DAC，输出两路信号：一路是电压信号，其值可由按键 1 步进，每按一次，输出电压增加 10mV；另一路是输出波形信号，默认为三角波，由按键 2 可选为正弦波或三角波，即每按一次则波形切换，按一次输出正弦波，再按一次输出三角波。正弦波由 RAM 数据通过 DMA 定时触发输出产生，而三角波则由 DAC 模块自行产生。

2. 程序算法

1）电压步进输出

每按一次步进按键，则 DAC 的通道 1 的输出数字量增加 12，大致增加 10mV 的输出电压。注意：实验中发现误差较大，经分析，发现误差主要来自于 DAC 的参考电压，因为直接采用电源电压，存在较大纹波。而步进量的计算按下式计算：

$$x=0.01*4095/电源电压$$

如果取电源电压为 3.3V，则对应 10mV 计算得到 x 应为 12.46。但是程序中，只能采取整数 12，所以，误差的另一个来源是步进量的"四舍五入"。

2）波形输出

DAC 的通道 2 输出三角波或正弦波，三角波可由 DAC 直接产生，周期由定时器触发信号控制，而正弦波则必须将由事先计算得到的正弦波数据通过 DAC 的通道 2 经过 DAC 转换后输出得到。这些正弦波数据来自于 ST 固件库中双通道正弦波范例程序，每个周期为 32 个 16 位的数据，其中有效的是右对齐的 12 位数据。三角波或正弦波的切换可由 GPIO 的某一引脚通过扭子开关切换上下挡来实现。本例中，没有采用外接开关，而是通过改动程序的波形标志变量 wvflag，其值为 0 则输出三角波，其值为 1 则输出正弦波。

3. 工程文件

采用统一的工程模板，其工程文件视图如图 8.6 所示。

由图 8.6 可以看出：

工程文件中，除了固件库部分以外，涉及需要重新设计或改动的文件有 3 个，分别是 stm32f10x_conf.h、myDAC.h、myDAC2.c。

（1）stm32f10x_conf.h——STM32 外设的头文件配置文件，根据每个程序的需要，必须加以调整。

（2）myDAC.h——本范例程序中涉及 DAC 模块的头文件。

（3）myDAC2.c——本范例程序主函数所在的文件。

第 8 章　ADC、DAC 与 DMA 及其应用

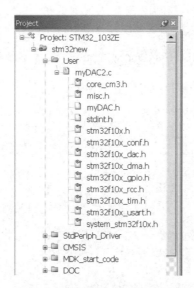

图 8.6　本例工程模板的文件视图

4．本例的源程序

程序中涉及的硬件连接关系，请通过阅读源程序中的有关注释获知。

1）文件 1（共 3 个）——stm32f10x_conf.h

该文件需要调整的部分如下：

```
/* Includes ------------------------------------------------------------------*/
/* Uncomment/Comment the line below to enable/disable peripheral header file inclusion */
//#include "stm32f10x_adc.h"
//#include "stm32f10x_bkp.h"
//#include "stm32f10x_can.h"
//#include "stm32f10x_cec.h"
//#include "stm32f10x_crc.h"
#include "stm32f10x_dac.h"            //要用的外设头文件：DAC
//#include "stm32f10x_dbgmcu.h"
#include "stm32f10x_dma.h"            //要用的外设头文件：DMA
//#include "stm32f10x_exti.h"
//#include "stm32f10x_flash.h"
//#include "stm32f10x_fsmc.h"
#include "stm32f10x_gpio.h"           //要用的外设头文件：GPIO
//#include "stm32f10x_i2c.h"
//#include "stm32f10x_iwdg.h"
//#include "stm32f10x_pwr.h"
#include "stm32f10x_rcc.h"            //要用的外设头文件：RCC
//#include "stm32f10x_rtc.h"
//#include "stm32f10x_sdio.h"
//#include "stm32f10x_spi.h"
#include "stm32f10x_tim.h"            //要用的外设头文件：TIM
```

```c
//#include "stm32f10x_usart.h"
//#include "stm32f10x_wwdg.h"
//#include "misc.h" /* High level functions for NVIC and SysTick (add-on to CMSIS functions) */
```

2）文件 2（共 3 个）——myDAC.h 的全部内容（包含全部涉及的硬件接口关系）

```c
//begin--------- myDAC.h
#ifndef __myDAC_H
#define __myDAC_H

// 头文件
#include "stm32f10x.h"
//LED1——对应引脚
#define LED1_ON  GPIO_ResetBits(GPIOE,GPIO_Pin_5)
#define LED1_OFF GPIO_SetBits(GPIOE,GPIO_Pin_5)
//LED2——对应引脚
#define LED2_ON  GPIO_ResetBits(GPIOE,GPIO_Pin_6)
#define LED2_OFF GPIO_SetBits(GPIOE,GPIO_Pin_6)

//KEY2——对应引脚
#define KEY1 GPIO_ReadInputDataBit(GPIOA,GPIO_Pin_0)
//KEY2——对应引脚
#define KEY2 GPIO_ReadInputDataBit(GPIOE,GPIO_Pin_4)

// DAC 数据输出寄存器地址定义
//#define DAC_DHR12RD_Address    0x40007420    //双路右对齐 12 位

//#define DAC_DHR12RD_Address    0x40007408    //1 路右对齐 12 位
#define DAC_DHR12RD_Address      0x40007414    //2 路右对齐 12 位

//全局变量定义
//正弦波形数据
const uint16_t Sine12bit[32] =
{
    2047, 2447, 2831, 3185, 3498, 3750, 3939, 4056, 4095, 4056,
    3939, 3750, 3495, 3185, 2831, 2447, 2047, 1647, 1263, 909,
    599, 344, 155, 38, 0, 38, 155, 344, 599, 909, 1263, 1647
};
// 自定义函数说明
void RCC_Configuration(void);              //外设时钟使能
void GPIO_Configuration(void);             //GPIO 配置
void Delay(__IO uint32_t nCount);          //延时函数
void DMA_Configuration(u8 en);             //DMA 配置
void DAC_Configuration(u8 wavetype);       //DAC 配置
void TIM2_TRGO_Init(u8 en);                //触发用定时器配置

#endif
//end------------- myDAC.h
```

3）文件 3（共 3 个）——myDAC2.c

```c
//begin---------- myDAC2.c
//************************************************************************
//DAC 演示范例
//功能：两路 DAC 输出，一路为电压输出，电压可用按键步进，约为 10mV；另一路为波形
//      输出，可用按键选择正弦波或三角波
//注意：基于固件库 V3.50，本案例由 ST 的固件库使用手册中的范例改编而成
//      基于 DMA 输出正弦波（波形数据事先存储在缓冲区）和定时器触发输出方式
//作者：沈红卫，绍兴文理学院  机械与电气工程学院，2016 年 6 月 8 日
//************************************************************************

#include <myDAC.h>

//函数定义
//外设时钟使能函数
void RCC_Configuration(void)
{
    /* Enable peripheral clocks ---------------------------------------*/
    #if !defined STM32F10X_LD_VL && !defined STM32F10X_MD_VL
        /* DMA2 clock enable */
        RCC_AHBPeriphClockCmd(RCC_AHBPeriph_DMA2, ENABLE);
    #else
        /* DMA1 clock enable */
        RCC_AHBPeriphClockCmd(RCC_AHBPeriph_DMA1, ENABLE);
    #endif
    /* GPIOA Periph clock enable */
    RCC_APB2PeriphClockCmd(RCC_APB2Periph_GPIOA, ENABLE);

    /* GPIOE Periph clock enable */
    RCC_APB2PeriphClockCmd(RCC_APB2Periph_GPIOE, ENABLE);

    /* DAC Periph clock enable */
    RCC_APB1PeriphClockCmd(RCC_APB1Periph_DAC, ENABLE);
    /* TIM2 Periph clock enable */
    RCC_APB1PeriphClockCmd(RCC_APB1Periph_TIM2, ENABLE);
}

//DAC、按键、LED 等 GPIO 的配置函数
//DAC：PA4，PA5
//KEY：KEY2：PE4（低有效），KEY1：PA0（高有效）
//LED：LED1：PE5，LED2：PE6（低电平有效）
void GPIO_Configuration(void)
{
    GPIO_InitTypeDef GPIO_InitStructure;

    //DAC 的两路模拟输出通道 PA4，PA5
```

```c
    GPIO_InitStructure.GPIO_Pin =   GPIO_Pin_4 | GPIO_Pin_5;
    GPIO_InitStructure.GPIO_Mode = GPIO_Mode_AIN;
    GPIO_Init(GPIOA, &GPIO_InitStructure);
    //KEY1：输入
    GPIO_InitStructure.GPIO_Pin =   GPIO_Pin_0;
    GPIO_InitStructure.GPIO_Mode = GPIO_Mode_IPD    ;           //输入下拉
    GPIO_Init(GPIOA, &GPIO_InitStructure);
    //KEY2：输入
    GPIO_InitStructure.GPIO_Pin =   GPIO_Pin_4;
    GPIO_InitStructure.GPIO_Mode = GPIO_Mode_IPU    ;           //输入上拉
    GPIO_Init(GPIOE, &GPIO_InitStructure);

    GPIO_InitStructure.GPIO_Pin =   GPIO_Pin_5|GPIO_Pin_6;
    GPIO_InitStructure.GPIO_Mode = GPIO_Mode_Out_PP    ;        //推挽输出
    GPIO_Init(GPIOE, &GPIO_InitStructure);

    LED1_OFF;                                                   //默认关闭 LED
    LED2_OFF;
}

//DMA 初始化和使能函数
//参数：en=1 使能，en=0 失能
void DMA_Configuration(u8 en)
{
    DMA_InitTypeDef DMA_InitStructure;
    #if !defined STM32F10X_LD_VL && !defined STM32F10X_MD_VL
      /* DMA2 channel4 configuration */
            DMA_DeInit(DMA2_Channel4);
            //DMA2_Channel4 只能使用 DAC 的通道 2，请注意
    #else
      /* DMA1 channel4 configuration */
            DMA_DeInit(DMA1_Channel4);
    #endif
    DMA_InitStructure.DMA_PeripheralBaseAddr = DAC_DHR12RD_Address;
    //DAC 输出寄存器地址
    //DMA_InitStructure.DMA_PeripheralBaseAddr = DAC_BASE+014;
    //DAC 第 2 路（通道 2）的 12 位右对齐寄存器地址
    DMA_InitStructure.DMA_MemoryBaseAddr = (uint32_t)Sine12bit;
    //波形数据缓冲区地址
    DMA_InitStructure.DMA_DIR = DMA_DIR_PeripheralDST;           //从缓冲区到外设
    DMA_InitStructure.DMA_BufferSize = 32;                       //一个波形周期 32 个数据
    DMA_InitStructure.DMA_PeripheralInc = DMA_PeripheralInc_Disable;   //外设地址不变
    DMA_InitStructure.DMA_MemoryInc = DMA_MemoryInc_Enable;
    //缓冲区地址自动增量
//    DMA_InitStructure.DMA_PeripheralDataSize = DMA_PeripheralDataSize_Word;   //
//    DMA_InitStructure.DMA_MemoryDataSize = DMA_MemoryDataSize_Word;
    DMA_InitStructure.DMA_PeripheralDataSize = DMA_PeripheralDataSize_HalfWord;
```

```c
    //单路只需要 16 位
    DMA_InitStructure.DMA_MemoryDataSize = DMA_MemoryDataSize_HalfWord;
    DMA_InitStructure.DMA_Mode = DMA_Mode_Circular;          //DMA 循环模式
    DMA_InitStructure.DMA_Priority = DMA_Priority_High;      //DMA 优先级
    DMA_InitStructure.DMA_M2M = DMA_M2M_Disable;             //M 到 M 模式失能

    #if !defined STM32F10X_LD_VL && !defined STM32F10X_MD_VL
        DMA_Init(DMA2_Channel4, &DMA_InitStructure);
        /* Enable DMA2 Channel4 */
        DMA_Cmd(DMA2_Channel4, ENABLE);
    #else
        DMA_Init(DMA1_Channel4, &DMA_InitStructure);
        /* Enable DMA1 Channel4 */
        DMA_Cmd(DMA1_Channel4, ENABLE);
    #endif
    if(!en)
        /* disable DMA for DAC Channel2 */
        DAC_DMACmd(DAC_Channel_2,DISABLE);
    else
        /* Enable DMA for DAC Channel2 */
        DAC_DMACmd(DAC_Channel_2,ENABLE);
}

//DAC 初始化
//参数：wavetype=1，三角波；wavetype=2，正弦波
//DAC 的通道 2 输出波形，必须是通道 2（因为要使用 DMA2 的通道 4）
//而 DAC 通道 1 则输出电压
void DAC_Configuration(u8 wavetype)
{
    DAC_InitTypeDef DAC_InitStructure;
    /* DAC channel2 Configuration */
    if(wavetype==1)                                          //三角波
    {
        DAC_InitStructure.DAC_Trigger = DAC_Trigger_T2_TRGO;
        DAC_InitStructure.DAC_WaveGeneration = DAC_WaveGeneration_Triangle;
DAC_InitStructure.DAC_LFSRUnmask_TriangleAmplitude=DAC_TriangleAmplitude_4095;
        //三角波幅值设置，此处为最大幅值
        DAC_InitStructure.DAC_OutputBuffer = DAC_OutputBuffer_Disable;
        DAC_Init(DAC_Channel_2, &DAC_InitStructure);
    }
    else                                                     //正弦波，由 DMA 配合产生
    {
        DAC_InitStructure.DAC_Trigger = DAC_Trigger_T2_TRGO;
        DAC_InitStructure.DAC_WaveGeneration = DAC_WaveGeneration_None;
        DAC_InitStructure.DAC_OutputBuffer = DAC_OutputBuffer_Disable;
        DAC_Init(DAC_Channel_2, &DAC_InitStructure);
    }
```

```c
            /* DAC channel1 Configuration */
            //输出电压
            DAC_InitStructure.DAC_Trigger=DAC_Trigger_None;
            //不使用触发功能  TEN1=0，输入即输出
            DAC_InitStructure.DAC_WaveGeneration=DAC_WaveGeneration_None;
            //不使用波形发生器
            DAC_InitStructure.DAC_OutputBuffer=DAC_OutputBuffer_Disable ;
            //DAC1 输出缓存关闭 BOFF1=1
            DAC_Init(DAC_Channel_1, &DAC_InitStructure);

            DAC_Cmd(DAC_Channel_1, ENABLE);                //使能 DAC 通道 1
            DAC_SetChannel1Data(DAC_Align_12b_R,4095);
            //通道 1 默认输出电压为最大值，即电源电压
            DAC_Cmd(DAC_Channel_2, ENABLE);                //使能 DAC 通道 2
}

//定义定时器触发及其使能函数
//参数：en=1, 使能；en=0, 失能
void TIM2_TRGO_Init(u8 en)
{
    TIM_TimeBaseInitTypeDef    TIM_TimeBaseStructure;
    //TIM2 的初始化配置，用定时器触发 DAC 的转换输出
    //触发频率：72M/((TIM_Period+1)*(TIM_Prescaler+1))
    TIM_TimeBaseStructInit(&TIM_TimeBaseStructure);
    TIM_TimeBaseStructure.TIM_Period = 0x19;
    TIM_TimeBaseStructure.TIM_Prescaler = 0x0;
    TIM_TimeBaseStructure.TIM_ClockDivision = 0x0;
    TIM_TimeBaseStructure.TIM_CounterMode = TIM_CounterMode_Up;
    TIM_TimeBaseInit(TIM2, &TIM_TimeBaseStructure);

    //TIM2 TRGO 选择
    TIM_SelectOutputTrigger(TIM2, TIM_TRGOSource_Update);
    if(!en)
            // TIM2 disenable counter */
            TIM_Cmd(TIM2, DISABLE);
    else
            // TIM2 enable counter
            TIM_Cmd(TIM2, ENABLE);
}

//延时函数
//如果时钟确定为 72M 的话，可以使用
//否则请使用 SysTick 精确延时，因为按键去抖动要用
//毫秒级的延时
void Delay_nms(u16 time)
{
```

```c
    u16 i=0;
    while(time--)
    {
        i=12000;                                    //自己定义
        while(i--) ;
    }
}


//主函数
//通过两个按键实现输出电压步进、波形切换
int main(void)
{
    //采用 startup_stm32f10x_xx.s 中的 SystemInit()对 STM32 的时钟进行默认设置
    //72MHz@8M
    u16 i,wvflag=0;
    // 外设时钟配置
    RCC_Configuration();
    //DAC、按键、LED 等 GPIO 的配置
    GPIO_Configuration();
    wvflag=1;                                       //wvflag=0：三角波；wvflag=1：正弦波
    if(wvflag==0)
    {
        DAC_Configuration(1);
        DMA_Configuration(0);                       //三角波不需要 DMA
    }
    else
    {
        DAC_Configuration(2);
        DMA_Configuration(1);                       //正弦波使用 DMA
    }
    TIM2_TRGO_Init(1);                              //触发定时器使能
    i=0;
    while(1)
    {
        if(KEY2==0)                                 //输出电压步进按键
        {
            Delay_nms(10);
            if(KEY2==0)
            {
                i+=12;                              //步进量
                if(i>=4095) i=0;                    //到 4095 回 0
            }
        }
        DAC_SetChannel1Data(DAC_Align_12b_R,i);     //输出电压
    }
}
```

// ****END OF FILE****
//end---------- myDAC2.c

5. 运行结果

运行结果基本符合设计要求。

图 8.7 实际运行效果图

输出电压步进幅度误差较大。在实际应用中，必须通过优化参考电压、输出滤波、步进数字量等多种措施来改善性能。

正弦波周期实测结果为 86.545kHz，理论计算值为 86.5384kHz［72M/（26*32）］，因此两者十分吻合。式中，32 是因为一个周期必须要输出 32 个数字量。

图 8.7 是实际运行的效果图。

6. 应用时要注意的问题

在进行本例实验的时候，首先认真阅读 ST 的固件库帮助系统随带的 DAC 范例程序，它是一个双通道正弦波输出的例子。该程序基于 DMA 从 DAC 的两个通道同时输出正弦波数据从而输出两个正弦波信号，输出触发为定时器触发。32 位的正弦波数据（高 16 位和低 16 位完全相同，均为右对齐的 12 位正弦波数据）通过 DMA 的通道 4 经由 DAC 的通道 2，输出至 DAC 的双路输出右对齐 12 位寄存器，即达到同时将两个 16 位数据送往 DAC 两个通道的目的，实现了双路正弦波。

在实验中，曾经走了一段弯路，那就是 DMA 的通道对应问题。

DMAx 有严格的对应外设，例如，DMA2 的通道 4 对应 DAC 的通道 2，而 DAC 的通道 1 只能对应 DMA 的通道 3。关于这一点，在 ST 的官方使用手册里说得很清楚，具体可参阅"STM32F10xxx 参考手册"的"9.3.7 DMA 请求映象"。但是在具体程序实现的时候往往会被忽略，尤其是从别人那里借鉴来的程序，特别要注意调整程序的时候要系统联动。从手册可以清楚地看出，DAC 的 1、2 通道均只能使用 DMA2，但在实验中对应 DMA 的通道不同，为通道 3 和 4。

思考与扩展

8.1 STM32 的 ADC 有哪些通道？有几种工作模式？

8.2 简要分析 STM32 的 ADC 的精度和速度。

8.3 设计一个程序，检测 STM32 芯片温度，并将测试结果通过串口发送给 PC。

8.4 利用电位器模拟一定范围的模拟量，把它作为 ADC 的输入，设计程序以检测该输入，并将测试结果发送给 PC。

8.5 参照范例，设计一个基于 DMA 和 DAC 的任意波形发生器，波形频率自定。

第 9 章 工程实例——基于线性 CCD 的小车循迹系统

本章导览

本章详细地讨论了一个以 STM32 为核心的基于线性 CCD 的小车循迹系统。具体包括：系统的设计要求、线性 CCD 的工作原理、曝光时间自适应及其实现、CCD 与 STM32 的硬件接口、示例程序等内容。

9.1 系统要求

基于线性 CCD 的循迹系统，是比赛用智能小车的核心模块。根据历届大学生智能车摄像头车参赛经验，1 米的前瞻，3.5m/s 的速度情况下，控制周期不得高于 20ms（采样率不得低于 50Hz），否则智能车转向机构反应再快也无法很好地跟随赛道，从而导致冲出赛道。控制周期不高于 20ms 就意味着 CCD 摄像头曝光时间不能超过 20ms。

系统的设计要求如下：

（1）可以识别黑白或白黑路径，包括直行、左右弯道、十字或丁字岔道。

（2）具有较强的环境适应能力，对于弱光、强光，均有较高的识别正确率。

（3）系统可通过串口发送两类信息，并可选：一类是 CCD 灰度信息，供上位机 CCD 调试软件观察循迹图像；另一类是路径识别信息，分别指示直行、左右弯道、十字或丁字岔道、无法识别等。

9.2 线性 CCD 的原理及其使用

电荷耦合器件图像传感器（Charge Coupled Device，CCD），由一种高感光度的半导体材料制成，可把光线转换成电荷。目前主要有两种类型的 CCD 光敏元件，分别是线性 CCD 和矩阵式 CCD。

线性 CCD 用于高分辨率的静态照相机，它每次只拍摄图像的一条线，这与平板扫描仪扫描照片的方法相同。这种 CCD 精度高，速度慢，无法用来拍摄移动的物体，也无法使用闪光灯。矩阵式 CCD 的每一个光敏元件对应图像中的一个像素，当快门打开时，整个图像同时被曝光。

9.2.1　线性 CCD 传感器原理

以下以 TSL1401 线性 CCD 传感器为例阐述其原理。

TSL1401 线性 CCD 传感器包含 128 个线性排列的光电二极管。每个光电二极管都有各自的积分电路，我们将该电路统称像素。每个像素所采集的图像灰度值与它所感知的光强和积分时间成正比。在 128 个像素之外，还有一个开关逻辑控制和移位寄存器电路。SI 通过该电路，控制每一个像素的积分和复位操作；CLK 通过该电路控制每一个像素电压的依次输出。其基本单元内部结构如图 9.1 所示。

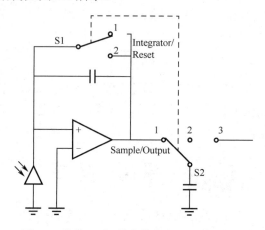

图 9.1　线性 CCD 单个像素积分器的结构图

从图 9.1 可知，当开关 S1 在位置 1 时，开关是断开的，从运放的特性简单分析可得，电容上流过的电流和光电器件的光生电流相等，这个电路对光生电流进行积分。而当 S1 在位置 2 时，积分电容被短路，释放积累的电荷。

开关 S2 用来控制采样输出，不输出（第 129 个 CLK 之后）时，接在位置 1 上保持采样电容电压和运放输出一致，当轮到这个像素输出时，打到位置 3，而其他像素输出时，则必须打到位置 2。

图 9.2 为线性 CCD 的总时序图。

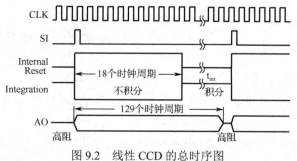

图 9.2　线性 CCD 的总时序图

图 9.3 为操作时序图。

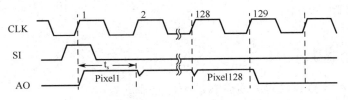

图 9.3　操作时序图

结合图 9.2 和图 9.3，简单分析如下：CLK 是一个上升沿触发的信号，采样一次数据的时候，首先把 SI 拉高，然后把 CLK 拉高，此时 AO 上已经出现了第 1 个像素的模拟电压，然后把 SI 拉低，否则积分复位电路工作可能不正常，连续输入 128 个 CLK（上升沿）以后，128 个模拟电压通过 AO 引脚已经被传输完毕。但必须注意的是，必须再次输入至少一个 CLK 脉冲（第 129 个脉冲），否则采样电容的开关无法回到正常采样位置，下次的数据将出现问题。

积分时间 t_{int}：其实叫曝光时间更合适，从上一次 SI 输入后第 18 个时钟开始，到下一个 SI 输入的时间减去 20μs（典型，采样电容传输时间），因此可以通过 SI 控制曝光时间。

9.2.2　线性 CCD 传感器应用

此处使用常见的蓝宙电子线性 CCD 模块。蓝宙电子线性 CCD 模块带无畸变镜头，以 TSL1401 线性 CCD 传感器为核心，为提高抗干扰能力，模拟输出 AO 经过放大后输出。图 9.4 是蓝宙电子线性 CCD 模块中的运放电路图。

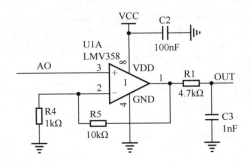

图 9.4　蓝宙电子线性 CCD 模块中的运放电路图

在图 9.4 中，运放的放大倍数 A=1+R5/R4，此电路中 A=11，也就是对 TSL1401 的 AO 信号进行 11 倍放大。由于增加了运放，白天环境下的采样率可以调节到更高，甚至可以达到 100Hz。增加了运放也会带来一个问题，就是在全黑的环境（例如盖上镜头盖）下线性 CCD 的输出已经不再接近 0V，通常把全黑环境下对应的输出电压称为"暗电压"，蓝宙电子设计的 CCD 模块暗电压约为 1V。其实，暗电压完全不影响上层软件提取赛道黑线，因为可以把这个暗电压当做信号中的直流分量进行处理，也就是将采集的每个像素点的电压减去暗电压。

9.2.3 硬件接口

1. 线性 CCD 模块的引脚

蓝宙电子线性 CCD 模块对外引脚有 5 个，分别是：
（1）GND——信号地和电源地。
（2）VCC——模块电源正极，电源电压 3.3V 和 5V 兼容。
（3）AO——模拟电压输出。
（4）SI——串行输入。
（5）CLK——时钟输入。

2. 线性 CCD 模块与 STM32 的连接

本例中，该模块与 STM32 单片机系统的硬件接口关系如下：
（1）CCD 的 AO 输出使用 ADC1 的第 0 路（即 PA0）。
（2）CCD 的 CLK 来自 STM32 的 PB14。
（3）CCD 的 SI 来自 STM32 的 PB13。

3. 按键和发光二极管与 STM32 的连接

另外，系统还有基本的人机界面：按键和发光二极管。按键和发光二极管与 STM32 单片机的接口关系为：
（1）按键 KEY 对应 PE4。
（2）发光二极管 LED1、LED2 分别对应 PE5、PE6。

4. 输出信息选择设置开关 SW 与 STM32 的连接

见表 9.1，它通过短路块设置 PB10、PB11 两脚的电平信号以实现对输出信号的选择设定。这两个引脚默认均为高电平，当用短路块将其中一个引脚与地短路，此时该引脚为低电平。

表 9.1 输出信息选择设置开关 SW 的连接与设置表

STM32 引脚		功能
PB11	PB10	
0	1	输出 CCD 灰度信息
1	0	输出路径识别信息
1	1	不输出（保留）
0	8	不输出（保留）

9.3 自适应曝光的算法设计

9.3.1 自适应曝光算法

本例算法基本参照了《蓝宙 TSL1401 线性 CCD 应用笔记》的有关思想：主要是为了解决环境光强度不同导致的模块输出信号电压高低差异大、不稳定的问题，以保证在不同环境中 CCD 输出电压在合理范围内，提高正确提取路径信息的可靠性，采用曝光时间自适应的策略。

如果竞赛环境中各个方向的光线均匀一致，那就相对比较容易处理：在赛车出发前根据环境光线调节得到一个合理的曝光时间，以得到合理而稳定的输出电压，这样赛车就能采用一个固定的曝光时间跑完全程。但是这是理想的情况，实际比赛环境远不可能这么理想，一定会受到比赛场馆窗户漏光、赛道上方照明光的强弱等因素的影响，因此赛车在前进方向正对窗户和背对窗户的情况下不能采用同一曝光参数，照明灯下和离灯较远处也不能采用相同的曝光参数。换句话说，要想赛车完整地跑完全程需要适时、动态地调整曝光参数。

曝光时间自适应策略如图 9.5 所示。

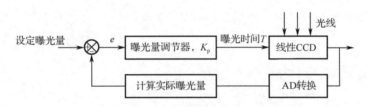

图 9.5 曝光时间自适应算法的示意图

从图 9.5 可看出，该曝光时间自适应策略就是采取了一个典型的闭环控制方式。其控制对象是线性 CCD 模块的曝光时间，反馈是线性 CCD 感应到的曝光量。调节的目标是设定曝光量。控制器的工作原理是：将设定的曝光量减去实际曝光量，差值即为曝光量的偏差 e，曝光量调节器用 K_p 乘以 e 再加上上次的曝光时间作为新的曝光时间进行动态曝光，曝光时间调整后直接影响实际曝光量，如此动态调节以适应环境光的变化。

需要注意的是，实际曝光量并不是某一个像素的曝光量，因为单个像素是无法反应环境光强度的，实际曝光量应该是一段时间和一定像素点强度的函数。蓝宙电子的做法是取一次采集到的 128 个像素电压的平均值作为曝光量当量，设定的曝光量也就是设定的 128 个像素点平均电压。

采用该策略后，在正常的智能小车运行环境中，线性 CCD 采集到的电压值都能保持在合理范围内，从而提高了路径识别的可靠性和稳定性。

蓝宙提供的曝光自适应程序流程如图 9.6 和图 9.7 所示。

其中主程序每隔 20ms 执行一次，主要完成 CCD 采样、计算实际曝光量、计算曝光时间等。

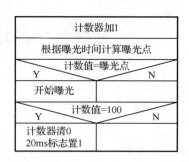

图 9.6　20ms 周期执行程序流程图　　　　图 9.7　0.2ms 中断程序流程图

采集到的 128 像素数据保存在 Pixel[128]数组中，实际曝光量当量（128 像素平均电压）保存在 PixelAverageVoltage 全局变量中，曝光时间（单位 ms）保存在 IntegrationTime 全局变量中。

曝光控制中断程序每 0.2ms 执行一次，每次中断将 TimerCnt20ms 计数器自加 1，然后根据曝光时间 IntegrationTime（其值为 1～100）计算出曝光点 integration_piont（取值范围 100～IntegrationTime，即 99～0，也即 0～19.8ms），如果曝光点等于当前计数器则开始曝光，否则不曝光。当 TimerCnt20ms 等于 100（即 20ms）时，重置 TimerCnt20ms，同时置位 TimerFlag20ms 标志位，通知主程序执行相应处理（20ms 周期）。

0.2ms 定时器中断程序中所使用的定时器为 TIM3。

9.3.2　模块化程序架构

1．模块化规划

由于本例涉及 STM32 单片机的较多外设，又涉及线性 CCD 摄像头等，因此为方便后期程序的维护或功能裁剪，按照"功能归类、分类设计"的原则，将系统分为以下模块。

（1）LED 模块：用于系统运行状态指示、发送信息类型指示等。

（2）按键与设置开关模块：用于系统的功能按键、系统发送信息设置开关。

（3）定时器模块：用于产生 0.2ms 中断。

（4）SysTick 定时模块：用于通过 STM32 内部的 SysTick 产生精确的延时。

（5）系统时钟配置模块：用于配置系统的总线时钟、ADC 时钟等所有的时钟。

（6）中断优先级配置模块：用于配置系统的中断分组：2 位抢占式优先级，2 位响应式优先级。

（7）串口通信模块：用于向上位机发送 CCD 灰度或被识别的路径信息。

（8）A/D 转换模块：用于将线性 CCD 模块 AO 输出电压转换为数字信号。

（9）线性 CCD 模块：用于捕捉路径信息。

2. 模块化实现

1）模块化实现思想

按照上述功能模块规划，将每个模块的程序尽可能独立，每个模块对应一个源程序文件（.c）和一个头文件（.h）。尽量不使用全局变量以减少模块之间的关联，便于日后维护修改或功能裁剪。如果确实要用全局变量，只在 main.c 主程序文件中定义，在各有关模块中通过 extern 加以声明并引用。

每个功能化模块程序对应一个子文件夹，这些文件夹在主程序文件所在的文件夹下。为此，必须在 KEIL 的包含路径选项（Include Paths）中正确设置所有功能模块的子文件夹，以确保编译器能正确找到这些文件。这一点要十分注意，再次提醒！

所有的文件夹和功能模块程序采用统一的命名规则。

所有的模块化头文件最终均通过 myinclude.h 的形式加以包含引用。

2）程序模板

在统一模板的基础上，针对模块化的要求对模板做了一些调整。系统文件的总体架构不变，图 9.8 所示即为其文件结构图。

图 9.8　系统的文件结构图

但是有两处做了调整。

（1）第一处调整：Project 文件夹。

根据工程模板的设计思想，Project 文件夹主要用于存放所有用户编写的或修改的各种源程序文件。图 9.9 是 Project 文件夹下的文件夹、相关文件。从图中可以看出，在 Project 文件夹下增加了各模块对应的子文件夹。

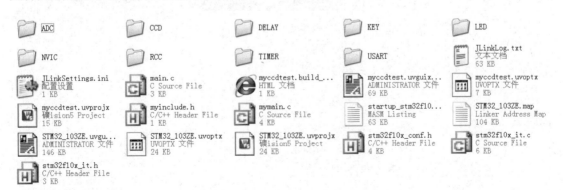

图 9.9　Project 文件夹下的文件夹、相关文件

子文件夹的命名按照功能以英文方式统一命名，一目了然。

由于使用了定时器中断，所以必须包含系统文件 stm32f10x_it.c 和 stm32f10x_it.h。由于本例使用的 KEIL 版本是μvision5，因此工程文件名与以前的版本稍有不同。

（2）第二处调整：KEIL 的包含路径选项（Include Paths）设置。

为了能正确编译组建并生成目标码（Build target），必须正确设置 KEIL 的包含路径选项（Include Paths）。其设置内容就是将各功能子文件夹包含到 Include Paths 选项，具体内容如图 9.10 所示。

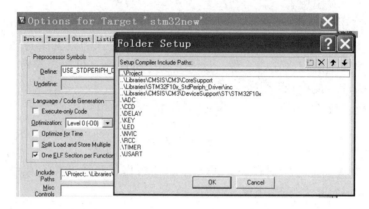

图 9.10 路径包含设置图

9.4 具 体 程 序

9.4.1 工程文件视图——文件结构

本例的工程文件视图如图 9.11 所示。每个功能模块各自对应一个相应的头文件。

图 9.11 工程文件视图

除了系统在编译组建过程中自动生成的中间文件外,系统需要编写或调整的源程序文件(.c、.h)分别是:

(1) Project 文件夹——mymain.c,myinclude.h,stm32f10x_conf.h,stm32f10x_it.c,stm32f10x_it.h,以及工程文件 STM32_103ZE.uvprojx。

注意:μvision5 的工程文件类型与以前的版本有所不同,以前的为.uvproj,而μvision5 之后调整为.uvprojx。

(2) Project 文件夹——ADC 文件夹——myadc.c,myadc.h。
(3) Project 文件夹——CCD 文件夹——myccd.c,myccd.h。
(4) Project 文件夹——DELAY 文件夹——mydelay.c,mydelay.h。
(5) Project 文件夹——KEY 文件夹——mykey.c,mykey.h。
(6) Project 文件夹——LED 文件夹——myled.c,myled.h。
(7) Project 文件夹——NVIC 文件夹——mynvic.c,mynvic.h。
(8) Project 文件夹——RCC 文件夹——myrcc.c,myrcc.h。
(9) Project 文件夹——TIMER 文件夹——mytimer.c,mytimer.h。
(10) Project 文件夹——USART 文件夹——myusart.c,myusart.h。

9.4.2 程序源代码

下面按模块将源程序文件的具体内容(源代码)分别列写如下。

1. ADC 模块对应的源程序

1) 文件 1——myadc.c 的全部内容

```c
// myadc.c
//ADC 模块程序
//包括:ADC 初始化、读取 ADC
#include "myADC.h"
#include "mydelay.h"
#include "myccd.h"
#include "stm32f10x.h"

//ADC 的 GPIO 配置
void GPIO_ADC1(void)
{
    GPIO_InitTypeDef GPIO_InitStructure;
    //PA0/1/2/3 作为模拟通道输入引脚
    GPIO_InitStructure.GPIO_Pin = GPIO_Pin_0|GPIO_Pin_1|GPIO_Pin_2|GPIO_Pin_3;
    GPIO_InitStructure.GPIO_Mode = GPIO_Mode_AIN;        //模拟输入引脚
    GPIO_Init(GPIOA, &GPIO_InitStructure);
}

//ADC 初始化函数
//默认开启 ADC1 的通道 0~3,规则通道
```

```c
void ADC1_Configuration(void)
{
    ADC_InitTypeDef ADC_InitStructure;
    GPIO_ADC1();                                         //ADC1 的 GPIO 配置
    ADC_DeInit(ADC1);                                    //将外设 ADC1 的全部寄存器重设为
                                                         //默认值
    ADC_InitStructure.ADC_Mode = ADC_Mode_Independent;
    //ADC 工作模式：ADC1 和 ADC2 工作在独立模式
    ADC_InitStructure.ADC_ScanConvMode = DISABLE;        //模数转换工作在单通道模式
    ADC_InitStructure.ADC_ContinuousConvMode = DISABLE;
    //模数转换工作在单次转换模式
    ADC_InitStructure.ADC_ExternalTrigConv = ADC_ExternalTrigConv_None;
    //外部触发转换关闭
    ADC_InitStructure.ADC_DataAlign = ADC_DataAlign_Right;   //ADC 数据右对齐
    ADC_InitStructure.ADC_NbrOfChannel = 1;
    //顺序进行规则转换的 ADC 通道的数目（根据实际确定，此例为 1
    ADC_Init(ADC1, &ADC_InitStructure);
    //根据 ADC_InitStruct 中指定的参数初始化外设 ADCx 的寄存器

    ADC_Cmd(ADC1, ENABLE);                               //使能指定的 ADC1
    //使能以后，按官方要求必须进行校准，否则会出现较大误差
    //以下是官方推荐的校准程序
    ADC_ResetCalibration(ADC1);                          //复位指定的 ADC1 的校准寄存器
    while(ADC_GetResetCalibrationStatus(ADC1));
    //获取 ADC1 复位校准寄存器的状态，设置状态则等待
    ADC_StartCalibration(ADC1);                          //开始指定 ADC1 的校准状态
    while(ADC_GetCalibrationStatus(ADC1));
    //获取指定 ADC1 的校准程序，设置状态则等待
}

//获得 ADC 值
//ch：通道值 0~3
u16 Get_Adc(u8 ch)
{
    //设置指定 ADC 的规则组通道，设置它们的转化顺序和采样时间
    ADC_RegularChannelConfig(ADC1, ch, 1, ADC_SampleTime_7Cycles5 );
    //ADC1，ADC 通道，规则采样顺序值为 1，采样时间为 7.5 周期
    ADC_SoftwareStartConvCmd(ADC1, ENABLE);
    //使能指定的 ADC1 的软件转换启动功能
    while(!ADC_GetFlagStatus(ADC1, ADC_FLAG_EOC ));      //等待转换结束
    return ADC_GetConversionValue(ADC1);                 //返回最近一次 ADC1 规则组的转换结果
}
```

2）文件 2——myadc.h 的全部内容

```c
// myadc.h
#ifndef __ADC_H
```

```c
#define __ADC_H
#include "stm32f10x.h"
#define ADC_CH ADC_Channel_0

void GPIO_ADC1(void);
void ADC1_Configuration(void);
u16  Get_Adc(u8 ch);
void ADC_GetLine(u8 dd[]);

#endif
```

2. CCD 模块对应的源程序

1）文件 3——myccd.c 的全部内容

```c
//myccd.c
//CCD 控制引脚（输入）
//SI：PB13
//CLK：PB14
//模拟输出与 ADC1 的 PA0
#include "stm32f10x.h"
#include "myCCD.h"
#include "myadc.h"
#include "mydelay.h"

//延时 200ns（不精确）
void SamplingDelay(void)
{
    volatile u8 i,j ;
    for(i=0;i<1;i++)
    {
        j=1;
        j=2;
    }
}

//把 12 位数据归一为 8 位（就是取高 8 位）
u8 Normalized_U8(u16 data)
{
    return (u8)((u32)data*255/4095);
    //return (u8)(data>>4);
}

//CCD 的控制引脚的配置
//PB13/14 作为控制输入引脚，在头文件中可更换
void GPIO_CCD(void)
{
```

```c
    GPIO_InitTypeDef GPIO_InitStructure;

    GPIO_InitStructure.GPIO_Pin = GPIO_CCD_SI|GPIO_CCD_CLK;
    GPIO_InitStructure.GPIO_Mode = GPIO_Mode_Out_PP;            //推挽输出用以连接 SI、CLK
    GPIO_InitStructure.GPIO_Speed = GPIO_Speed_50MHz;
    GPIO_Init(TheGPIO_CCD, &GPIO_InitStructure);
    GPIO_WriteBit(TheGPIO_CCD,GPIO_CCD_SI,(BitAction)0);        //SI：0
    GPIO_WriteBit(TheGPIO_CCD,GPIO_CCD_CLK,(BitAction)0);       //CLK：0
}

//SI 输出高低电平
void SI(int a)
{
    if(a==1)
        GPIO_WriteBit(TheGPIO_CCD,GPIO_CCD_SI,(BitAction)1);
    else
        GPIO_WriteBit(TheGPIO_CCD,GPIO_CCD_SI,(BitAction)0);
}

//CLK 输出高低电平
void CLK(int a)
{
    if(a==1)
        GPIO_WriteBit(TheGPIO_CCD,GPIO_CCD_CLK,(BitAction)1);
    else
        GPIO_WriteBit(TheGPIO_CCD,GPIO_CCD_CLK,(BitAction)0);
}

//函数名称：StartIntegration
//功能说明：CCD 启动程序（开始复位和曝光）
//前 18 个时钟周期为复位
//第 19 个时钟到 129 个为曝光积分时间
void StartIntegration(void)
{
    unsigned char i;
    SI(1);                  //SI=1
    delay_us(1);
    CLK(1);                 //CLK=1
    delay_us(1);
    SI(0);                  //SI=0
    delay_us(1);
    CLK(0);                 //CLK=0

    for(i=0; i<127; i++)
    {
        delay_us(1);
        CLK(1);             //CLK=1
```

```c
        delay_us(1);
        CLK(0);                 //CLK=0;
    }
    delay_us(1);
    CLK(1);                     //CLK=1;
    delay_us(1);
    CLK(0);                     //CLK=0
}

//函数名称：ImageCapture
//功能说明：CCD 采样程序
//参数说明：* ImageData    采样数组
//128 点数据采样
void ImageCapture(unsigned char * ImageData)
{
    unsigned char i;
    SI(1);                      //SI=1;
    delay_us(1);
    CLK(1);                     //CLK=1
    delay_us(1);
    SI(0);                      //SI=0
    delay_us(1);

    //延时以开始采样第 1 个点（0 点）
    for(i = 0; i < 20; i++)
    {   //更改此值 250，让图像看上去比较平滑
        delay_us(1);            //200ns
    }

    *ImageData = Normalized_U8(Get_Adc(ADC_CH));        //读取后取 8 位
    ImageData ++ ;
    CLK(0);                                             //CLK=0

    //第 2 点到第 128 点
    for(i=1; i<128; i++)
    {
        delay_us(1);
        CLK(1);                                         //CLK=1，上升沿有效
        *ImageData = Normalized_U8(Get_Adc(ADC_CH));    //读取后取 8 位
        ImageData ++ ;
        CLK(0);                                         //CLK=0
    }
    //必须有第 129 个时钟，使得内部开关归位，否则，下次就会不正常
    delay_us(1);
    CLK(1);                                             //CLK=1
    delay_us(1);
    CLK(0);                                             //CLK=0
```

```c
}
//函数名称：CalculateIntegrationTime
//功能说明：计算曝光时间
//函数参数：128 像素的采样值，缓冲区
//返回值：曝光时间（下一次曝光时间，建议）
//曝光时间，单位 ms（这里实际是 0.2ms，是为了提高曝光的调整区间更精准）
void CalculateIntegrationTime(u8 Pixel[128])
{
    extern u8 IntegrationTime;
    /* 128 个像素点的平均 AD 值 */
    u8 PixelAverageValue;
    /* 128 个像素点的平均电压值的 10 倍 */
    u8 PixelAverageVoltage;
    /* 设定目标平均电压值，实际电压的 10 倍 */
    //s16 即 int16_t（带符号 16 位整数）
    s16 TargetPixelAverageVoltage = 25;                       //2.5*10=25
    /* 设定目标平均电压值与实际值的偏差，实际电压的 10 倍 */
    s16 PixelAverageVoltageError = 0;
    /* 设定目标平均电压值允许的偏差，实际电压的 10 倍 */
    s16 TargetPixelAverageVoltageAllowError = 2;

    /* 计算 128 个像素点的平均 AD 值 */
    PixelAverageValue = PixelAverage(128,Pixel);
    /* 计算 128 个像素点的平均电压值，实际值的 10 倍 */
    PixelAverageVoltage = (unsigned char)((int)PixelAverageValue * 25 / 194);

    PixelAverageVoltageError = TargetPixelAverageVoltage - PixelAverageVoltage;
    if(PixelAverageVoltageError < -TargetPixelAverageVoltageAllowError)
    {
        PixelAverageVoltageError = 0- PixelAverageVoltageError ;
        PixelAverageVoltageError /= 2;
        if(PixelAverageVoltageError > 10 )
            PixelAverageVoltageError = 10 ;
        IntegrationTime -= PixelAverageVoltageError;
    }
    if(PixelAverageVoltageError > TargetPixelAverageVoltageAllowError)
    {
        PixelAverageVoltageError /= 2;
        if(PixelAverageVoltageError > 10 )
            PixelAverageVoltageError = 10 ;
        IntegrationTime += PixelAverageVoltageError;}

    if(IntegrationTime <= 1)
        IntegrationTime = 1;
    if(IntegrationTime >= 100)
        IntegrationTime = 100;//0.2*100=20
```

```c
        // return IntegrationTime;
}

//函数名称：AccommodFondLine
//功能说明：自适应找线（蓝宙算法）
//参数说明：
//函数返回：无
//备    注：自己适应算黑线位置算法
#define LINEBREADTH      10
#define LINECONCAT       8
void AccommodFondLine(s8 *PixelAryy ,u8 PixelCount, s16 *LastLeftPixelStation,s16 *LastRingtPixelStation,u8 FAVAULE)
{
    static u8 NOLeftCount,NORingtCout ;
    s16 temp0B ,temp1B,temp2B,temp3B;
    u8 *LineStation ,LineCount , *LineLeftStation,*LineRingtStation;
    s16 LeftMIN,LeftMAX,RingtMIN,RingtMAX;
    LineCount = 0 ;
    for(temp0B = 0 ; temp0B < PixelCount ; temp0B ++)
    {
        temp1B = temp0B ;
        temp2B = 0 ;
        /***********
        查找左边凹槽
        ***********/
        while(temp2B <= LINEBREADTH)
        {
            temp1B -- ;
            if(temp1B < 0)
                break ;
            if( PixelAryy[temp1B] -  PixelAryy[temp0B] > FAVAULE )
            { temp2B ++ ;}
            else if(temp2B)
            { break ; }
        }

        /***********
        查找右边凹槽
        ***********/
        temp1B = temp0B ;
        temp3B = 0 ;
        while(temp3B <= LINEBREADTH)
        {
            temp1B ++ ;
            if(temp1B > PixelCount)
            { break ; }
            if( PixelAryy[temp1B] -  PixelAryy[temp0B] > FAVAULE )
```

```c
            { temp3B ++ ;}
        else if(temp3B)
            { break ; }
    }
    /***********
    记录黑线位置
    ***********/
    if(temp2B >= LINEBREADTH )
    {
        *LineStation = temp0B ;
        LineCount ++ ;
    }
    else if(temp3B >= LINEBREADTH )
    {
        *LineStation = temp0B ;
        LineCount ++ ;
    }
}
/**********
根据连续性查找左右黑线的位置
**********/
if(LineCount)
{
    temp2B = PixelCount >> 1 ;
    temp1B = NOLeftCount << 1;
    temp1B += LINECONCAT;
    LeftMIN = *LastLeftPixelStation - temp1B ;
    LeftMAX = *LastRingtPixelStation + temp1B ;
    if(LeftMIN < 0)
        LeftMIN = 0 ;

    if(LeftMAX > (temp2B + 1))
        LeftMAX   = temp2B + 1 ;

    RingtMIN = *LastRingtPixelStation - temp1B ;
    RingtMAX = *LastRingtPixelStation + temp1B ;
    if(RingtMAX > PixelCount)
        RingtMAX = PixelCount ;
    if(RingtMIN < (temp2B - 1))
    {
        RingtMIN = temp2B - 1 ;
    }
    temp2B = 0 ;
    temp3B = 0 ;
    for(temp1B = 0 ;temp1B < LineCount ;temp1B ++ )
    {
        if( (LeftMIN < LineStation[temp1B])&&(LineStation[temp1B]<LeftMAX))
```

```
                    {
                        LineLeftStation[temp2B] = LineStation[temp1B] ;
                        temp2B ++ ;
                    }
                    else if( (RingtMIN < LineStation[temp1B])&&(LineStation[temp1B]<RingtMAX))
                    {
                        LineRingtStation[temp3B] = LineStation[temp1B] ;
                        temp3B ++ ;
                    }
            }
        }
        else
        {
            NOLeftCount ++ ;
            NORingtCout ++ ;
        }

        if(temp2B)
        {
            NOLeftCount = 0 ;
        }
}
//函数名称：PixelAverage
//功能说明：求数组的均值程序
//参数说明：数组长度，数据数组
//函数返回：均值
u8 PixelAverage(u8 len, u8 *data)
{
    unsigned char i;
    unsigned int sum = 0;
    for(i = 0; i<len; i++)
    {
        sum = sum + *data++;
    }
    return ((unsigned char)(sum/len));
}

//自适应路径识别函数（作者自创算法）
//该函数基于动态阈值进行二值化，首先利用平均值进行二值化
//然后判断连续的点数
//据此，判断路径类别
//路径：01 直行道，11 左转道，13 右转道，10 丁字道，20 其他道，00 无法识别
//      左位置、右位置
//参数：参数 1 为本次 128 点数据，参数 2 为路径类型：0 为黑底白色路径，1 为白底黑色路径
//      参数 3 为上一次路径信息：左坐标、右坐标、路径类型
//返回：可能的路径数
u8 MyFindLine(u8 Pixel[128],u8 LType,u8 LineInf[][3])
```

```c
{
    u8 min,max,type,left,right,mid;
    u8 i,j=0,ave,l1cnt=0,l2cnt=0,tf=0;
    u8 tm[128]={0};
    u8 lasttype[3];
    //保存上一次路径信息
    lasttype[0]=LineInf[0][0];      //左位置
    lasttype[1]=LineInf[0][1];      //右位置
    lasttype[2]=LineInf[0][2];      //路径类型

    min=Pixel[0];
    max=Pixel[0];
    for(i=0;i<128;i++)              //求最大值和最小值
    {
        if(Pixel[i]<min)
            min=Pixel[i];
        if(Pixel[i]>max)
            max=Pixel[i];
    }
    if(max-min>5)
    {
        ave=(min+max)/2.0+1;        //通过最大值和最小值求平均值
        for(i=0;i<128;i++)          //用均值将CCD数据二值化
        {
            if(LType==0)            //找白线
                if(Pixel[i]>ave)
                    tm[i]=1;
                else
                    tm[i]=0;
            else                    //找黑线
                if(Pixel[i]<ave)
                    tm[i]=1;
                else
                    tm[i]=0;
        }
    }
    left=0;
    right=0;
    j=0;
    for(i=0;i<128;i++)
    {
        if(tm[i]==1)
            tf=1;
        else
            tf=0;
        if(tf==1)
        {
```

```c
            l1cnt++;              //开始计数
            if(left==0&&i!=0)
                left=i;           //左坐标
        }
        else
        {
            if(l1cnt>=6)          //连续6点以上，可以认为是有效路径
            {
                LineInf[j][0]=left;      //当前有效路径存入，左位置
                LineInf[j][1]=i-1;       //右位置
                LineInf[j][2]=l1cnt;     //连续点数
                j++;                     //下一个可能的路径，路径计数
                l1cnt=0;
                left=0;
                right=0;
            }
            else
            {
                l1cnt=0;
                left=0;
                right=0;
            }
        }
    }
    if(j==0)
    {
        LineInf[0][0]=00;        //左位置
        LineInf[0][1]=00;        //右位置
        LineInf[0][2]=00;        //无效路径
        return 0;
    }
    //找一条有效路径及其左右位置，及路径类型
    //查找的依据是，中线位置以128/2==64为判断原则
    //如果左位置或右位置接近64的则为有效路径
    for(i=0;i<j;i++)
    {
        //1cm对应7～8pixels，7*4大约是4cm，即超出这个偏差，认为无效
        //应根据具体的路径宽度，调整这个值
        if(abs(LineInf[i][0]-64)<=7*4 && abs(LineInf[i][1]-64)<=7*4)  //如成立，说明循迹成功
        {
            LineInf[0][0]=LineInf[i][0];            //左位置
            LineInf[0][1]=LineInf[i][1];            //右位置
            LineInf[0][2]=0x01;                     //直行路径
            return j;                               //有效返回1
        }
        else
```

```c
                if(abs(LineInf[i][0]-64)>7*4 && abs(LineInf[i][1]-64)<=7*4)
                {
                    LineInf[0][0]=LineInf[i][0];                //左位置
                    LineInf[0][1]=LineInf[i][1];                //右位置
                    LineInf[0][2]=0x11;                         //左转路径
                    return j;                                   //有效返回 1
                }
                else
                    if(abs(LineInf[i][0]-64)<=7*4 && abs(LineInf[i][1]-64)>7*4)
                    {
                        LineInf[0][0]=LineInf[i][0];            //左位置
                        LineInf[0][1]=LineInf[i][1];            //右位置
                        LineInf[0][2]=0x13;                     //右转路径
                        return j;                               //有效返回 1
                    }
                    else
                    {
                        LineInf[0][0]=LineInf[i][0];            //左位置，无效
                        LineInf[0][1]=LineInf[i][1];            //右位置
                        LineInf[0][2]=0x10;                     //丁字路径或十字路径
                        return j;                               //有效返回 1
                    }
        }
        return j;                                               //返回可能的有效路径数
}
```

2）文件 4——myccd.h 的全部内容

```c
//myccd.h
#ifndef __myCCD_H
#define __myCCD_H
#include <stm32f10x.h>

//CCD 控制引脚的宏定义，方便更换
#define TheGPIO_CCD GPIOB               //PB
#define GPIO_CCD_SI GPIO_Pin_13         //SI
#define GPIO_CCD_CLK GPIO_Pin_14        //CLK

void SamplingDelay(void);
u8 Normalized_U8(u16 data);
void GPIO_CCD(void);
void SI(int a);
void CLK(int a);
void StartIntegration(void);
void ImageCapture(unsigned char * ImageData);
void CalculateIntegrationTime(u8 Pixel[128]);
void AccommodFondLine(s8 *PixelAryy ,u8 PixelCount , s16 *LastLeftPixelStation,s16 *LastRingtPixelStation,
```

```c
u8 FAVAULE);
    u8 PixelAverage(u8 len, u8 *data);

u8 MyFindLine(u8 Pixel[128],u8 LType,u8 LineInf[][3]);
#endif
```

3. DELAY 模块对应的源程序

1）文件 5——mydelay.c 的全部内容

```c
//mydelay.c
#include "stm32f10x.h"
#include "mydelay.h"

//基于 SysTick 的精确延时

static u8   fac_us=0;                        //us 延时倍乘数
static u16 fac_ms=0;                         //ms 延时倍乘数

//初始化延迟函数
//SysTick 的时钟固定为 HCLK 时钟的 1/8
//SYSCLK：系统时钟
void delay_init(u8 SYSCLK)
{
    SysTick_CLKSourceConfig(SysTick_CLKSource_HCLK_Div8);
    //选择外部时钟    HCLK/8
    fac_us=SYSCLK/8;
    fac_ms=(u16)fac_us*1000;
}

//延时 nms
//注意 nms 的范围
//SysTick->LOAD 为 24 位寄存器，所以，最大延时为
//nms<=0xffffff*8*1000/SYSCLK
//SYSCLK 单位为 Hz，nms 单位为 ms
//在 72M 条件下，nms<=1864
void delay_ms(u16 nms)
{
    u32 temp;
    SysTick->LOAD=(u32)nms*fac_ms;          //时间加载（SysTick->LOAD 为 24bit）
    SysTick->VAL =0x00;                      //清空计数器
    SysTick->CTRL=0x01 ;                     //开始倒数
    do
    {
        temp=SysTick->CTRL;
    }
    while(temp&0x01&&!(temp&(1<<16)));       //等待时间到达
    SysTick->CTRL=0x00;                      //关闭计数器
```

```c
        SysTick->VAL =0X00;                    //清空计数器
}

//延时 nus
//nus 为要延时的 us 数
void delay_us(u32 nus)
{
    u32 temp;
    SysTick->LOAD=nus*fac_us;                  //时间加载
    SysTick->VAL=0x00;                         //清空计数器
    SysTick->CTRL=0x01 ;                       //开始倒计数
    do
    {
        temp=SysTick->CTRL;
    }
    while(temp&0x01&&!(temp&(1<<16)));         //等待时间到达
    SysTick->CTRL=0x00;                        //关闭计数器
    SysTick->VAL =0X00;                        //清空计数器
}

//延时
void delay1(uint16_t time)
{
    volatile uint16_t i = time;
    while(i--);
}
```

2）文件 6——mydelay.h 的全部内容

```c
//mydelay.h
#ifndef __myDELAY_H
#define __myDELAY_H

#include "stm32f10x.h"

void delay_init(u8 SYSCLK);
void delay_ms(u16 nms);
void delay_us(u32 nus);
void delay1(uint16_t time);

#endif
```

4. KEY 模块对应的源程序

1）文件 7——mykey.c 的全部内容

```c
//mykey.c
#include "stm32f10x.h"
#include "myKEY.h"
#include "myDELAY.h"

//初始化 PE4 为输入口（上拉输入，低电平有效），并使能这个口的时钟
//按键的 I/O 初始化
void GPIO_KEY(void)
{
    GPIO_InitTypeDef    GPIO_InitStructure;

    //按键：PE4
    GPIO_InitStructure.GPIO_Pin = GPIO_Pin_4;                       //KEY 端口配置
    GPIO_InitStructure.GPIO_Mode = GPIO_Mode_IPU;                   //上拉输入
    GPIO_InitStructure.GPIO_Speed = GPIO_Speed_50MHz;
    GPIO_Init(GPIOE, &GPIO_InitStructure);

    //设置输出信息的开关：PB10、PB11
    GPIO_InitStructure.GPIO_Pin = GPIO_Pin_10|GPIO_Pin_11;          //SW 设置开关端口配置
    GPIO_InitStructure.GPIO_Mode = GPIO_Mode_IPU;                   //上拉输入（默认为高电平）
    GPIO_InitStructure.GPIO_Speed = GPIO_Speed_50MHz;
    GPIO_Init(GPIOB, &GPIO_InitStructure);
}

//按键判断
//返回：1=按键按下，0=按键无效
//注意：释放才有效
u8 KeyPressed(void)
{
    if(KeyState==0)
    {
        delay_ms(10);
        if(KeyState==0)
        {
            while(KeyState==0);                                     //等待按键释放
            return 1;
        }
    }
    return 0;                                                       //按键无效
}
```

2）文件 8——mykey.h 的全部内容

```c
//mykey.h
#ifndef __myKEY_H
#define __myKEY_H
#include "stm32f10x.h"

//KEY 的端口定义
#define KeyState       GPIO_ReadInputDataBit (GPIOE,GPIO_Pin_4)    //KEY0—PE4

//发送信息设置开关端口定义
#define SW_TYPE        GPIO_ReadInputDataBit (GPIOB,GPIO_Pin_10)   //PB10
#define SW_AD          GPIO_ReadInputDataBit (GPIOB,GPIO_Pin_11)   //PB11

void GPIO_KEY(void);//初始化

#endif
```

5. LED 模块对应的源程序

1）文件 9——myled.c 的全部内容

```c
//myled.c
#include "stm32f10x.h"
#include "myLED.h"

//初始化 PE5 和 PE6 为输出口，并使能这两个口的时钟
//LED I/O 初始化
void GPIO_LED(void)
{
    GPIO_InitTypeDef   GPIO_InitStructure;

    GPIO_InitStructure.GPIO_Pin = GPIO_Pin_5|GPIO_Pin_6;      //LED1/LED2 端口配置
    GPIO_InitStructure.GPIO_Mode = GPIO_Mode_Out_PP;          //推挽输出
    GPIO_InitStructure.GPIO_Speed = GPIO_Speed_50MHz;
    GPIO_Init(GPIOE, &GPIO_InitStructure);

    LED1_OFF;
    LED2_OFF;
}
```

2）文件 10——myled.h 的全部内容

```c
//myled.h
#ifndef __myLED_H
#define __myLED_H
```

```c
#include "stm32f10x.h"

//LED 端口定义
#define LED1_OFF      GPIO_SetBits(GPIOE,GPIO_Pin_5)
#define LED1_ON       GPIO_ResetBits(GPIOE,GPIO_Pin_5)

#define LED2_OFF      GPIO_SetBits(GPIOE,GPIO_Pin_6)
#define LED2_ON       GPIO_ResetBits(GPIOE,GPIO_Pin_6)

void GPIO_LED(void);//初始化

#endif
```

6. NVIC 模块对应的源程序

1）文件 11——mynvic.c 的全部内容

```c
//mynvic.c
#include "myNVIC.h"

//中断分组配置 2：2
void NVIC_Configuration(void)
{
    NVIC_PriorityGroupConfig(NVIC_PriorityGroup_2);
    //设置 NVIC 中断分组 2:2 位抢占式优先级，2 位响应式优先级
}
```

2）文件 12——mynvic.h 的全部内容

```c
//mynvic.h
#ifndef __mySYS_H
#define __mySYS_H

#include "stm32f10x.h"

void NVIC_Configuration(void);

#endif
```

7. RCC 模块对应的源程序

1）文件 13——myrcc.c 的全部内容

```c
//myrcc.c
#include <stm32f10x.h>
#include <myRCC.h>
```

```c
//系统时钟初始化并使能相关时钟
//外部晶振8M，系统主频72M
//AHB=72M，APB2=72M，APB1=36M
//ADC CLOCK=12M（最大只能为14M）
//根据需要配置相关外设的时钟（所有）
//该函数是复位后首先被调用的函数
void RCC_Configuration(void)
{
    ErrorStatus HSEStartUpStatus;

    RCC_DeInit();                                      //RCC 系统复位
    RCC_HSEConfig(RCC_HSE_ON);                         //开启 HSE
    HSEStartUpStatus = RCC_WaitForHSEStartUp();        //等待 HSE 准备好
    if(HSEStartUpStatus == SUCCESS)
    {
        FLASH_PrefetchBufferCmd(FLASH_PrefetchBuffer_Enable); //Enable Prefetch Buffer
        FLASH_SetLatency(FLASH_Latency_2); //Set 2 Latency cycles
        RCC_HCLKConfig(RCC_SYSCLK_Div1); //AHB clock = SYSCLK
        RCC_PCLK2Config(RCC_HCLK_Div1); //APB2 clock = HCLK
        RCC_PCLK1Config(RCC_HCLK_Div2); //APB1 clock = HCLK/2
        RCC_PLLConfig(RCC_PLLSource_HSE_Div1, RCC_PLLMul_9);
        //PLLCLK = 8MHz * 9 = 72 MHz
        RCC_PLLCmd(ENABLE);                            //Enable PLL，使能 PLL
        while(RCC_GetFlagStatus(RCC_FLAG_PLLRDY) == RESET);
        //Wait till PLL is ready
        RCC_SYSCLKConfig(RCC_SYSCLKSource_PLLCLK);
        //Select PLL as system clock source
        while(RCC_GetSYSCLKSource() != 0x08);
        //Wait till PLL is used as system clock source
        //0x00: HSI used as system clock
        //0x04: HSE used as system clock
        //0x08: PLL used as system clock

        RCC_APB2PeriphClockCmd(RCC_APB2Periph_GPIOA|RCC_APB2Periph_GPIOB
        |RCC_APB2Periph_GPIOC |RCC_APB2Periph_ADC1 |RCC_APB2Periph_AFIO
        |RCC_APB2Periph_USART1, ENABLE );              //使能 ADC1 通道时钟，各个引脚时钟

        RCC_APB1PeriphClockCmd(RCC_APB1Periph_TIM3, ENABLE);
        //使能定时器时钟
        RCC_ADCCLKConfig(RCC_PCLK2_Div6);
        //72M/6=12，ADC 最大时间不能超过 14M
        RCC_AHBPeriphClockCmd(RCC_AHBPeriph_DMA1, ENABLE);    //使能 DMA 传输
    }
}
```

2）文件 14——myrcc.h 的全部内容

```
#ifndef __myRCC_H
#define __myRCC_H

void RCC_Configuration(void);          //系统各种时钟配置和初始化函数

#endif
```

8. TIMER 模块对应的源程序

1）文件 15——mytimer.c 的全部内容

```
//mytimer.c
#include "myTIMER.h"

//通用定时器中断初始化
//这里时钟选择为 APB1 的 2 倍，而 APB1 为 36M
//arr：自动重装值
//psc：时钟预分频数
//这里使用的是定时器 3
void Timerx_Init(u16 arr,u16 psc)
{
    TIM_TimeBaseInitTypeDef   TIM_TimeBaseStructure;
    NVIC_InitTypeDef NVIC_InitStructure;

//  RCC_APB1PeriphClockCmd(RCC_APB1Periph_TIM3, ENABLE);

//  TIM_TimeBaseStructure.TIM_Period = 10-1;              //10 为 1ms，自动重装载寄存器周期的值
    TIM_TimeBaseStructure.TIM_Period = arr-1;             //自动重装载寄存器周期的值
    TIM_TimeBaseStructure.TIM_Prescaler =(psc-1);         //预分频值
    TIM_TimeBaseStructure.TIM_ClockDivision = 0;          //设置时钟分割：TDTS = Tck_tim
    TIM_TimeBaseStructure.TIM_CounterMode = TIM_CounterMode_Up;    //向上计数模式
    TIM_TimeBaseInit(TIM3, &TIM_TimeBaseStructure);       //初始化 TIMx 的时间基数单位

    /* TIM IT enable */
    TIM_ITConfig(              //使能或者失能指定的 TIM 中断
    TIM3, //TIM2
    TIM_IT_Update    |         //TIM 中断源
    TIM_IT_Trigger,            //TIM 触发中断源
    ENABLE                     //使能
    );
    /* Enable the TIM3 global Interrupt */

    NVIC_InitStructure.NVIC_IRQChannel = TIM3_IRQn;                 //TIM3 中断
    NVIC_InitStructure.NVIC_IRQChannelPreemptionPriority = 0;       //先占优先级 0 级
    NVIC_InitStructure.NVIC_IRQChannelSubPriority = 3;              //从优先级 3 级
```

```c
    NVIC_InitStructure.NVIC_IRQChannelCmd = ENABLE;        //IRQ 通道被使能
    NVIC_Init(&NVIC_InitStructure);
    //根据 NVIC_InitStruct 中指定的参数初始化外设 NVIC 寄存器
    TIM_Cmd(TIM3, ENABLE);                                 //使能 TIMx 外设
}
```

2）文件 16——mytimer.h

```c
//mytimer.h
#ifndef __myTIMER_H
#define __myTIMER_H

#include <stm32f10x.h>

void Timerx_Init(u16 arr,u16 psc);

#endif
```

9. USART 模块对应的源程序

1）文件 17——myusart.c 的全部内容

```c
//myusart.c

#include "myusart.h"

//串口相关函数

//USART1 的 GPIO 口配置
//PA 的 9 和 10
void GPIO_USART1(void)
{
    GPIO_InitTypeDef GPIO_InitStructure;

    GPIO_InitStructure.GPIO_Pin = GPIO_Pin_9;
    GPIO_InitStructure.GPIO_Mode = GPIO_Mode_AF_PP;              //TXD
    //因为 USART1 引脚是以复用的形式接到 GPIO 口上的，所以使用复用推挽输出
    GPIO_InitStructure.GPIO_Speed = GPIO_Speed_50MHz;
    GPIO_Init(GPIOA, &GPIO_InitStructure);
    GPIO_InitStructure.GPIO_Pin = GPIO_Pin_10;
    GPIO_InitStructure.GPIO_Mode = GPIO_Mode_IN_FLOATING;        //RXD
    GPIO_Init(GPIOA, &GPIO_InitStructure);
}

//USART1：串口 1 的初始化
//参数为波特率
//8 位数据、1 停止位、无校验
void USART_Configuration(u32 baudrate)
```

```c
{
    USART_InitTypeDef USART_InitStructure;

    GPIO_USART1();                                              //USART1 对应的 GPIO 配置

    USART_InitStructure.USART_BaudRate = baudrate;              //波特率
    USART_InitStructure.USART_WordLength = USART_WordLength_8b; //8 位数据
    USART_InitStructure.USART_StopBits = USART_StopBits_1;      //1 停止位
    USART_InitStructure.USART_Parity = USART_Parity_No;         //无校验
    USART_InitStructure.USART_HardwareFlowControl = USART_HardwareFlowControl_None;
    //无硬件流控
    USART_InitStructure.USART_Mode = USART_Mode_Rx | USART_Mode_Tx;
    //允许接收和发送
    USART_Init(USART1, &USART_InitStructure);                   //初始化 USART1
    USART_Cmd(USART1,ENABLE);                                   //使能 USART1
}

//重定向 printf 到 USART1
int fputc(int ch,FILE *f)
{
    USART_SendData(USART1, ch);                                 //发送 1 字节
    while(USART_GetFlagStatus(USART1,USART_FLAG_TC)==RESET) { } //等待发送完成
    return(ch);                                                 //返回该字节
}
//有了上述两个函数，将 stdio.h 包含进来，勾选 KEILDE Target 里的 Use MicroLIB
//调用初始化函数对串口初始化后
//即可使用 printf()通过串口输出相关信息
//----------------
//while(USART_GetFlagStatus(USART1,USART_FLAG_TXE)==RESET);//等待传输完成否则第一位数据
//容易丢失
//------------------------

//发数字符函数
//将 HEX 值转换为两个字符发送至串口
//例如，0x1a，则发送 '1'、'A'
void SendHex(unsigned char hex)
{
    unsigned char temp;
    temp = hex >> 4;
    if(temp < 10)
        putchar(temp + '0');
    else
        putchar(temp - 10 + 'A');
    temp = hex & 0x0F;
    if(temp < 10)
        putchar(temp + '0');
    else
```

```c
            putchar(temp - 10 + 'A');
}

//按照 CCDVIEW 软件的协议发送一线的数据（128 Pixels）
//函数参数：128 点数据缓冲区（128 字节）
void SendImageData(unsigned char * ImageData)
{
    unsigned char i;
    unsigned char crc = 0;

    //发送帧头 3 字节
    putchar('*');
    putchar('L');
    putchar('D');

    SendHex(0);
    SendHex(132);
    //发送保留的 4 字节
    SendHex(0);
    SendHex(0);
    SendHex(0);
    SendHex(0);

    //发送 128 点的数据
    for(i=0; i<128; i++)
    {
        SendHex(*ImageData++);
    }

    //发送校验字节
    SendHex(crc);
    //发送帧尾字节
    putchar('#');
}

//CCD 一帧图像（128 点）的发送函数
//以适应拉普兰德电子的线性 CCD 调试助手 BETA
void CCD_send(u8 *p)
{   u8   i,j;

    for(i=0;i<128;i++)            //128 点
    {
        j=(u8)(p[i]);
        if(j==0xff)               //如果出现 0xff，则强行改为 0XFE
            j=0xfe;
        putchar(j);               //发送高八位
//      putchar(p[i]>>8);         //发送高八位
```

```c
//          putchar(p[i]&0x00FF);//发送低八位
        }
        putchar(0xff);           //因为该软件规定,在发送完 128 点数据后,必须以 0xff 作为帧结束符
}
```

2)文件 18——myusart.h 的全部内容

```c
//myusart.h
#ifndef __myUSART_H
#define __myUSART_H

#include "stm32f10x.h"
#include <stdio.h>

void GPIO_USART1(void);
void USART_Configuration(u32 baudrate);
int fputc(int ch,FILE *f);

void SendHex(unsigned char hex);
void SendImageData(unsigned char * ImageData);
void CCD_send(u8 *p);

#endif
```

10. 主函数模块对应的源程序——主文件

1)文件 19——mymain.c 的全部内容

```c
//mymain.c
#include "stm32f10x.h"
#include "myinclude.h"                  //外设模块程序的头文件

//————————————————————————
//系统全局变量定义
//涉及的模块:stm32f10x_it.c,mymain.c,myCCD.C
//————————————————————————
u8 TIME1flag_20ms=0 ;
u8 TIME1flag_1ms=0 ;
u8 IntegrationTime=10;

//主函数
int main(void)
{
    u8 Pixel[128];

    volatile u8 i;
    u8 send_data_cnt = 0;
    u8 *pixel_pt;
```

```c
u8 linf[10][3]={{0,0,0},{0,0,0},{0,0,0},{0,0,0},{0,0,0},{0,0,0},{0,0,0},{0,0,0},{0,0,0},{0,0,0}};
u8 lines=0;

//初始化

//系统初始化
SystemInit();
//延时函数初始化
delay_init(72);
//中断优先级分组模式初始化
NVIC_Configuration();

//STM32 外设初始化
RCC_Configuration();                    //时钟设置和外设时钟配置
GPIO_KEY();
GPIO_LED();
USART_Configuration(115200);
ADC1_Configuration();
GPIO_CCD();
Timerx_Init(2,7200);

//CCD 采样数据缓冲区初始化
pixel_pt = Pixel;
for(i=0; i<128; i++)
{
    *pixel_pt++ = 0;
}

//CCD 采样和发送
while(1)
{
    if(TIME1flag_1ms == 1)
    {
        TIME1flag_1ms = 0 ;
    }

    if(TIME1flag_20ms == 1)
    {
        TIME1flag_20ms = 0 ;
        //CCD 采样
        ImageCapture(Pixel);
        //计算曝光时间
        CalculateIntegrationTime(Pixel);
        //每 100ms 发送 CCD 数据至 CCDView
        //if(++send_data_cnt >= 5)
```

```
            lines=MyFindLine(Pixel,0,linf);              //查找识别路径

            if(SW_TYPE==0 && SW_AD==1)                   //选择发送路径识别信息
            {
                putchar(lines);                          //输出可能的路径数
                //输出识别的被认为的最可能的路径位置及其类型
                putchar(linf[0][0]);                     //左位置
                putchar(linf[0][1]);                     //右位置
                putchar(linf[0][2]);                     //宽度（PIXELS）
            }
            if(SW_TYPE==1 && SW_AD==0)                   //选择发送路径灰度信息
            {
                send_data_cnt = 0;
                //SendImageData(Pixel);
                CCD_send(Pixel);                         //灰度
            }
            //————————————————————
            //此处加入正常控制小车行进的程序
            //————————————————————
        }
    }
}
```

2）文件 20——myinclude.h 的全部内容

```
//myinclude.h
#ifndef __myHEADER_H
#define __myHEADER_H

#include "mytimer.h"
#include "myadc.h"
#include "myled.h"
#include "mydelay.h"
#include "mynvic.h"
#include "myusart.h"
#include "myccd.h"
#include "myrcc.h"
#include "mykey.h"

#include "math.h"

#endif
```

11. 中断函数对应的源程序

文件 21——stm32f10x_it.c 的全部内容。

```c
// stm32f10x_it.c
/******************************************************************
  * @file    Project/STM32F10x_StdPeriph_Template/stm32f10x_it.c
  * @author  MCD Application Team
  * @version V3.5.0
  * @date    08-April-2011
  * @brief   Main Interrupt Service Routines.
  *          This file provides template for all exceptions handler and
  *          peripherals interrupt service routine.
  ******************************************************************
  * @attention
  *
  * THE PRESENT FIRMWARE WHICH IS FOR GUIDANCE ONLY AIMS AT PROVIDING CUSTOMERS
  * WITH CODING INFORMATION REGARDING THEIR PRODUCTS IN ORDER FOR THEM TO SAVE
  * TIME. AS A RESULT, STMICROELECTRONICS SHALL NOT BE HELD LIABLE FOR ANY
  * DIRECT, INDIRECT OR CONSEQUENTIAL DAMAGES WITH RESPECT TO ANY CLAIMS ARISING
  * FROM THE CONTENT OF SUCH FIRMWARE AND/OR THE USE MADE BY CUSTOMERS OF THE
  * CODING INFORMATION CONTAINED HEREIN IN CONNECTION WITH THEIR PRODUCTS.
  *
  * <h2><center>&copy; COPYRIGHT 2011 STMicroelectronics</center></h2>
  ******************************************************************/

/* Includes ------------------------------------------------------*/
#include "stm32f10x_it.h"

/** @addtogroup STM32F10x_StdPeriph_Template
  * @{
  */

/* Private typedef -----------------------------------------------*/
/* Private define ------------------------------------------------*/
/* Private macro -------------------------------------------------*/
/* Private variables ---------------------------------------------*/
/* Private function prototypes -----------------------------------*/
/* Private functions ---------------------------------------------*/

/******************************************************************/
/*             Cortex-M3 Processor Exceptions Handlers             */
/******************************************************************/

/**
  * @brief  This function handles NMI exception.
  * @param  None
  * @retval None
```

```c
*/
void NMI_Handler(void)
{
}

/**
  * @brief  This function handles Hard Fault exception.
  * @param  None
  * @retval None
  */
void HardFault_Handler(void)
{
  /* Go to infinite loop when Hard Fault exception occurs */
  while (1)
  {
  }
}

/**
  * @brief  This function handles Memory Manage exception.
  * @param  None
  * @retval None
  */
void MemManage_Handler(void)
{
  /* Go to infinite loop when Memory Manage exception occurs */
  while (1)
  {
  }
}

/**
  * @brief  This function handles Bus Fault exception.
  * @param  None
  * @retval None
  */
void BusFault_Handler(void)
{
  /* Go to infinite loop when Bus Fault exception occurs */
  while (1)
  {
  }
}

/**
  * @brief  This function handles Usage Fault exception.
  * @param  None
```

```c
 * @retval None
 */
void UsageFault_Handler(void)
{
    /* Go to infinite loop when Usage Fault exception occurs */
    while (1)
    {
    }
}

/**
 * @brief   This function handles SVCall exception.
 * @param   None
 * @retval None
 */
void SVC_Handler(void)
{
}

/**
 * @brief   This function handles Debug Monitor exception.
 * @param   None
 * @retval None
 */
void DebugMon_Handler(void)
{
}

/**
 * @brief   This function handles PendSVC exception.
 * @param   None
 * @retval None
 */
void PendSV_Handler(void)
{
}
/**
 * @brief   This function handles SysTick Handler.
 * @param   None
 * @retval None
 */
void SysTick_Handler(void)
{
}

/******************************************************************************/
/*                 STM32F10x Peripherals Interrupt Handlers                   */
```

```c
/*  Add here the Interrupt Handler for the used peripheral(s) (PPP), for the   */
/*  available peripheral interrupt handler's name please refer to the startup */
/*  file (startup_stm32f10x_xx.s).                                             */
/******************************************************************************/

/**
  * @brief  This function handles PPP interrupt request.
  * @param  None
  * @retval None
  */
/*void PPP_IRQHandler(void)
{
}*/

/////TIM3 定时中断函数----------------------------新增的部分
void TIM3_IRQHandler(void)      //TIM3 中断
{
    extern u8 IntegrationTime ;              //曝光时间
    extern u8 TIME1flag_1ms ;                //
    extern u8 TIME1flag_20ms ;               //

    extern void StartIntegration(void);      //曝光函数
    static unsigned char TimerCnt20ms = 0;
    u8 integration_piont;

    if (TIM_GetITStatus(TIM3, TIM_IT_Update) != RESET)
    //检查指定的 TIM 中断发生与否：TIM 中断源
    {
        TIM_ClearITPendingBit(TIM3, TIM_IT_Update);
        //清除 TIMx 的中断待处理位：TIM 中断源
        TIME1flag_1ms = 1 ;
        TimerCnt20ms++;

        //根据曝光时间计算 20ms 周期内的曝光点
        integration_piont = 100 - IntegrationTime;
        if(integration_piont >= 2)
            {       //曝光时间小于 2ms 则不进行再曝光
                if(integration_piont == TimerCnt20ms)
                    StartIntegration();           ///曝光开始
            }

        if(TimerCnt20ms >= 100)
        {
            TimerCnt20ms = 0;
            TIME1flag_20ms = 1;
        }
    }
```

```
}

/**
  * @}
  */
/***************** (C) COPYRIGHT 2011 STMicroelectronics *****END OF FILE****/
```

12. 外设配置的头文件

文件 22——stm32f10x_conf.h 的全部内容。

```
//stm32f10x_conf.h
/**************************************************************
  * @file     Project/STM32F10x_StdPeriph_Template/stm32f10x_conf.h
  * @author   MCD Application Team
  * @version  V3.5.0
  * @date     08-April-2011
  * @brief    Library configuration file.
  **************************************************************
  * @attention
  *
  * THE PRESENT FIRMWARE WHICH IS FOR GUIDANCE ONLY AIMS AT PROVIDING CUSTOMERS
  * WITH CODING INFORMATION REGARDING THEIR PRODUCTS IN ORDER FOR THEM TO SAVE
  * TIME. AS A RESULT, STMICROELECTRONICS SHALL NOT BE HELD LIABLE FOR ANY
  * DIRECT, INDIRECT OR CONSEQUENTIAL DAMAGES WITH RESPECT TO ANY CLAIMS ARISING
  * FROM THE CONTENT OF SUCH FIRMWARE AND/OR THE USE MADE BY CUSTOMERS OF THE
  * CODING INFORMATION CONTAINED HEREIN IN CONNECTION WITH THEIR PRODUCTS.
  *
  * <h2><center>&copy; COPYRIGHT 2011 STMicroelectronics</center></h2>
  **************************************************************/
/* Define to prevent recursive inclusion -------------------------------------*/
#ifndef __STM32F10x_CONF_H
#define __STM32F10x_CONF_H

/* Includes ------------------------------------------------------------------*/
/* Uncomment/Comment the line below to enable/disable peripheral header file inclusion */
#include "stm32f10x_adc.h"           //
//#include "stm32f10x_bkp.h"
//#include "stm32f10x_can.h"
//#include "stm32f10x_cec.h"
//#include "stm32f10x_crc.h"
//#include "stm32f10x_dac.h"
//#include "stm32f10x_dbgmcu.h"
//#include "stm32f10x_dma.h"
//#include "stm32f10x_exti.h"
#include "stm32f10x_flash.h"         //
//#include "stm32f10x_fsmc.h"
```

```c
#include "stm32f10x_gpio.h"              //
//#include "stm32f10x_i2c.h"
//#include "stm32f10x_iwdg.h"
//#include "stm32f10x_pwr.h"
#include "stm32f10x_rcc.h"               //
//#include "stm32f10x_rtc.h"
//#include "stm32f10x_sdio.h"
//#include "stm32f10x_spi.h"
#include "stm32f10x_tim.h"               //
#include "stm32f10x_usart.h"             //
//#include "stm32f10x_wwdg.h"
#include "misc.h" /* High level functions for NVIC and SysTick (add-on to CMSIS functions) */
//有//的为调整的地方，即要使用这些外设的头文件
/* Exported types ------------------------------------------------------------*/
/* Exported constants --------------------------------------------------------*/
/* Uncomment the line below to expanse the "assert_param" macro in the
   Standard Peripheral Library drivers code */
/* #define USE_FULL_ASSERT    1 */


/* Exported macro ------------------------------------------------------------*/
#ifdef   USE_FULL_ASSERT


/**
  * @brief   The assert_param macro is used for function's parameters check.
  * @param   expr: If expr is false, it calls assert_failed function which reports
  *          the name of the source file and the source line number of the call
  *          that failed. If expr is true, it returns no value.
  * @retval None
  */
  #define assert_param(expr) ((expr) ? (void)0 : assert_failed((uint8_t *)__FILE__, __LINE__))
/* Exported functions ------------------------------------------------- */
  void assert_failed(uint8_t* file, uint32_t line);
#else
  #define assert_param(expr) ((void)0)
#endif /* USE_FULL_ASSERT */


#endif /* __STM32F10x_CONF_H */


/****************** (C) COPYRIGHT 2011 STMicroelectronics *****END OF FILE****/
```

9.5 系统性能实测

9.5.1 系统实物与测试环境

系统实物与测试环境如图 9.12 所示。

图 9.12 系统实物与测试环境图

在图 9.12 中，右侧小车为某次比赛用车，其上方安装的即为线性 CCD 摄像头。对准白色测试路径，路径所使用的白色条即为 1cm 宽的双面胶纸（黑底白线），当然，也可以使用 1.5cm 宽度的 3M 等品牌的电工不干绝缘胶带，将之黏贴在白纸上（白底黑线）。

9.5.2 系统实测结果

本例的测试条件为：小车在直道上以 0.5m/s 的速度正常行进，当然在弯道前必须制动减速。由于系统以 20ms 周期采样 CCD 信号，因此，0.02*0.5=0.01m（1cm），即说明在一个采样周期内小车行进距离为 1cm。理论上说，1cm 宽度的路径可以被检测到，但是也存在被漏检的风险。所以，比赛用路径通常采用宽度为 2.5cm 的黑色或白色线条。

在上述环境下，通过实验得到以下结论。

1. 线性 CCD（普通）的视野

本例测试用车的线性 CCD 安装在车子纵向中线位置（正中），与车子左右轮的距离相等。安装高度为 25cm，倾斜角度为 60°，实测其视野范围为：前向 22cm，宽度 22cm。

2. 1cm 宽度路径对应的 CCD 的 pixels

1cm 宽度路径对应的 CCD 像素（pixels）的数量为 7 个，如果路径宽度为 1.5cm，则其宽度应相当于 10 个像素（pixels），也就是说，在一定的条件下，宽度与像素之间为线性关系。

3. 路径类型识别

本例程序输出的路径信息包括 4 个：有效路径的左位置、右位置、路径类型、被检测到的可能路径数；路径类型信息代码分别为：01—直行道，11—左转道，13—右转道，10—丁字道，20—其他道，00—无法识别。

以下是通过串口助手接收的路径识别信息的数据，数据均为十六进制，4 字节依次为：左位置、右位置、路径类型、可能的路径数。

```
32 66 13 01
32 66 13 01
32 66 13 01
32 66 13 01
0C 67 10 01
0A 66 10 01
0A 66 10 01
0C 66 10 01
0A 66 10 01
0A 66 10 01
0A 67 10 01
0C 68 10 01
30 3C 01 01
30 3D 01 01
30 3C 01 01
30 3C 01 01
30 3C 01 01
30 3C 01 01
2F 3D 01 01
30 3D 01 01
```

如果采用路径的灰度方式输出，则得到的结果如图 9.13 所示，图中展示的是直行道的情况。

4. 对环境光的适应性

由于加入了自适应曝光策略，所以 CCD 模块对环境光的适应能力有一定提高。但是在白天情况下，窗户拉上窗帘，关闭日光灯，即环境光非常暗淡的情况下，还是存在无法识别有效路径的问题。当然这是一种比较极端的情况，正常比赛的情况下，不可能出现这样的状况。

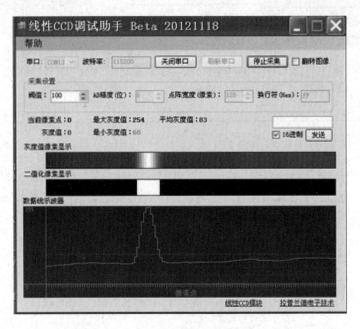

图 9.13　CCD 调试助手测试的路径灰度效果

思考与扩展

9.1　在范例程序的基础上,增加控制智能小车行走的程序,使得智能小车能自动根据路径信息自如行走。

9.2　利用 GSM 模块,设计一个基于短信的远程测量与控制系统,具体要求是:如果上位机收到下位机 STM32 系统发送的温度检测值超过上限,则通过短信发送启动风扇命令给下位机 STM32 系统,下位机接收到指令后开启风扇降温,并以 1 分钟的间隔持续报告温度情况,以等待上位机的关闭风扇的指令并关闭风扇。

参考文献

[1] 卢有亮. 基于STM32的嵌入式系统原理与设计[M]. 北京：机械工业出版社，2014.
[2] 武奇生，白璘，惠萌，巨永锋. 基于 ARM 的单片机应用及实践[M]. 北京：机械工业出版社，2014.
[3] ST 公司官方网站.
[4] STM32F10x Standard Peripherals Firmware Library 帮助系统.

反侵权盗版声明

电子工业出版社依法对本作品享有专有出版权。任何未经权利人书面许可，复制、销售或通过信息网络传播本作品的行为，歪曲、篡改、剽窃本作品的行为，均违反《中华人民共和国著作权法》，其行为人应承担相应的民事责任和行政责任，构成犯罪的，将被依法追究刑事责任。

为了维护市场秩序，保护权利人的合法权益，我社将依法查处和打击侵权盗版的单位和个人。欢迎社会各界人士积极举报侵权盗版行为，本社将奖励举报有功人员，并保证举报人的信息不被泄露。

举报电话：（010）88254396；（010）88258888
传　　真：（010）88254397
E-mail：　dbqq@phei.com.cn
通信地址：北京市海淀区万寿路173信箱
　　　　　电子工业出版社总编办公室
邮　　编：100036